# 精實革命

# Lean Thinking

Banish Waste and Create Wealth in Your Corporation

消除浪費、創造獲利的有效方法

10 週年紀念版

著 —— 詹姆斯 · 沃馬克（James P. Womack）
丹尼爾 · 瓊斯（Daniel T. Jones）

譯、導讀 —— 鍾漢清

經營管理 24

# 精實革命

## 消除浪費、創造獲利的有效方法（十週年紀念版）

作　　者　詹姆斯・沃馬克（James P. Womack）、丹尼爾・瓊斯（Daniel T. Jones）
譯　　者　鍾漢清
責任編輯　林博華
行銷業務　劉順眾、顏宏紋、李君宜

總 編 輯　林博華
發 行 人　凃玉雲
出　　版　經濟新潮社
104台北市中山區民生東路二段141號5樓
電話：(02) 2500-7696　傳真：(02) 2500-1955
經濟新潮社部落格：http://ecocite.pixnet.net
發　　行　英屬蓋曼群島商家庭傳媒股份有限公司城邦分公司
104台北市中山區民生東路二段141號11樓
客服服務專線：02-25007718；25007719
24小時傳真專線：02-25001990；25001991
服務時間：週一至週五上午09:30~12:00；下午13:30~17:00
劃撥帳號：19863813　戶名：書虫股份有限公司
讀者服務信箱：service@readingclub.com.tw
香港發行所　城邦（香港）出版集團有限公司
香港灣仔駱克道193號東超商業中心1樓
電話：(852) 25086231　傳真：(852) 25789337
E-mail: hkcite@biznetvigator.com
馬新發行所　城邦（馬新）出版集團 Cite (M) Sdn Bhd
41, Jalan Radin Anum, Bandar Baru Sri Petaling,
57000 Kuala Lumpur, Malaysia.
電話：(603) 90578822　傳真：(603) 90576622
E-mail: cite@cite.com.my
印　　刷　宏玖國際有限公司
初版一刷　2004年5月1日
二版二刷　2016年9月5日

城邦讀書花園
www.cite.com.tw

ISBN：978-986-6031-64-9


售價：550元

〈出版緣起〉

# 我們在商業性、全球化的世界中生活

經濟新潮社編輯部

跨入二十一世紀，放眼這個世界，不能不感到這是「全球化」及「商業力量無遠弗屆」的時代。隨著資訊科技的進步、網路的普及，我們可以輕鬆地和認識或不認識的朋友交流；同時，企業巨人在我們日常生活中所扮演的角色，也是日益重要，甚至不可或缺。

在這樣的背景下，我們可以說，無論是企業或個人，都面臨了巨大的挑戰與無限的機會。

本著「以人為本位，在商業性、全球化的世界中生活」為宗旨，我們成立了「經濟新潮社」，以探索未來的經營管理、經濟趨勢、投資理財為目標，使讀者能更快掌握時代的脈動，抓住最新的趨勢，並在全球化的世界裏，過更人性的生活。

之所以選擇「**經營管理—經濟趨勢—投資理財**」為主要目標，其實包含了我們的關注：「經營管理」是企業體（或非營利組織）的成長與永續之道；「投資理財」是個人的安身之道；而「經濟趨勢」則是會影響這兩者的變數。綜合來看，可以涵蓋我們所關注的「個人生活」和「組織生活」這兩個面向。

這也可以說明我們命名為「**經濟新潮**」的緣由——因為經濟狀況變化萬千，最終還是群眾心理的反映，離不開「人」的因素；這也是我們「以人為本位」的初衷。

手機廣告裏有一句名言：「科技始終來自人性。」我們倒期待「商業始終來自人性」，並努力在往後的編輯與出版的過程中實踐。

# 目 次

〔譯序・導讀〕

# 精實革命：提升生產力和品質的新思維

鍾漢清

……統一的門市乾淨整齊，頗得消費者好感，全家經由市調，發現門市清爽是吸引顧客上門的要件，潘進丁說：「我們立刻斥資十億元改裝門面。」……（本書的「關鍵辭彙」會教您相關的「5S」觀念。本節所引的企業實例多取材自2004年元月的報紙和雜誌等，謹向原出版單位致謝。）

……外國顧客要求「訂單的批量要每批一台來處理」……以PC（個人電腦製造業）歷史來看，就算做到最好，也不會有暴利，只能有合理的利潤。現在大家都知道材料成本是多少，但價格畢竟不是一切，靠著高品質的客戶服務，利潤還是有可能增加。以高效率的營運來維持好的EPS（每股盈餘）與ROE（股東權益報酬率），不過前提是庫存、應收帳款不能太高，營運的精細度要更好。我們每一筆訂單的毛利可能不多，但是靠高運轉率就可追求很好的EPS與ROE，也可厚植公司的營運基礎。（本書會教您相關的精實系統之績效衡量，以及績效提升的觀念和方法。）

根據2003年7月市場統計資料，大陸手機非必要庫存已高達二千萬支，而在這個數字背後，還有一千五百萬支左右的必要庫存，三千五百萬的庫存顯然成為大陸手機在2004年的棘手問題。……高庫存對手機業來說非常危險，因晶片及軟體更新速度很快。過度供給迫使手機製造商及零售商需減價出售。……（本書會教您，種種形式的存貨，實為經營和管理的萬惡之首，務必根除這種浪費。）

再以日本2003年所選的「平成時代」經營名人排行榜為例：排名第二的為豐田汽車公司董事長奧田碩，第三是佳能（Canon）公司社長御手洗富士夫。御手洗富士夫是近年來最受《*Business Week*》看重的管理者，他將該公司轉型為不景氣中賺錢的世界級公司。他的觀念和方法，與本書一致，譬如他在2002年9月的《*Business Week*》訪談中說：

在些許研究後，我決定導入「群組系統」式生產（係指工人們以小而有效率的團隊，減少大多數組裝線所浪費的成本，而完成產品）。這很不好搞，因為這要對我們原有的操作進行180度的改變，但這努力有價值。我們省下了工廠裏54萬平方呎的空間，讓我們得以用來儲存。伴隨著重整，這有助於我們提升效率、現金流量與獲利。（可參考本書「關鍵辭彙」中的Cell生產方式。）

……準備先讓美國的作業全面e化，再逐步統一全球作業平台。計畫上路初期，工廠暈頭轉向無法作業，市場更是喟嘆連連，說要讓雀巢e化比移山還難！……雀巢最高主管布拉貝克說：「我的工作，就是讓一個10秒內跑完百米的選手進步到9.8秒。……」（本書會教您，精實系統的轉型如何以「方針管理」和種種改善措施來落實。）

美國紐約市在2001年9月11日民航機遭劫持，並轉而以自毀方式炸摩天大樓，使得全國陷入緊急狀況，安置了許多關卡來檢查車輛。日本的NHK曾報導美國豐田汽車廠如何在如此困難的局勢下，要求分散各處的零組件供應商，本著該公司獨特的及時拉式（看板）生產系統，經濟有效地供應。

台灣許多「習以為常」的寧靜商業革命，譬如說速食業、便利商店、香港來台投資的新周刊或報紙，它們在商品和服務的企畫、製造、發行等面向，用本書的「價值溪流分析法」等來看，您一定可以學到「理論與實務貫通」的樂趣。

言歸正傳，本書要問的重要問題就是：組織中如何提升生產力與品質？這要從基本原則出發。 要是您對企業、組織、產業的財富創造、價值創新、生產力提升（消滅各種浪費）、企業改造、追求組織之彈性、速度等有興趣，不管是「新鮮人」或專家、學者，這本書都有參考的價值。

當然，這本書也告訴我們許多大型公司的轉型故事（工商界要進行「脫胎換骨」的改造，這提法並無不妥，依道教的說法，脫胎是脫凡胎，換骨是換仙骨，本書認為「脫胎換骨」就是「精實化」）；本書的優點是視野廣闊，涵蓋了世界主要工業化國家不同規模、不同業界的案例，連在精實革命的發源地日本，作者都別出心裁地找出一家中小企業SHOWA ，來針砭豐田汽車公司。本書除了有世界各國的許多案例外，更有極精簡的導論及理論（原理），並有各行各業精實化之美夢（理想憧憬）。

## 精實革命的源頭

就以大野耐一先生三十年前所著的《豐田生產方式》（台北：中衛發展中心）為例，無數的學者提出其他的整合方案、論文，或某些公司推動JIT ，最後都比不上從少數基本的、簡單的原則出發，確實落實，來得有效。

《精實革命》一書所根據的，就是所謂的「豐田生產體系」，它從很簡單的道理出發，也就是：應該以顧客的需求和要求為主，來消除種種浪費（譬如說，將工作場所整理整頓、讓生產系統穩定、整體良率提升、將整體的存貨水準壓低、回應週期時間縮短等等），採取所謂「後拉式」（pull）生產，而非通常的以預測為主的大量生產（所謂的「推式」）方式。全員從事持續改善，追求效率、生產力、品質和「多品種少量的暢流化」理想之生產系統。

但是，就理想而言，即使當今赫赫有名的豐田汽車公司，在精實系統上仍只是入了門的學生而已，也就是說，世界精實革命尚未成功，所以社會上有極大的「存貨」及「等待」等浪費。解決之道，得從「整個企業所有產品各上、下游的價值共同體化」出發，而不應止於八〇年代「及時生產／全面品管」（JIT-TQM）或「世界級製造業」而已，更要放眼世界整體的最佳化。

## 《精實革命》越來越熱門

作者們在本書2003年新版上這樣介紹：「到了2002年，世界財界崩盤，各地對於《精實革命》的熱忱陡升：《精實革命》出版近五年之後，名列『*Business Week* 2001年商業類暢銷書』，我們並沒做廣告、宣傳……總計銷售超過30萬本。我們接到許多來自世界各地的『成功應用《精實革命》的原理、原則』的捷報。」

其實，我們可以了解它的成功原因：製造－服務活動，乃是組織企業最根本的活動，所以關於「價值」和「品質」的探討與發揚，會歷久彌新；它與現場相關並且從基本出發，所以可以生生不息。而且譯者認為，廿世紀可說是泰勒（W. A. Taylor，科學管理或工業工程的先驅）、福特汽車公司所發展的大量生產系統之世紀，而廿一世紀就是「精實」世紀。本書提供了獨特而有力的視角來觀照「製造—服務系統」。

早在1980年代初期，豐田式生產體系（TPS）的精神已在許多先進的日本公司發揚光大（參考戴明著《轉危為安》〔鍾漢清等譯，台北：天下文化〕第二章第50-54頁）。戴明根據其友人的筆記，寫出日本優良的生產系統諸領域的特色和優點。他認為，JIT的根本，是要求該生產系統必須處於穩定狀態，不然就會陷入混亂

(混沌)，產生浪費。

台灣在引進TPS方面，得風氣之先，這一學派的主要人物如新鄉重夫及大野耐一先生等前輩，都與台灣有淵源，此領域的主要書籍，也大多有中譯本，推廣上不遺餘力。如果您有機會讀我在1983年（合著）出版的《生產管理：策略與實務》(台北：清華管理科學圖書出版社）所介紹的許多日本一流公司的TPS實務和發揚，您一定會同意我們在豐田生產管理知識上，倒是「先進國」，不過我們在落實上稍微落後。

## 「精實」的意義

本書初版的中譯本《精實系統革命》(鍾漢清譯)，1997年由華人戴明學院出版。那時，我把LEAN THINKING譯成「精實系統革命」，想法是這樣的：「精」是指其精神在「追求全面品管，止於完善」；「實」是指其主旨在「消除各種浪費，創造真實價值及財富」；「系統」是指其根本為「追求全體上、下游價值溪流(value stream)，並協力在生產、研發、商業交易處理、服務上，能創造該產品（或族）的共榮、互利之整體活動」。

換句話說，在本書中lean就是：為種種類型的「組織」和「市場」，開創「價值」和「品質」的革新思想系統。就「價值」(value）而言，我們用「實」來表示；而「品質」(quality)，則用「精」表示。「系統」表示它有特別的利害關係人、宗旨和互動、變異、知識和參與者或要加以考量。

而稱其為「革命」，是因為這種整體最佳化的思想，與目前的體系之間，存在極大的差距，要落實它，需要我們在觀念上揚棄許多舊思想、態度及做法。總而言之，我以為「精實系統革命」可以抓住這種想超越廿世紀豐田等生產系統，邁向廿一世紀理想系統的突破性提案。它的思想和含義，對於企業及社會，都有可能造成莫大的衝擊。

為什麼？因為現代的產業，是極複雜的「製造兼服務」整合性供需系統，所以必須要問，提供給顧客的「價值」是什麼？如果把某產品各種活動背後的價值看成一溪流，那麼，如何創造它？又如何使其暢流呢？這些都是任何行業、組織中最重要的課題。不管您所從事的是研發、銷售、服務、行銷、製造或其他支援職務，都逃不了上述基本問題的挑戰。所以也就是說，這本書觸動了許多人「求精求實」的動機，從而也成為一本重要書籍。

希望這本書對廣大關心「組織改善活動」的人有點助益。也希望這本書能觸發我們從更廣闊的系統思考來從事「精」、「實」的突破性績效改善。這本書充分表現出西方人寫書或做學問的一些特色，即把學問歸結為一些基本原理、原則，再推演出來。

## 《精實革命》的特色

這本《精實革命》，英文書名為LEAN THINKING ，lean的讀音如「林」或「林恩」。由於它在全世界已闖出「品牌」，所以如果您同別人談生意、打交道時，聽到「lean長lean短」的，這時要記得，這本《精實革命》才是正典。我們查一下2003年出版的《劍橋高階英文詞典》中關於「lean」一條，多轉義成類似「健美」等褒揚意思……

這本《精實革命》已成為「企業管理名著」。它提出一套理論，即很簡單的五項原理及原則，佐以世界各地代表性的製造及服務業的成功轉型個案，說明「精實系統」的廣泛適用性。它指出，就基本面而言，我們在各行各業的績效，距理想狀態仍很遙遠，浪費極多，從而可改善的空間也極大。「改善之道」就是本書的主題，它是反常識的（即反成見），講究「知行合一」。作者們大體是用「價值、浪費」等語言及工具來觀看企業與社會，而在本書後半部，作者承認「精實化」與「品質學派」是一體的。日本人對這點很清楚，所以很早就同時在品質（TQC）及生產力（JIT）上發揮綜效的優勢。

讀者看完本書後，當可了解日本TPS，也可進一步了解英、美、德各國的一些「精實系統變革管理者」，如何在各自的行業上轉型成功。基本上，台灣的產業仍是以廣義的生產或製造為主，所以本書對我們的意義甚大。其實，本書的原理普遍，適用於各行各業，其中的個案集很精彩，是用心的力作。例如，國人一向對歐洲企業了解有限，而本書第九章的保時捷總經理當選1997年《*Business Week*》全球十大傑出經理人，讀者讀這些個案，可一舉數得。

## 從1997到2003年的蓬勃發展與挑戰

1997年，初版的中譯本《精實系統革命》問世後，風評不錯。中文方面的介紹，從《能力雜誌》(1998年)，到〈精實生產〉(《天下雜誌》2002年12月15日，第88頁)、〈精實系統革命〉(《錢雜誌》2003年1月）……我在「寶成國際公司第一事業群(Nike)」的內部刊物上，也發表近110篇實際推進要點的介紹。

近十年來，人們對於精實系統這一主題漸感重要，在《哈佛商業評論》(*Harvard Business Review*）上，已有四篇專文介紹。除了作者所著的〈從精實生產到精實企業溪流體系〉(1994年3~4月號；內容參考本書第12章）之外，1996年9-10月號「行得通的點子」(Ideas at Work）專欄以〈超越豐田：如何根除浪費並追求完美〉為題，做了近二十頁（第140-158頁）的彩色介紹（內容參考本書第二部)。第三篇是〈豐田生產系統DNA的解碼〉(Decoding The DNA of The Toyota Production System. by Ken Bowen and Steven Spear, 1999年9-10月號)，這篇介紹比較全面深入。另外，2003年10月號介紹了精實系統在服務業的應用〈The Lean Service Machine〉。

本書優點極多，然而仍有美中不足之處。例如，或許它對系統變革中的心理及社會因素著墨太少，也可說，或許是太天真了。所以近來豐田汽車公司多方嘗試，想在其生產系統中注入「人本主義」

的思想（讀者可從《加速度組織》〔台北：華人戴明學院〕第276頁稍微了解此一主題）。1997年11月底的《*Fortune*》雜誌說，太多公司想學習豐田公司，可是都不成功，因為它們不像豐田能注重務實面，而且強調生產和品質上的持續改善。

本書所提出的「精實企業體」、「價值溪流」等觀念，可以給我們做參考架構。我們經歷過所謂「經濟奇蹟」的不可靠，了解「只靠更多的投入，要造成更多的產出價值」是不可靠的。（譬如說，不管在台灣、大陸或東南亞，我們如果沒有租稅減免的話，許多明星工業是否會失色不少呢？）因此，我們必須脫離、轉型，進入真正的全價值和財富的創造。只有這樣，我們才能真正的削除浪費、創造財富。

作者們能在這樣成熟的議題上，經營出許多新鮮事，看法不俗。不過，我以為，台灣的各種產業和世界分工體系及定位上，有許多獨特面，譬如說，「台灣—大陸」（兩岸三地的研發—生產—行銷）的整體產銷系統如何精實化，就是亟需探討的主題之一，因為如果連材料供應都成問題，就必須一一克服。且不談許多高科技零組件，例如台灣在當地生產紙尿布，初期都要努力張羅紙的供應無虞，由此可見要整體精實化／及時化有多困難。

台灣面臨的最大困難，就是必須加速度（以十倍速）推出以台灣為主力所設計的新產品，所以在開發、生產、銷售、供應、配銷上的時程，都需極度緊縮。這些兩難，也許世界各國皆同，不過台灣的廠商處理得還可以，所以能成為電子／資訊產品的生產王國。我們且戰且成長，成效頗佳，然而，這或許是種成功的陷阱，我們系統中的各種有形、無形的浪費仍然很多，所以值得我們深思出更有效、更經濟的方式。就這一意義而言，本書帶來一股令人興奮的開始感。想起金岳霖先生的一句話：「在這艱難的歲月裏（lean years），最重要的是，要想一想自己擁有的東西，它們是多麼有價值……」換句話說，我們的個人生活和社會組織中，都還有許多待發揮的潛力，要本著精益求精的方法去落實，這或許是本書的主旨。

對於精實系統已略有了解的讀者，不妨先讀前言和導言（或再加上第一部的理論），接著讀第13章，再回到第二部（此處又可先讀第10章關於日本的精彩個案）。透過精實系統思考，將可對於成本有一番新想法；第15章後半段對於目前全球企業一窩蜂向低成本地區遷徙的趨勢，有一些務實的建議，值得一讀。

需要更多資訊，也可連絡譯者鍾漢清與「華人戴明學院」：

地址：106台北市新生南路三段88號2樓

電話：02-2362-5776

網址：www.deming.com.tw

email: HCSIMONL@GMAIL.COM

※精實系統的相關辭彙，在文中以「*」標示。讀者可參考書末的「精實系統關鍵辭彙」。

# 2003年版前言

《精實革命》(*Lean Thinking*)初版於1996年秋，我們認為它的時機恰到好處——因為剛好1997年開始不景氣，1998年世界財務界開始大解構。而本書的主旨和使命，在於解釋：任何企業都不要玩弄九〇年代盛行的「財技」，而應當致力於開創真實而持久的價值。為達此任務，我們採用一系列具關鍵作用的個案(包括北美的、歐洲的、日本的)，來說明這些優良企業如何善用整頓時機，從1991年的不景氣考驗中出發，重新思考他們的企業策略，進而發現他們的營運新路數。

在我們過去向產業界人士面授機宜的時候，經常會指出，他們所做的種種預測，唯一可以確定的只有一樣，那就是：它們一定無法兌現。正因為需求如此難以預料，「精實系統思考」的實行家們，莫不努力設法將「從接訂單到交貨」的總時間大幅壓縮，使得絕大多數的訂單都能以「訂製的方式」出貨，而產能的增加或減少方面的考慮，都要採取微調方式，不可暴起暴落，一下子大費周章地張羅擴充，一下子要求大幅縮減。

結果，我們對於經濟情勢的預測和展望，相當精確，這和我們對於一般產業的預測是一致的。即，從1997年起，不景氣並沒有來臨，再接下來的五年（至2001年），反而是20世紀經濟最活躍的增長期，幾乎各行各業都大有斬獲，許多經理人春風得意。

由於《精實革命》的上市時機，遙遙領先對它需求最殷的時代（即，不景氣的需求應屬最旺才對），因此它屬於先知先覺型，理當寂寞以終。可是事實不然，它在那段產業景氣極為風光的時期，竟然受到全球產業界如此的厚愛，著實令人欣慰。《精實革命》承蒙許多國家翻譯出版，它們共計有：德文、法文、義大利文、葡萄牙文、瑞典文、丹麥文、波蘭文、土耳其文、韓文、日文和漢文，總計銷售量超過30萬本。我們接到許多來自世界各地的捷報，與我們分享他們「成功地應用《精實革命》的原理、原則」。

我們料想得不錯，從2001年起，景氣衰退了，到了2002年，全世界的財界多崩盤，此時各地對於《精實革命》的熱忱陡升；換句話說，《精實革命》出版了近五年之後，它名列「*Business Week* 2001年商業類暢銷書」，而我們並沒有做廣告、宣傳。這種亮麗的成績，讓我們的出版商感到相當意外。

基於當前世界經營管理之局勢，我們相信，《精實革命》的要旨，對於當前的讀者而言，會遠比它剛出版時更切合他們的實際需要，所以我們決定擴充並修正本書的初版。在本書的第一部中，我們解說某些「創造企業持久的價值之原理、原則」，它們既簡單又可落實，適用於各行各業、各種經營局勢。接著，我們在第二部中，舉例說明這些原則如何被各型公司的人員按部就班地應用。在第三部中，我們舉例說明如何應用「價值溪流」來做分析和圖解，掌握企業經營管理的重點，分析所有的產品和服務的流程——從新產品的概念和構想開始，直到該產品能量產、上市；從接訂單開始到交貨；從供應體系的源頭、上游，直到把產品和服務交到最下游的顧客手中。在這些過程中，如何開創完成所謂的「精實企業體」。（它們既能使顧客的價值最佳化，又能使花費的時間、成本和錯誤降至最低。）

《精實革命》第二版增加了兩章：在第四部中我們會解說全世界最新「精實思想」的發展。我們運用「精實思考法的照妖鏡」，即存貨週轉率，來分析並追蹤所有產業的表現，並指出某一產業的表現最為不俗。我們也追蹤本書研究過的個案之後續發展，看看本書的主角們在掀起「精實革命」之後的發展。我們發現，隨著經濟越來越動盪不安，股市崩盤，許多九○年代管理流行暢銷書中所推崇的寵兒企業的表現都大起大落，而本書的精實化模範生，譬如帶頭的豐田汽車公司等企業，則都能力爭上游，本著「基業永固、長青發展」的精神再接再厲，更上一層樓，結果都能嘉惠其顧客、員工和投資人或業主。

在末章中，我們會向讀者介紹自1996年以來我們所學到的種種精實化新思考成果，進而解說一系列的現場改善、落實之實戰工具和應用方法。譬如說，我們會介紹「價值溪流圖解分析法」（value stream mapping ，簡稱VSM），讓大家更全面地體認價值以及它是如何組成的，使我們可以進一步採取有效的措施。

我們利用這一新版本的出版時機，修正了少數初版的小錯誤和不周全之處。然而，我們仍然維持原先的頁碼，相信這樣更能方便讀者，因為我們知道，有許多公司廣購本書來贈予員工、分銷廠商和協力廠商，將它當作「企業變革的指南」，所以，讓新舊版編頁一致，乃是必要的服務。

本書初版至今將近七年，我們更肯定書中所說「精實、精益思考法」的有效性，認為它們可適用於任何組織，無往不利，讓他們運用來創造價值，並消除浪費。我們希望本書的舊雨新知能再運用它們，在改善上日新月異，並在「精實化諸原則」方面繼續發揮，開展出經營管理的另一番新天地。

作者Jim Womack和Dan Jones謹序於

美國Brookline, Massachusetts和英國Ross on Wye, Herefordshire

2003 年2 月

〔初版前言〕

# 從精實生產到精實企業體

我們在1990年秋季到全世界促銷《改變世界的機器》（*The Machine That Changed the World*，台灣譯為《臨界生產方式》；譯按：以本書用語，即為「精實生產」），此行的目標是，要喚醒沉迷於大量生產方式的組織、主管、員工及投資者。《臨界生產方式》中提供許多汽車業的標竿數據，顯示出世界的各企業，如果能在組織上、經營顧客關係上、供應鏈上、產品開發上、以及生產作業上，採用豐田汽車公司從戰後發展出來的精實生產方式，績效會更好。因為運用此方法來經營，「投入」可以愈來愈少，而「產出」可愈來愈多。

我們的行程先從北美開始，再去日本（該國許多企業仍以大量生產為主；譯按：詳第10章）和韓國，然後去歐洲。我們原先很擔心只有少數人會理我們，因為大量生產的想法，可能業已根深柢固了。不過，我們的書賣了四十餘萬本（不計未獲版權之中文版）❶。在當時或之後我們主持的論壇上，許多聽眾及讀者告訴我們，想試試「精實生產法」。他們最想知道：「如何做才能落實？」

他們提出這一問題，並不是想問某些特定的技巧，例如如何來組織小組，如何用「品質機能展開（QFD）*」來開發產品，或如何設計生產線上的防愚警戒裝置，因為市面上這方面的好書不少。他們所問的是：有哪些關鍵性原則，可用來指導所有的轉型行動？另外，他們所有的利害關係人都習於大量生產，那麼要如何做「精實生產」呢？有人問得更深入：「請預測下一階段的主流是什麼？即你採用了豐田式生產方式後，下一大躍進會是什麼？」

我們當時對於這些問題並無能力回答，因為我們過去十五年來，都忙著比較全世界的產業績效，而且《臨界生產方式》是以總體方式來看各流程——即比較各公司在產品開發、銷售及生產上的績效，而未討論廣義的原則。我們也從未親自試過如何把某一大量生產方式之組織，轉變為精實生產方式。我們過去大半的注意力，都花在思考如何從量產方式轉為精實方式，而很少進一步思考，像豐田汽車等企業，下一步應該怎樣走才好？

本書就是為了解決上述諸問題而作。首先，我們了解，必須先把「精實系統思考法」的諸原理，精要地寫出來成功指引（如北極星般），以利管理者從常見的量產方式的混亂中超越出來。大部分的人很難抓到這些重點，因為這些想法，原先多半是由日本基層出發而發展完成，因此所談的，多半是為解決某特定區（或職能）的問題之特定技術，諸如專職技能、某專案的產品開發團隊、目標成本法、平準化排程法、U 型生產佈置法等。當然，有些書會談這些技術，也有書會談到高層次哲理上的反思（如大野耐一氏的作品，以上書籍詳書後參考書目）❷，不過有整體觀而能把這些看法融為一爐的書則尚未見到。所以，我們碰到過許多主管，他們對精實系統思考法的了解，仍只是「見樹不見林」。

我們曾與許多聽眾交流，並花了許多時間思考。我們的結論為精實系統思考法，可以綜合成五大原理：就特定產品精密地確定其價值（value）*，確認每一產品的價值溪流（value stream）*，使價值暢流（flow）* 無阻，由顧客向生產者施拉力（pull）*，以及追求完善（perfect）。主管們要是能清楚地了解這些原理，並能加以融會貫通，就可完全善用精實生產的技術，從而可以穩定前進。本書的第一部就是討論這些原理、原則及其應用。

我們原先對於精實轉型的故事，只約略知道豐田汽車公司的歷史，即它在戰後發憤圖強而有成。我們在《臨界生產方式》中所比較的標竿數據，都是一些日商從八〇年代在美國西部投資設新廠（greenfield）* 所得的。這些研究破除了當時極為流行的迷思，即以為「精實生產方式與日本文化密不可分」。然而，這些工廠都是新設的，從一草一木，以及所有員工、工具等，都從頭開始，這與某些老廠（brownfield）* 所需要的轉型（從量產轉為精實生產），情形極為不同。讀者希望我們能提供可適用於各產業的老廠，他們如何轉型之具體而詳細的計畫。

因此，我們下決心要找出全世界這種工廠成功轉型的範例，並想從中觀察出一般化的共同轉型方法。我們所要找的，並不是平庸企業之實務，而是特優企業最近在邁向精實系統的大突破實務。

不過，問題是要從哪裏找呢？我們固然對汽車業很熟，不過希望能取得更廣泛行業的代表性例子，包括服務業。再者，我們也要用中小型公司當例子，以彌補以前只重視超大型汽車公司的做法，同時也要找些「高新」科技公司，用來比較在技術上業已成熟化的公司。

我們努力的挖掘，同時也運氣不錯，使我們能接觸到北美、歐洲、日本各地許多精實企業的好學敏思人士。同時，我們也因為對某小型製造公司做私人投資，而有些親身體驗。過去四年來，我們與五十多家各行各業的公司交流，對於如何將量產方式轉為精實方式的做法，已有深入的了解。本書第二部分就是解釋此一實用的行動計畫。

我們很慶幸在開始尋找關鍵性案例時，使得這本書成為全球同好者密切合作下的作品。他們熱中於精實理念，在實際上加以引進、落實，成績甚為可觀，而又巴不得能將這些理念遠播世界各地。本書書末列出這些同好，以及加入此一連絡網路的辦法（譯按：中文版簡化，參考「註解」第8章）。我們在此表示對他們合作的深深感謝。

由於我們必須審視全公司，甚至是某產品的整體價值溪流，即從原材料到完成品，從接訂單到交貨，從新概念到完成新產品推出上市。我們可能又要看些公司的機密文件，因此我們採取一些不平常的合作方式。即，為了報答各公司在各方面所給予的協助，包括其協力商、顧客、工會等單位，我們把本書的草稿及通信，都與他們共享，並徵求其意見。我們一開始就明說，凡是不願公開的，我們就不列入書中，而且凡為智產保護或私人面子等情事，而在細節上不方便公布者，我們概不予考慮。結果，大家都能合作愉快。

我們想師法彼得・杜拉克先生在四十年前以外人（旁觀者）身分，在通用汽車公司從事內部研究時的做法❸。他在寫名作《公司的概念》（中譯本天下文化出版）時，對作者的「透明度」要求極嚴。而近來市面上商業書籍的用心及做法，常為人們所質疑，即不管作者身為顧問或出身學界，難免會有利益輸送或吃人嘴軟、心軟的情事。因此，我們要確保與書中公司沒有財務上及業務上的往來❹。我們對書中的所有績效數字，更是核對再三，大部分都親自與當事者、單位核證過。為此，我們向出版商預支版稅並花了一些私房錢。

我們開始寫書時，先記錄一些公司如何從量產方式精實化的發現。之後，我們了解到必須更深入探討（而這也做得到）。一套全新的思考方式，必須能針對從新概念到新產品推出，從訂單到交貨，從原料到交到顧客手中的產品過程中，對於公司、各職能、價值流通之事業之角色，都要有新的看法，方能進一步「大躍進」。我們發展出新概念「精實企業體（lean enterprise）」，即以快速方式，把價值溪流往完善方向推進。我們在第一部對此有簡單介紹，然後在第三部再仔細探討精實企業體的挑戰。我們在那兒更有一些夢想——談些目前還未有人做得到的境界，或許有些讀者可以在這些方面先馳得點。

過去四年來實際研究世界各地的精實生產方式，使我們確信精實企業體的想法是可行的。正如本書的諸案例所示，我們對於如何在生產或服務業上應用精實思考法、技術，以及如何落實於各種組織、活動等，都有一得之見。尤其難能可貴的是，我們對下一波的最佳實務，也有新見解。我們在本書會詳細說明該做些什麼，以及為何要如此才行，而讀者的任務則是：儘管放手做吧！

第一部

# 精實系統原理

LEAN THINKING

導言

# 精實系統思考法vs.浪費

「Muda（浪費）」* 是你必須認識的一日本字。它讀起來蠻怪異的，的確，它特別表示那些在人類事務中，只吸收資源而未能創造價值（value）* 的。例如因錯誤而需要修正、因產品沒人要而使材料或成品堆積、或在製造程序上做了虛功、或毫無目的地把員工或材料從某處運往他處、或由於上游未能準時交貨而導致下游的人空等，以及貨品及服務未能滿足顧客的需求。

大野耐一（Taiichi Ohno, 1912-1990，譯按：懂日文的讀者不妨參看日本《工廠管理》1990年8月號的紀念特刊）曾為豐田汽車公司高階主管，視「浪費」如仇，他最先舉出人類有「七大浪費」*，而我們會再加上一種。❶ 也許，浪費種類不止於此。不管浪費的種類多麼多樣化，它們的存在為一不爭的事實——大家在日常生活中隨時隨地看得見。讀者讀完本章後，更會眼界大開，會發現我們浪費的情形，遠比以前所想像的嚴重得多。

幸運的是，浪費可以防治。藉由本書的主題，即威力無比的「精實系統思考法（Lean Thinking）」的應用，可以提供我們方法來確認價值、使創造價值的行動有最佳化的先後序，並可以不間斷地提供服務，一次比一次更有效。簡而言之，精實系統思考法能做到「投入日少，而產出愈多」，真是既精簡又實惠。即善用它的話，就可用更少的努力、更少的設備、更少的時間空間，而使產出愈來愈接近顧客所要的。

人們要把浪費轉化成有價值的事情時，若能利用精實系統思考法，則可提供立即回饋，從而能使工作獲得更大的滿足感。近日西方企業界沉迷於「流程再造」，常常假「追求效率」之名來裁員。精實系統思考與此截然不同，它能創造出新工作。

## 確定價值

精實系統思考法的關鍵起步點為「價值（value）*」。唯有最終顧客能界定價值，也只有就某特定產品（貨品或服務，而經常是兩者一體）、在某特定時間、以特定價值來滿足顧客需求時，才能表達出價值所在。

價值是由生產者所創造出來的。從顧客角度而言，這是為什麼生產者得以存在的理由。然而，基於各種原因，生產者很難正確地界定價值。我們在拜訪本書的合作廠家時，發現畢業於美國商學院的高級主管們，通常可就其組織、技術、核心能力、策略意圖等做出巧妙的簡報（譯按：上述術語為《競爭大未來》一書的核心觀念，讀者可參考之）。然後，大家在共進午餐時，他們會談些他們所關心的近程競爭力問題（多以下季所必須獲得的足夠利潤為議題），以及往後要做的各種抑減成本方案——這些通常由如何巧妙地來消除某些工作，如何向上游供應商殺價來贏得利潤。（由於我們是精簡生產的專家，他們常把這些歸為「精簡」〔Lean〕，其實我們對此極不以為然，因為他們這些做法是「吝嗇或卑鄙」〔mean〕）。到了餐後上甜點的時刻，我們或可聽到他們談些在此「縮編」時代，個人生涯發展所面臨的一些難題。

而我們所揭櫫的根本要義則是，公司要能預期哪些特定顧客在某特定價位上，會買某特定產品，以使公司能生生不息。同時，公司又要能穩定地使該產品之成本下降、性能及品質不斷地改善。我們常以下述問題來詢問高階主管，從而獲得不少洞識力：「你可否設身處地想，從新產品的概念成形到推出上市，或從開始接到訂單到把貨品交給顧客，該產品如何從原料一路流到顧客手中？請描述上述流程中每一步驟。」

上述問題，常常會使對方有點尷尬，因此如果我們不堅持的話，話題可能很快就會轉到「財務合併報表」。簡而言之，美國高階主管的心態，是以股東短期之需求及財務為主導，而對於確定並創造價值之每日現實世界，疏遠得很。

我們去過德國多次，直到最近，每次都會發現他們在確定價值上，有另一相反的扭曲。從二次世界大戰後，德國的公司多半由銀行掌控，所以不用擔心短期的財務績效，因此，他們會很熱心地介紹產品及製程技術。甚至大多數的高階主管也可以如數家珍地說明產品的特性，以及不斷改善的新製造方法。

不過，他們究竟由誰來確認價值呢？答案是：公司由工程師群在經營，而他們自以為把產品弄得更複雜，並使用更複雜的機械來製造，就可保證顧客會「近悅遠來」。不過，我們倒不知道這樣的想法有何根據？

我們曾就這論點追究下去，發現德國公司的當家，多具工程背景，在技能上又訓練有素的專家。所以他們要使公司覺得，他們的所作所為都是一流的，這也是大家都認同的價值。因此，他們會自顧自地不斷使東西愈來愈複雜、精進。我們質疑這種做法並沒有考慮到顧客時，他們常會回答：「向顧客解釋後，他們就會要！」而對於最近產品上市失敗的經驗，則常以「顧客素質不夠，無法欣賞產品的優點」來自圓其說。

自從冷戰結束以來（譯按：九〇年代），德國產業所面臨的危機，有一根本特性，即公司的產品設計太複雜，太以特定顧客為主，而製程科技也太複雜、高級。這些都是德國工程師所喜愛的，可惜顧客會嫌產品太貴了，買不起，何況這些又常常與顧客的需求不相干。

根據我們最近旅日的經驗，發現那兒有第三種的扭曲。日本的公司在界定價值時，最重視在何處（where）創造出價值。絕大多數的高階主管，即使在精實系統思考法的先驅豐田汽車公司，在界定價值時，都先從如何在本國設計、製造產品，以維持其長期勞資關係及穩定的協力廠商關係、滿足當時社會期望為主。不過，世界上絕大多數的顧客，莫不希望產品的設計能考慮該地方的需求，而這不是由遠在天邊的日本總部所能做得到的。國外顧客希望能很快地取得訂貨時，就不是在日本生產而靠海運所能解決的。顧客們所重視的是價值，才不管它是由何處所設計、生產，即他們所要的，是適時地供應「好」東西。

尤有進者，那些即使在日圓日益強勁時，也不惜代價地把設計、生產留在日本的高階主管，也會使得公司缺乏財力投入未來的新產品開發。因為他們忘了，就長遠而言，顧客才是根本，而不是員工或協力廠商。

除了上述世界三大重要工業體系外（各國都有其獨擅一面的產業），❷ 我們也一再發現，每個地方在界定價值時，都會受到既有的組織、技術、資產，以及落伍的、以「規模經濟」為主導的想法等所左右，從而偏頗、扭曲。世界各地的主管常會這麼說：「我們用既有的資產，只能做出這樣的產品，所以要是顧客不喜歡，我們只好降價或多加花樣、來點花招。」其實他們該做的，是要從顧客角度出發，從根本上再思考「價值」。

上述落伍的想法極為常見，最好的（也是最令人喪氣的）例證是航運業。我們經常搭飛機，因此常常有機會把我們對航運的價值之界定，來與航空公司所提供者對比。我們所要的很簡單：以合理價格安全而無麻煩地抵達目的地。而航運業的想法，則大多以「如何有效運用其既有資產」為主導，所以即使必須把我們先送到某遙遠地方，再轉運至目的地，也在所不惜。於是他們會給顧客一些甜頭，例如在運轉中心設立貴賓候機室，在飛機上人人都可以玩複雜的娛樂系統等，希望顧客「將就」由轉運所造成的「不便之處」。

我們在寫這篇導言時，作者Womack先生從西紐約州的Jamestown要到Eric湖對岸的密西根州賀蘭（Holland），去上「精實系統思考法」課程。由於兩地都有小機場，作者希望能直飛，而且價錢要合理。不過，我發現要直飛（從離家直抵目的地共需約二小時），就得包機，價錢更是天價。不然，就只得開車到一百三十公里外的水牛城機場，先搭較大型飛機到底特律的西北航空公司轉運站（在那兒，你得自行在迷陣中轉機）。再不然，就得先到密西根的大瀑布市（Grand Rapids），而這要再開車約六十公里才會到目的地。（此等低成本方式，共需花上七小時左右，其中一小時為在底特律轉運機場內搭計程車，而在機場內又要再花一小時才能找得到轉機處。）

為什麼航空公司如西北航空（及其全球夥伴荷航〔KLM〕），以及飛機製造商波音公司及空中巴士公司等，不發展小型、低成本的小型（點對點）飛機，而要發展廣體大型飛機呢？又為何不在小機場內發展快速而方便的運轉系統，而要建造大型的「轉運中心」呢？這種做法，在歐洲及東亞可能是因為政治理由（官方航空公司多飛首都），還稍微說得通。可是這在美國，卻是在最近航運自由化後才完成的。

航空公司及飛機製造公司，很少能像我們這樣來思考價值。因為他們為下述思想所左右：極昂貴的大型飛機投資；製造更大型飛機的工程知識、機械加工、生產設施；超大型機場等。那些老式而只重視「效率」的想法，要求善用這些大型投資及新科技，利用更大型飛機，一次可載更多的人。為達此目的，必須把各路來的旅客送到造價昂貴的轉運中心。這種以飛機及轉運中心為主的「效率思考法」，其實並沒抓到整體價值的重點。對旅客而言，這樣做更離譜，因為與其需求南轅北轍。

美國採用這種做法已有十五年了，結果可把乘客弄慘了（這可不是他們心目中的價值吧！），而飛機製造商的利潤也有限（因為航空公司多買不起新飛機），航空公司則都處於破產邊緣（除了西南〔Southwest〕航空公司及某些做點對點航運的新興小公司外，雖然它們仍用大型飛機執行任務）。至於歐洲及某些東亞國家，情況也好不到哪裏。

因此，推行精實系統思考法的人，必須自覺地試著以「特定能力在特定價格下與特定顧客對話」的方式，來界定價值。它的方法是：不要管既有的投資及技術，而要以產品線為基準，並配合專職的產品團隊，一起來重新思考公司的經營方式。要這樣做，也需要重新界定技術專家（如前述的「以公司內部觀點為主的德國技師們」）的角色，並重新思考在世界哪些地方可以創造價值。就實務而言，沒有主管能立即完成上述的改變。不過，清楚地了解真正的顧客需求，仍然極為重要，不然價值的界定一定會偏頗。

總之，「正確地確定價值」為精實系統思考法的關鍵性第一步。換句話說，即使所提供的產品或服務的方式是對的，但是若不對顧客的胃口，結果也不過是浪費而已。

## 確認價值溪流

價值溪流（value stream）* 為某特定產品（貨品或服務，或更常見的情況，即兩者合一），通過下述三普遍適用的關鍵管理工作之所有特定行動（措施）的集合。這三個關鍵管理工作為：解決問題任務，即從概念開始，經詳細設計及工程作業到新產品推出；物理轉化任務，即把原材料變形為能交給顧客的產品；資訊管理任務，從接訂單到排生產日程細節，直到交貨。❸

確認每一產品（或每一產品族）的整體價值溪流，為精實系統思考法的第二步。由於大部分公司在這方面都沒花工夫重新思考，也就未能發現在這方面有驚人的浪費。

更具體地說，由價值溪流的分析中，幾乎能把所有措施歸為下述三類之一：（1）有許多步驟，毫無疑問地可創造出價值：如銲接自行車車架的各管子，或直飛至目的地；（2）在現行技術及投資資產下，所不可避免的無價值步驟：如檢驗車架的銲接情形以確保品質，或先到轉運機場，再轉飛往目的地（我們稱此為「第一類浪費」）；（3）有許多冗餘步驟是完全沒價值而可立刻去除的（我們稱此為「第二類浪費」）。

譬如說，世界最大的噴射機引擎製造商普惠（Pratt & Whitney）公司，最近開始畫出三噴氣引擎族的價值溪流分析時，才發現原材料廠商花大筆錢在製超純材料上，而這與下一環鍛造廠商（把金屬錠轉形成接近完成形狀而待機械加工）重疊甚多。同時，原來金屬錠（如鈦或鎳）之重量，是最終機械加工完成品重量的十倍，也就是說，原來貴金屬錠為一大塊（為了熔解上方便吧！），所以90%要車掉棄用。最後一點是，金屬錠廠商要為每引擎準備數種不同形狀的錠（此做法成本不貲），來符合普惠公司精密的技術要求。其實，這些與其他引擎族，甚至競爭對手所要的（雙方共用同一家供應商），都只有些微區別而已。上述這些活動，大多可以立即廢除，從而節省大筆金錢。

即使在技術先進的航太工業，為何數十年來都不注意這些大浪費呢？道理很簡單：在上述引擎價值溪流的四家公司──熔解廠、鍛造廠、加工廠及裝配廠，都各搞各的，很少完全了解別人在做什麼。這一方面是為了機密要求，怕對方了解愈多，談價錢也就愈不利。另一可能的是，大家只自顧自，而忘了審視全面的價值溪流，即忘了想自己的所作所為，會對下游產生什麼後果。所以他們在1995年一做分析，就發現浪費頗大。（譯按：普惠公司個案請參考本書第8章。）

因此，採精實系統思考時，必須超越公司的界限而綜覽全體價值溪流：創造並製造某特定產品，從概念開始，經詳細設計到實際完成；從贏得生意，經下訂單、鍵入並做生產排程到交貨；從遠方來的原材料直到交貨到顧客手中。從事這些的組織機制，我們稱之為精實企業體（lean enterprise），它能使價值溪流的各方持續對話，有道可循，又可去除所有浪費。

我們開始提出這種新思想後，大家常會假設，這需要一新的法定單位，是「虛擬企業」觀念的正式下一代，它實際上成為新的垂直整合形式。其實不然，我們認為剛好相反。在此新時代中，各公司的外包業務，比例會愈來愈大，所以實際需要的，是利害相關者之間有一自願聯盟，來全盤了解、整合價值溪流中各分立的步驟。

要落實它，對於某車型尺寸類的汽車而言，由於必須經過數代車型的發展，所以可能要歷時數十年；而對某特定用途的軟體而言，則可能只需不到一年的時間即可。

不過，要創造新的精實企業體，倒需要一些新想法：公司與公司間的關係、某些規範公司間行為的簡單原則，以及透明度（transparency）*，使得當事者能了解別人在價值溪流中，每一步也都依照同樣的原則行事。本書第三部會討論這些議題。

## 暢流

一旦我們能精密地確定出價值，而某特定產品的價值溪流，能完全地畫出來，並去除掉顯然的浪費，就可以開始從事精實系統思考的下一步——它真正精彩無比：使剩下來而能創造價值的各步驟，成為一暢流（flow）*。不過，我們要提醒各位，在這一步驟上，你必須完成心智模式上的革命。

我們在心態上已習慣「職能化」和「部門化」，並習以為常地認為，工作必須依類型分組，做起來才會更有效率，更容易管理。尤有進者，我們又以為，部門內的工作要有效率的話，最好的方式是一批批地做。例如在顧客抱怨部，先把A類抱怨都處理完，再處理B類，然後C類等；又如在塗裝部，先把綠漆都噴完，再換線來噴紅漆，完成後再噴紫漆。所以說，以分批方式來做事，下一批必須耐心地等很久，等換完線之後才能上陣。話又說回來，這種方式既可使部門的成員忙碌，所有設備又可不停地運作，從而也必須採高速的專用機才划得來。看來，這樣做的確有「效率」，不是嗎？其實，大謬不然，可惜大多數人無法看清楚此一真相。

最近，本書某作者與其六歲及九歲的女兒們做了一次簡單的實驗：把媽媽所發行的月刊折好、貼上地址條、封好、貼郵票並寄出去。採取哪種方式最好？她們想了一陣，語氣堅決地強調：「爸，當然先把月刊都折好，然後貼上地址條，再把月刊上下封合以便郵寄，最後貼郵票。」「是嗎？為什麼不先把一份月刊折好、封好、貼上地址條、然後貼郵票，一氣呵成呢？為何要把月刊放上、放下四次，這樣多浪費？為什麼不能從月刊的角度想，它們希望又快又省事地被寄出去呀！」她們又鄭重地回答：「因為你的方法沒效率！」

最令人震驚的是，她們對「分批作工」方式極為信服——把月刊從餐桌的此「處」搬到彼「處」——她們不能想像，如果能把工作弄成連續的溪流般，就會更順暢，更有效率。我們看看社會上大多數的人，他們做事的想法、方法，竟然都與六歲及九歲的小朋友一樣！

大野耐一怪這種「分批—等待」(batch-and-queue)* 的思考方式，起源於文明開化初期的農夫心態。他們忘了以前狩獵的「凡事一次做成」的智慧，而被每年一穫（分批）及存放穀倉（存貨）的方式所左右。也許，我們天生有「分批幹事」的習性，它猶如許多自以為是的常識，如時間是絕對的而非相對的，空間是直的而不是曲的。不過我們深信，如果從原材料到完成品中，凡事都能以連續暢流的方式運作的話，會更有效率、更正確。所以，我們必須慎防

「分批及部門分化」的思考方式。簡而言之，如果看事情能專心注意產品本身及需求，而不是從組織的分工或設備角度來看，從而使設計、做生意、交貨等活動都能連續暢流化，做起事來就會更美好。

亨利・福特及其同事最先完全體認出「貨暢其流」的潛力。在1913年秋季，福特把T型車的最後裝配作業改成連續流程的方式，從而使裝配時間節省了90%。接下來，他又把生產T型車零件的機械，都依序排好，使得從原材料到完成車輛的出貨都流暢化，從而生產力也跟著躍升起來。不過，他只算發現了特別個案，因此，他的方法只適用在產量大到夠支持高速裝配線，而且每輛車都使用相同的零件。同時，同型車一次得生產很長的一陣子（T型車一直生產十九年而不輟！）福特公司在二〇年代早期雄霸產業界，在全世界幾十處（每處都一模一樣）裝配出二百多萬輛的T型車。

二次世界大戰後，大野耐一及其技術同僚新鄉重夫等，研究生產系統後所得到的結論是：真正的挑戰，在於能創造出一次只生產所需的小批量（數十個或數百個產品），而不是一次動輒需要百萬個才划得來的連續流程生產方式。這才是一般的情形，因為人們的需求，猶如千百條小溪流般，而不像幾條大河般。大野及其同事做到了小量連續生產流程方式，而且在絕大多數情形下，並不需要採取裝配線方式，因為他們學會快速轉換用以生產不同產品的工具、模具，同時他們採用「大小適中（輕薄短小型）」機械，配在不同類型（如射出成形、塗裝、裝配）作業的後頭接著做，目標是要使生產能保持連續順暢。

證明這種方式較優很容易。我們親眼目睹許多北美及歐洲從事精實系統化的工廠，都能有突破式改善（kaikaku）*，而不只是連續地累積小小的改善（kaizen）* 而已。即某特定產品的生產活動，能在一天之內就轉換就緒，從批量生產方式轉為連續流生產方式，生產力倍增，而且錯誤、報廢大為減少。我們在後文會提到，同樣的，這些產品在產品開發、訂貨—排程上，也可達到同一水平的改善，雖然所花的調整時間要長一點。其實，這種優良方式已有五十餘年的歷史了，可是為何世界上絕大多數的活動，仍然以「分部門、分批—等待」的方式在運作呢？到底為什麼？

根本的問題在於「暢流思考方式」是反直覺的；大多數的人都認為，工作要由各部門分批做才對。一旦分了部門，又為了協助分批製造而買了高速的專用機之後，當事者常會為了自己的升遷、前途，而財務會計人員也希望昂貴的機械利用率愈高愈好，這些因素合起來，使得工作無法轉化成暢流方式。

從事再造（或改造，reengineering）運動的人士也知道，分部門別來思考的方式，只是見樹不見林、次佳化，所以不應以組織上的畫分（部門）為主，而要以價值創造之「過程」——如徵信、抱怨賠償調整或應收帳款的處理等為主。美中不足的是，再造運動在概念上仍不夠深入——他們仍在處理分立而集結一起的諸「過程」（processes）*，而不是本書所揭櫫的特定諸產品的完整價值之創造活動。再者，他們的眼光通常只限於客戶公司的界限內，而忘了通常最大的突破，乃在於著眼於整體價值溪流。何況他們這派人士，多視部門及員工如仇，並利用外聘的SWOT（強—弱—優勢—威脅）分析顧問群，來打擊公司內部士氣。結果常常是，再造運動過後的倖存者，士氣極為不振，大家都退縮而轉為過分小心謹慎、保守。

相反的，「精實系統思考法」是重新界定職能、部門及公司，從而使其能對價值之創造有所貢獻，並使其與沿價值溪流的各員工之真正需求有所共鳴，從而使他們把「暢流化之價值觀」，變成與自己攸關的事。要想完成此目的，不只要先為特定的產品創立精實企業體，更要重新思考傳統的公司、職能及工作／生涯的意義，從而能發展出一套精實化策略。我們在本書第三部會解釋這些。

## 後拉式

從「部門化、分批化」轉換為「產品團隊及暢流化」的方式之後，首先看得見的效果是：從新產品概念到新產品上市、從接單到交貨、從原材料到交給顧客貨品等過程所花的時間都大為減少。以前開發工作要經年，引進了暢流方式後只要幾月；以前處理訂單要花上幾天，現在只要幾小時；傳統的實際生產週期時間要花上幾週，甚或幾個月，現在只須幾小時或幾天即可。的確，假如你不能很快地把開發週期時間縮短一半，訂單處理時間減少四分之三，生產時間減少九成的話，表示你一定有什麼地方尚待改進。尤有進者，精實系統可以很快地依顧客需求而調整產品的組合方式，很有彈性。

這些的成效又如何呢？從存貨的減少，就可省下一筆錢（這猶如天上掉下來的），投資回報期快速，不過，這能算是革命性成就嗎？事實上，它的最大好處在於，你可以在顧客要什麼時給他所要的；在設計、排程、生產上能力大為提升後，你也不用做銷售預測了。也就是說，現在情形是：顧客可以向你要東西（後拉式〔Pull〕*），而不是像以前一樣，你把顧客可能不要的東西，強行推銷給他們。在第4章會解釋，一旦顧客知道他們不管要什麼，很快就可以取得之後，他們的需求也會平穩下來。同時，你也不用像以前一樣，不時需要利用打折的方式來推銷滯銷品。

我們以閱讀本書的原版英文書為例來說明。你手頭上如有這本書，那你實在很幸運，因為在美國印書業中，有一半的書會因為賣不出去而得銷毀掉呢！為何會落到這地步呢？因為在價值溪流上的書籍出版商、印製商、經銷商等，都沒學會暢流式經營法，所以顧客就無法用後拉方式來要書籍。如果書店或倉庫中沒你所要的書而需再訂，則要幾個禮拜後才會把書送到。因此，出版商必須在讀者最感興趣的時候大賣，否則麻煩就大了。由於無法事先預測書籍的需求，出版商只好多印實際需求的許多倍，來搶佔店面的上架率。因此，退書只好在淡季時加以銷毀。

這種困難局面要分幾階段來解決。在未來幾年內，印書商要學會小批快速印製，而經銷商也要學會更頻繁地更新書架（第4章會解釋如何利用新方法）。當今的印製科技，已允許只印當下顧客所要的份數，不管顧客是在書店或在辦公室或家中（這樣顧客最舒服、省事）。而某些顧客可能不要整本「書」的，則可以採用電子傳遞方式，從「出版商」處取得傳稿，然後在自己的電腦上印出所要的。只有需要時，才採取傳統的印書方式。換句話說，唯有出版價值溪流的成員，能擁抱精實系統思考法的第四原則：拉式，問題才會迎刃而解。

## 完善

一旦組織能正確地確定價值，並確認出整體價值溪流，又使特定產品的價值創造步驟成為「連續暢流」，並讓顧客從企業體拉出價值，之後，就會發生某些奇特的事。組織成員在上述降低浪費、時間、空間、成本及錯誤的過程中，可以體會出，要提供給顧客實際所需要的，事實上需要一套永無止境的努力。精實系統思考的第五項原則——完善（Perfection），也因此不是空談、狂想。

為何會如此呢？因為前面所談到的四大原則，都在良性循環中互動著。我們若能使價值流動得更快之後，總會暴露出價值溪流中所隱藏的浪費。你愈認真地拉，就愈可使暢流的障礙現形，從而可進一步改善。採用專職的產品團隊方式，就可直接與顧客對話，從而可以正確地確定出價值，並可進一步學會採用促進暢流化以及拉式的做法。

此外，雖然要消除浪費，有時得有新製程技術及新產品概念，不過，通常是採用既有的簡單技術及概念即可。譬如說，我們近日看到普惠公司把原先的完全自動化的渦輪葉片磨床系統，改為U型工作區。它只花了原先系統的四分之一投資，又完全由員工自行設計，並在很短的時間內就完成換裝試作。新系統能使生產成本減半，週期時間減少九成九，而換線時間也從原來數小時，減為以秒計。由於這些努力，使得公司能應顧客要求而即時生產。就算把原自動系統報廢，而且就算它毫無殘值，新系統的投資仍可在一年之內回收。

也許「完善」的最重要驅策力是「透明度（transparency）*」。即精實系統內的每一人——各包商，第一級供應商、系統整合者（通常稱裝配者）、配銷商、顧客、員工等——都能看到所有事情，因此較容易發現更好的創造價值之方法。尤有進者，這樣做，所有從事改善的員工都可以獲得立即而正面的回饋。此為精實系統的一個關鍵特色，也是持續改善之有力驅策力，我們在第3章會加以解釋。

美國有一股流行熱，那所謂的「帳本公開（Open Book）管理法*」。它的要點為使財務透明化，以及結果能立刻有所回饋，並以現金獎勵員工。精實系統思考法方式與它類似，不過「帳本公開管理法」未能確保員工在得到獎賞之後，仍會繼續改善績效。如果大家不知道如何以更聰慧的方法做事，只好辛苦地勞碌下去。其實，本書後文要談的各種暢流化及拉式技術，才是正確的解答。尤有進者，員工在產品開發、處理訂單、生產等過程中，能即刻感受到回饋，並能夠看出顧客是否滿意，此時就不必再採用「帳本公開管理法」中許多「誘之以利，嚇之以懲處」的做法了。

## 可立即享受的好處

「夢想能達到完善」既是件有趣的事，又會有許多好處，因為它可以協助我們看清楚，哪些是可能的，並可以做得更多。然而，即使採取精實系統思考法並持之以恆，終必可達成完善境地；可是，我們絕大多數都必須重視短期的要求，所以它能有什麼短期的好處呢？

基於多年來評比、觀察世界各企業的經驗，我們認為可採取下述粗略的準則：如能把原先以「分批—等待」的方式，改為由顧客的需要來拉動生產，而系統又能暢流的話，那麼系統的所有人（直接工、主管、技工）、事（從原料到交出去的完成品）之生產力，就可以倍增，生產週期時間可減九成，系統的存貨也可降九成。送到顧客的錯誤，以及生產過程中的報廢、工作不安全（傷害）等，一般都可減半。產品上市的總準備時間，也可以減半，而只需稍微再投資，即可由同一產品族提供更多樣化、更價廉的東西。尤有進者，如果能把改善後所空下來的設施、設備賣出去，那麼新方式的淨投資就極少，甚至會有小節餘。

這些只是開端而已。這些只是對價值溪流從事快速、突破式變革、重新定向等方式可取得的好處。接下來可做持續小幅改善，以求邁向完善。如此在二、三年內，生產力通常可以改善一倍，同時這段期間的存貨、錯誤和前置時間，都可以減半。把上述的突破及改善結合起來，可以產生無止境的改善效果。（譯按：此為朱蘭《管理三部曲》的基本方法論。）

由於它違反直覺，所以這種不用花大錢搞新技術，卻可以大幅提升績效的好事，很難一下子為人所接受。因此，我們花了幾年的時間，把世界各大經濟體中某些從事精實化轉型的企業績效改進加以建檔，這些在以後章節中會逐一亮相並加以解說。

## 停滯的解藥

精實系統並不只是消除浪費而已；對於上一節所談的績效提升，對於歐、美、日一直困擾的經濟停滯現象等，也是一帖良方。傳統上探討經濟成長，通常會以新科技及新教育、培訓為主。因此，當今流行的說法是，由於網路電腦化成本日降，加上資料取得方便，而又有互動式的教育軟體可協助，所以知識工作者的生產力，應該可以大幅躍升，可不是嗎？

事實上不盡然！過去二十年曾盛行過機械人革命、材料革命（日本人稱為新素材革命，例如陶瓷引擎，甚至「完全用塑膠來做飛機」等概念）、微處理機及個人電腦革命、生物科技革命等，可是已開發國家的平均每人產值，卻仍然停滯不前。

問題出在任何新技術開始時所能影響的範圍極為有限。像微軟公司這種能在短時間內，成長為超級公司的情形是例外。經濟體系中絕大多數活動，如營建業、交通業、食品供應體系、製造業和個人服務業等，只能在長時間後才能發揮其影響力。而且，除非當事者能夠在一起工作，創造出新技術的應用價值，否則也只是空談，因為這些活動仍然佔當今經濟體產銷的九成五呢！

另一種說法是，經濟世界中的大部分，都是以傳統方式在做傳統活動中所謂「成熟部分」。藉由新技術及擴增資本，固然可在長期促進成長，不過在短期上，唯有採行精實系統方式，才能在數年內大幅成長。（而且，讀者由後文可以知道，採用精實系統方式，甚至可使某些新科技成為不必要的。）

經濟停滯表示「餅就是固定那麼大了」，而每一個國民都想分一點，於是造成競爭磨擦，更造成政治上許多醜陋的「找代罪羔羊」的做法。停滯也使得西方許多企業狂熱地要降低成本（再造工程派所要導演的戲），從而使員工不再忠心貢獻，也使得失業率升高。我們認為，「精實系統思考法」及「精實企業體」是馬上可應用的解決之道。本書後文更會向讀者解釋，如何才能做得到。

## 開始跨步

由於精實系統思考法與傳統的直覺法截然不同，所以你在初次接觸時，不免會感到格格不入（不過一旦「通」了，它又會變成很自然）。為了協助大家，最好能以實際應用方式來解釋精實系統原則究竟如何運作。因此，本書第一部分會說明事實上如何利用精實系統原理來排除「浪費」。我們得先從「價值」開始談起。

第1章

# 價值

# （Value）

## 購屋或是順暢經驗？

威爾森是位德州營建商人，他在創業十五年之後才開始對「品質」認真。「在1991年10月我感到很沮喪，因為我發現大半的生意過程中，不過是苦等、重做，保固期內的索賠又極昂貴，與顧客關係並不和睦。我心知肚明，一定有更好的辦法才對。於是我開始接觸到品質運動。」

他讀了汽車經銷商薛威爾（C. Sewell）的名著《樂在服務》（*Customers for Life*），就想要親自體驗看看，於是向其德州達拉斯的經銷商買車。（「我心想，連汽車經銷商都能讓顧客滿意的話，那麼營建商更應該沒問題才對！」）果然名不虛傳，這次的購買經驗令人難忘。於是他就向薛威爾討教，如何做好營建品管。薛威爾要他研讀「戴明修練叢書」（The Works of W. Edwards Deming，譯按：指戴明的《轉危為安》、《新經濟觀》及其門生作品）。

威爾森是典型的德州仔，做事絕不中途罷休。他在1992年2月就在全公司搞起全面品管（TQM）。接下來三年，由他親自教導所有員工全面品管的原則，舉凡所有事業面向，都要蒐集資料、數據並詳加分析，他也把銷售員的個人獎金制取消（因為這會使大家「重量不重質」）。他也廢除由來已久的工地主管獎金制（大家常為了準時交屋的獎金，會與顧客私下交易，而把許多要求事項延後，等待交屋後再補做）。他也把負責訂定買屋契約的人減少三分之一，而留下來的人，則要花錢來上他每月開設的品管課程。

公司做了調查，顯示顧客的滿意度提升了，何況景氣雖然平平，業績仍然不差，因為「搶」了些別人的生意。1995年，威爾森營造公司得了全國建設商品管獎，而他更信心滿滿地要在1998年問鼎美國國家品質獎。儘管如此，他仍不滿足。

「我知道我在新屋方面的競爭力很強，不過有件事讓我耿耿於懷：在德州中部，買二手屋的人更多，佔購屋總數的七成八，而我的進步，只不過在剩下的二成二搶食，大餅（良機）並沒吃到。」

因此，威爾森開始向買舊屋的人做調查。果然不出所料，不過這倒能激發他重新思考營建事業。他發現買舊屋的人，多半極討厭與營建商談，因為買新屋會碰到繁文縟節，而且要等很久才能住進去，更糟的是，住進去時又設施不全，而且當初大家在電話中所談的設備清單，多換為不實用的「標準配套設備」。

威爾森很快就了解，這豈不與他公司要顧客就範的做法類似？買舊屋的好處的確不少，既可看得到成屋，又可只買自己想要的，而且常常可以很快入厝。「難怪我會失去這七成八的潛在顧客！」

為了要使交屋（他的「產品」）經驗毫無（零）麻煩，他必須好好思考過程中的每一步驟。他最近成立「一次成交」的綜合銷售中心，客人可以在那兒就所有的組合（譬如說，有四十種不同的磚，三千種不同的壁紙，四種辦公室格式可選擇）。顧客可用電腦系統來選擇獨特的偏好（例如地毯要特別厚，屋外照外設施要多加點，採用更強功能的電線等），然後馬上計算出總價，並可做好貸款、保險，甚至可為屋子取名。對於大忙人來說，真的只須逛一次就可完全成交。

為了要把原先「從訂約到交屋」所花的六個月減為三十天，他先把訂約及工作發包等過程重新設計，並發展一套能在下游業務完成時，再「拉」進外包商來協作的制度。他把工作（案子）、元件、組件、工具等都標準化。他最終希望能藉由這套制度來確保工作徹底完成、品質完美後，才進行下一工作，因此凡事不再需要「收尾」。❶

最後，威爾森創造出一系列的基本房屋設計。它們只具起碼的建築配套，再由顧客利用電腦來指定所有更高等級的材料上及系統上的要求。這樣，顧客只須付錢買真正需要的。

要做好這些工作，其實極為不簡單。我們在第3章會進一步討論（即「暢流化」）。不過，威爾森總算跨出了關鍵性的一步。他不只能集中注意力於傳統而有潛力的市場，並能反省先前所慣用的做法。他更能認真看待由顧客所界定的價值（value），並為其展開新流程。

## 從挑戰傳統的「價值」定義出發

為何正確地界定價值那麼不容易呢？也許部分原因是：生產者只想做自己所熟悉的，而顧客只要現有的再加一些小變化而已。由於雙方的起點都錯了，所以終點也就跟著錯了。再者，雙方在決定重新思考「價值」時，常常落入下述模式中——要不然就壓低成本，要不就要求訂製，從而促進產品的多樣化。交易時買賣雙方不太動腦筋，不一起分析價值，一起來發現真正需要的是什麼。

梅納（S. Maynard）是Wiremold公司（譯按：詳第7章）的工程暨產品開發部副總，他在1992年重組產品開發部門時，就碰到這些難題。該公司的主要產品是企業用電子產品，如個人電腦網路所用的電線導管或抗脈衝電流保護器等。公司的產品開發流程一向採用逐步式，即先由行銷部委託外邊做競爭對手分析，找出新「機會」（這常又是競爭對手的「不足」處），產品工程師再根據這些發展出新產品，然後由負責「原型」的小組來測試產品。要不然，就是依客人的規格來設計，即由設計機器的工程師來設計產品，最後再交給生產部量產。

這套產品開發制度既無想像力，也常常會忽視了顧客的需求（設計師常常會進度落後，造成成本高昂等，其他問題我們在第3章會進一步討論）。如果採用同步開發方式呢？其效果常常只會造成產品的多樣化，使得更多不良設計更早上市而已。這些都只是浪費而已。

梅納的解決之道是：為每一產品都設一小組，在整個產品生命週期內，都要為它負責。小組成員包括行銷人員、產品工程師及模具／製程工程師，他們要負責與主要顧客（大包商）對話。在以前的產品開發及提供解答上，這些都為人們所忽視，現在，買賣雙方都可以在顧客真正需要的價值上用心。

譬如說，以前公司的電線導管（用在工廠等對電線而言環境惡劣的地方，以及諸如實驗室及醫院等密集使用場所）之設計，根本不管施工地點的情況、安全性及成本，因為主導整套產品開發過程的是產品工程師，而他們所在意的，只求符合「規格」，以為如此就會沒事。

隨著新對話的展開，可以很快發現，顧客所要的產品，必須既「美觀」，又要能在工地快速安裝（該公司以前從未雇用美工人員，更不知道施工技術的進步趨勢）。即顧客願意花更多的錢來購買較美觀的東西（因此，工程標價可以提高），更需要能快速安裝的東西（這樣可以減低總成本）。

由於公司所有產品都有個別的小組來照應，所以在兩年之內，業績就大幅提高，獲利頗豐。如此，買賣雙方能在價值上進行對話，不只可以使開發、生產的成本下降，更會讓公司賺大錢。

由上述二例，可說明公司必須苦心經營，從根本上建立新能力，才可能在以前意想不到的層面上創新價值。對於大多數的公司而言，只要能找出重新思考其核心產品的價值之機制，通常可以立即大發利市。

## 從全產品角度界定價值

許多公司之所以無法發揮其應有的價值，也可能是公司內各單位以自己方便的方式來界定價值，從而無法產生一致的整體價值。我們姑且以某一旅遊例子來說明這種「莫衷一是」的惡果。

最近本書作者Jones在復活節假期，帶家人從英國前往希臘的克里特島度假。我們要的是整體過程輕鬆而毫無麻煩，從家出發到機場，飛往克里特，再從機場到度假別墅，而且別墅本身要好。不過，由於市面上沒提供上述全套產品，所以我們只得與十九個單位打交道：

旅行社（訂機票及別墅）、計程車公司（從家出發到倫敦給威特機場的長路程交通）——因為在該假期內，無法從居家臨近的伯明翰機場直飛克里特島、起飛點及落地點的航空公司地勤人員（外包商）、兩機場的安檢人員、兩地的通關人員、兩機場的主管單位（他們要你停留久一點，如此消費額才會高一點）、航空公司人員（對他們而言這是例行公事，所獲得的支援不多）、飛經五國的各飛航管制單位（他們依政府規定辦事，才不管你的行程）、英國機場的外匯人員、希臘來接機的巴士、別墅。

我們不妨看看Jones一家人所碰到的各流程：

1. 打電話向旅行社訂位。
2. 接到郵寄來的機票。

3. 打電話訂計程車。

4. 等計程車。

5. 行李上車（早上八點，GMT〔國際標準時間〕）。

6. 開往機場（三個半多小時），在起飛前二小時抵達。

7. 卸下行李。

8. 等待換外匯（把英鎊換成希臘錢）。

9. 等候劃位。

10. 等候入關檢查。

11. 等候通關。

12. 在候機室等待。

13. 上機前排隊等候。

14. 等飛機（延遲二小時）。

15. 搭車往飛機停放處。

16. 飛往克里特島（三小時）。

17. 在機場（上）等（計程車及下機）。

18. 等行李。

19. 辦入境手續。

20. 等通關。

21. 把行李上巴士。

22. 在巴士內等候。

23. 坐巴士前往別墅（幾乎花了45分）。

24. 下行李並搬到別墅。

25. 等候辦理別墅入住手續（晚上九點，GMT）。

上述的統計值如下：

總旅程：13 小時

實際交通時間：7 小時（佔總旅程的54%）❷

等候時間：6 小時

各種等候線數：10 條

行李上下次數：7 次

檢驗次數（所問的話都一樣）：8 次

總處理步驟：23 步驟

問題並非出在所牽涉的公司太多，因為每家公司都是專業者。而是出在因為每家公司只提供部分產品，所以常常會只顧自己作業上的「效率」，而不會從顧客角度來看整體產品。我們一旦能把注意力換成由顧客之眼看整體，就會發現一些明顯的問題：

可不可能由一人統籌處理安全檢查、報關及劃位工作（如此，你可以直接進候機室，甚至直接登機）？由旅行社所寄來的機票中，最好要包括行李票、登機證、計程車簽單、巴士票、以及別墅登記，使你能在各點只辦一次手續即成（或許旅客可以利用他的個人電腦連接訂位系統，自行印出機票等，而在每次過關時，只要用信用卡刷一下就可以，而不必有任何文書作業）？克里特島的海關，是否可利用你在倫敦機場上掃瞄進去的護照資料，而在你的航程途中，即可決定此人是否可過關放行（這樣，除非你有麻煩，否則可直接通關而不用去移民櫃台）？為何（有人知道嗎？）你必須在起飛前二小時抵達機場？總而言之，如果你能開始從顧客的角度來思考問題，「產品」的適當定義就會全然改觀。

## 精實企業體重新思考價值的重要性

你花點時間思考任何「產品」——指貨品或服務或更常見的兩者合一——就會發現，在界定它的適當方式上，會引發不少議題。要做好它，通常要求生產者能以全新的角度與顧客對話，並要以全新的方式與價值溪流（value stream*，譯按：此詞在下章會詳加解說）上的許多公司來談。（我們在後文會舉許多例子，例如汽車公司不再只是賣產品，經銷商不再只是賣服務，而是一起提供給使用者全新產品，即「個人的移動」〔譯按：詳第13章〕。）

生產者要能接受重新定義的挑戰，才是成功的關鍵所在，因為如此才能找到更多的顧客。而有本事找到更多顧客，並能快速地服務他們，乃為精實系統革命的成功根本。我們接著會證明，採取精實組織的話，可以釋出許多資源，可供吾人善加利用。而要使員工能長期得利，必須找出更多的生意機會，使他們能發揮所長。開始時若能對價值做出更好的確定，就可進而提供精進的手段。精實化的企業一旦開始再思考價值（此或可稱為「價值大革新」）後，必須能不斷對各產品團隊質問，看看是否能取得最佳的應用。價值革新就如同在產品開發、接生意過程及生產活動中不斷改善。如能做好它，就可以穩定地邁向完善。

## 價值界定的最後項目：目標成本

一旦產品界定了，在確定價值時，最重要的工作是假設已去除過程中看得見的浪費，並決定利用現有的資源及努力下，該產品的目標成本（target cost）* 為多少？

以前的定價方式是：根據市場所能承受多少高價而定，然後再倒算回去，訂出有一定利潤，而又可接受的成本。每次開發新產品都要這麼做。精實企業體在做法上又有何不同呢？精實企業體是審視一般公司所提供的「價格和產品特性」叢集（the current bundles of pricing and features），看看如果完全善用精簡化的改善方法，會減少多少成本。這樣做，事實上是在問，採取必要的改善之後，在毫無浪費的情形下，產品成本為多少？這訂出來之後，就可做為開發、做生意、生產等活動所必要的目標成本❸。

由於精實化企業能落實目標成本法，因此成本一定比競爭對手低得多，所以它可以有下述數種選擇：降低售價（此舉可增加銷售量，並可善用空出來的可用資源）；提升產品的能力或特性（這也可增加銷售量）；升級產品的服務，來創造出更多的價值（及工作）；擴充配銷及服務網路（這在經過一段時間後，也會促進銷售）；或是利用盈餘再開發新產品（此舉長期而言可增加銷售）。

某特定產品的目標成本一旦訂下來了，就可用它來檢視開發、做生意、生產（在服務業稱為營運）之價值溪流中的每一步驟。我們在下章會說明，不客氣地沿價值溪流走，嚴格地審視每一活動是否真正給予顧客價值等做法，實為達成積極的成本目標之關鍵。

第2章

# 價值溪流
# （Value Stream）

## 從超市走道觀看

要觀看價值溪流，超市的走道不失為一絕佳的地點，因為那兒有成千上萬的東西流入顧客手中。大家在人潮中決定購買什麼，然後就把貨提走。除了這種有形物品的流動外，許多新產品也要在該處源源推出，因而啟動了新產品開發過程。的確，大野耐一在五〇年代看出超市的優點，並飽受衝擊，從而發展出「暢流管理」，現在稱其為「及時化（Just in Time）* 系統❶」。

我們過去兩年來，與英國連鎖超市Tesco（泰士可，或譯「特易購」，以下簡稱T公司❷）及其協力商合作，常常要在超市走道上思考某些特定商品的價值溪流，並找出浪費所在。為了做這研究，我們必須針對某些產品，把它們從製造到銷售的每一步驟都仔細畫出來。最近，我們也開始思考其產品的開發過程。

我們的方法所根據的，是下述一項簡單假設。正如任何活動要是無法量測，就無法適當管理，所以凡是不能精密地確認、分析、結合的活動（可分為開發、銷售、生產），就不能批評、研究、改善（或完全消除），以臻完善。以往的管理方式，都把注意力放在集合體上——如各製程、部門、公司——即同時督導許多產品。可是，我們以為，實際上要針對特定的某些產品及服務，來管理其全部的價值溪流才對。

我們最初的目標，是要創造一份價值溪流「圖」，來確認出某產品的設計、銷售、製造的每一措施，並將它們分為三類：（1）實際創造出顧客感受得到的價值；（2）並未創造出價值，在目前系統下所必須而尚不能排除的（我們稱此為「第一類浪費」）；（3）顧客認為沒價值的，從而可立刻去除的措施（我們稱此為「第二類浪費」）。先把第二類浪費去除之後，就可以利用本書後文介紹的「暢流」、「後拉式」、「完善」等技法，再把剩下來而又沒有價值的步驟去除。

## 一箱[3]可樂的價值溪流

試舉一例子來澄清上述「價值溪流分析法」。[4]我們從T公司超市軟性飲料的走道旁，以幾乎隨機的方式抽出一項，它為用硬紙板包裝的八罐裝可樂。在一開始時就要提醒大家，我們所發現的，極令人震驚，因為它的整個過程共歷時三百餘天，而且其中絕大多數的措施為「浪費」。由此，你會了解該超市的其餘三萬項產品，情形也差不了多少，也就是說，可樂是代表性常例。

你也應該記住，在可樂的價值溪流中，各廠商之管理方式，全部都以「大量生產思考法」為主。我們認為，問題不在於他們是否依一定的邏輯來運作，而在於該邏輯本身就不對了。

## 可樂的生產

即使大河也有其小源頭。就可樂而言，源頭為英國水力單位所生產的水。其他根本要素為：可樂母公司所提供的濃縮可樂精（用平常的話說，就是提供「味道」）❺、可製糖的甜菜、作焦糖用的玉米（著色、添味用）、作包裝硬紙的櫸樹、作容器的鋁土或再生罐。❻

由於鋁罐本身是可樂製程中最複雜的（而不是可樂水本身）❼——它的生產時間也最冗長——所以我們初期的分析，就以鋁罐的流程為主，而把其他諸如糖、焦糖、可樂精以及包裝材料等，視為到價值溪流下游再合流的。

如圖2.1所示的價值溪流，先從澳洲挖取鋁礦砂。理論上，鋁礦砂可以等接到訂單後再小量開採、製造。而實際上是依據長期生產預測，由採礦機一次開採數以百萬噸的鋁礦砂，再以貨車運到附近的化學煉鋁廠還原為鋁粉。

此製程把四噸鋁礦砂煉成二噸鋁氧化物，約費時三十分鐘。鋁氧化物要堆積到超大型的礦砂船（裝載費時二週；可載五十萬噸或相當於一千萬只鋁罐），然後在海上航行四週送到挪威或瑞典，由當地便宜的水力發電煉製。

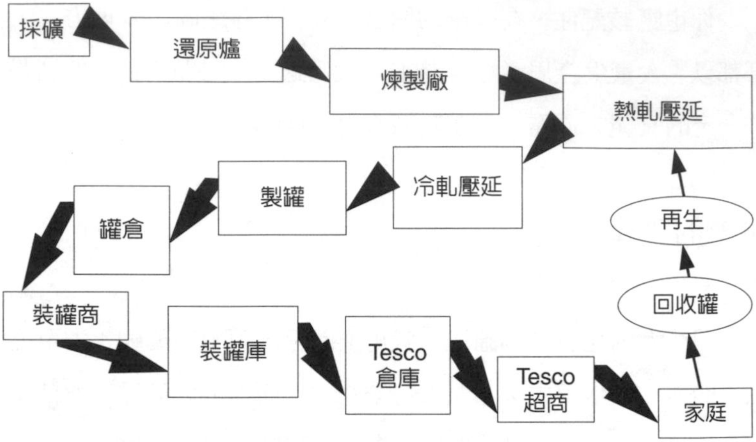


圖2.1 可樂罐的價值溪流

在煉製廠需等候約二週，又得花極多電力（新煉的比處理再生罐多十倍），最後在二小時內把二噸鋁礦氧化為一噸的鋁。同樣的，由於煉製規模上的要求，必須以大批方式來處理，即要把融熔的鋁倒入數十個長十米寬一米的鋁錠中。然後再小心地加以冷卻、儲存，約二週後再以「卡車—船—卡車」方式，運送到德國或瑞典的熱軋壓延廠。

在熱軋壓延廠等候約二週，再把鋁錠加熱至攝氏五百度，並以一組的重軋輪，把它的厚度從一米壓至三毫米。實際壓延時間只需約一分鐘，然而由於該機器極為複雜，一旦生產某規格產品後，就不容易轉換到另一規格，所以管理人員認為，某規格的訂單要累積到夠大量，才肯立刻著手生產。壓延達成可樂鋁罐所需的規格時，再把從鋁軋壓延出的鋁片繞成十噸的線圈，然後運到倉庫存放（約四週）。

有需要時，再從庫房中把鋁線圈取出，以卡車運往冷軋壓延廠（在德國或瑞典），抵廠後先放置二週。冷軋壓延（速度每小時約四十公里）再把鋁從三毫米壓為零點三毫米，以利鋁罐製作。由於冷軋壓延生產線的更換也很困難，所以也採取把一定規格的訂單累積至一定量，然後再一起製作之方式，最後，把該薄鋁片切割成更狹的鋁片，更繞成十噸的線圈，然後平均再放置一月左右。

需要製造鋁罐時，再把上述鋁線圈以「卡車—船—卡車」方式運到英國的製罐廠，先卸下再存放約二週。需要加工時，再把線圈從庫房中取出、上機。先從鋁片中切出圓形鋁片，每分鐘四千片。圓形鋁片再自動饋入「抽出罐壁機（wall drawing）」，再把該圓片沖三次，成為沒頂蓋的鋁罐，每台機械每分鐘可沖出三百罐（每一切片機的下游有十三台成形機）。

鋁罐從接著成形機的輸送帶，經過清洗機、烘乾機、上底漆，然後再上表漆、花樣、商業資料（如不同語言的標示及不同的促銷花樣）。然後再將鋁罐上亮漆，弄好罐頸及裝凸緣（準備裝滿可樂時封頂用），打罐底並將內部塗上噴漆（以防止鋁味滲入可樂），然後做最後檢驗。

上述的鋁罐製作機，其實為連結在一起的大型機器。就技術而言，很是神奇，即把鋁片放進去，漆好的罐子就會流出來，完全不用人來操作，實際的加工時間不出十秒。不過，要想換作不同種的罐子或塗上不同的漆，則很麻煩，所以管理人員每次要生產某類，就得要求它的量要足夠大。從製罐者的角度來看，這樣顯然最為經濟，並且做法上與煉製廠、熱（冷）軋壓延等一樣，都是就某種鋁罐採取大量生產方式。

把罐子檢驗過後，送上自動分裝機，每一棧台可裝八千空罐，然後再送到大倉庫去，以備將來需要時取用。在倉庫中，再依不同的罐子儲放，因為可樂工廠需要不同類的可樂（如一般可樂、健怡可樂、櫻桃可樂、無咖啡因可樂等）。即使採用同一類可樂，依不同的工程及促銷戰之要求，也會有許多不同的包裝及促銷情報。[8]

要用罐子時，再從倉庫用卡車送到裝罐廠的庫房，約停放四天。然後打開包裝，送到裝罐機，清洗後再裝封可樂。此時，裝填機旁的大槽成為各組成溪流的匯合處。

在此步驟中，把水、焦糖、糖、可樂精等細心地調配、混合，並加入二氧化碳（製氣泡），然後封裝（圖2.2為此合流之示意

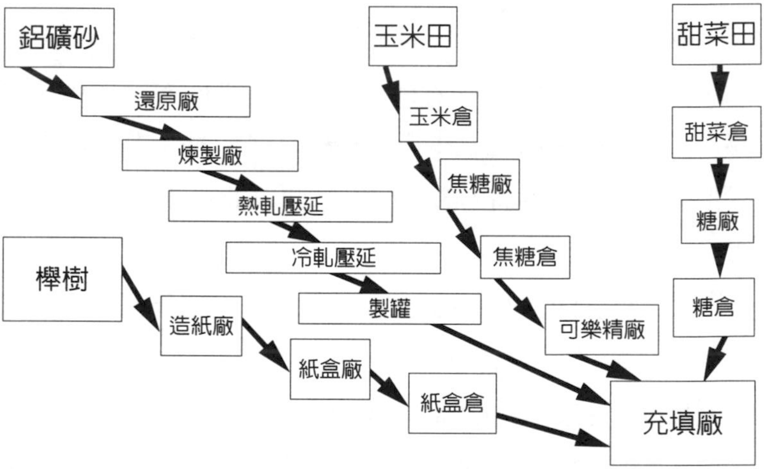


圖2.2　可樂價值溪流之合流

圖)。這些項目的價值流分析，要由T超商公司、裝罐商及其供應商等協力來做。不過，先分析它的最長溪流，可能最具啟發性(譯按：此為「瓶頸」或「限制理論(TOC)」的根本概念)。

把可樂填入罐子後(每分鐘一千五百罐)，罐子要加打一鋁頂蓋，上頭有易開拉罐裝置等(此由另一流程所加入)。罐子再打上日期碼，然後自動包裝成所需要的罐數，如八罐裝。如前所示，每種包裝都有它不同的上漆、促銷要求。

混合並填充之過程，為各價值溪流的合流處。雖然從清洗到包裝只需一分鐘，不過如果要換線來生產不同類的東西，則既費時又花錢。再者，如果要求系統先裝幾罐可樂，再裝一罐蘇打水的話，就必須清洗整個裝填系統，所以廠商發現，要經濟地使用此一複雜系統，必須大量生產同一類才行。[9]

在充填／包裝線之後，要分裝成標準單位，再用真空伸縮封膠裝機固定(所使用的機械，在第6章會說明)。然後送到可樂廠商的中央庫房，再配銷到全英國各地。每包在該處平均儲放五週。

在倉庫中，依各類包裝分別放在指定處(此稱為「定點存放」)。然後再按需要提取，上卡車送到T公司全國各地區的配銷中心。

貨到了T超商倉房，節奏就會加快一點。進來的包裝在棧板上只停放三天，就加以分裝，隔夜送至各超市。貨到了零售店碼頭，送到後面倉庫或直接上架，可能一天內就賣出去。

顧客買了可樂回家，通常會再儲存起來，至少隔幾天後再享用，有的是為了享受促銷折扣而大量採購，就會先存放在地下室，等一陣子後再送冰凍、消費。喝可樂的動作，總共花不到五分鐘，不過這常在整體物流開始的一年之後。

最後一重要步驟，如表2.1所示，為把空罐回收再煉製。目前在英國只有16%的鋁罐回收再加工（並運回挪威），不過這比率在升高。如果能百分之百回收的話，整體價值溪流就會出現一些有意

**表2.1 一箱可樂的價值溪流**

| | 進料儲存* | 處理時間 | 完成品儲存 | 處理率 | 累積日數 | 累積†報廢 |
|---|---|---|---|---|---|---|
| 採礦 | 0 | 20分 | 2週 | 100 噸/hr | 319 | 0 |
| 還原廠 | 2週 | 30分 | 2週 | | 305 | 0 |
| 煉製廠 | 3月 | 2小時 | 2週 | | 277 | 2 |
| 熱軋壓延 | 2週 | 1分 | 4週 | 10 呎/分 | 173 | 4 |
| 冷軋壓延 | 2週 | ＜1分 | 4週 | 2100 呎/分 | 131 | 6 |
| 製罐 | 2週 | 1分 | 4週 | 2000/分 | 89 | 20 |
| 充填可樂 | 4天 | 1分 | 5週 | 1500/分 | 47 | 24 |
| Tesco配銷中心 | 0 | 0 | 3天 | | 8 | 24 |
| Tesco超市 | 0 | 0 | 2天 | | 5 | 24 |
| 家用儲存 | 3天 | 5分 | | | 3 | [90] |
| 合計 | 5月 | 3小時 | 6月 | | 319 | 24 |

* 包括前步驟之交通時間。

† 累積報廢為原始鋁材的百分比。製罐時報廢升高是因為沖壓不良為14%。充填廠的報廢主要原因是上充填機時發現罐子有損傷而被打下來，因為空罐無內壓，所以在儲存、搬運時容易受損。

括號中表示在顧客家中報廢率，是因為76%良品中只有16%會經回收再回到顧客手中。

思的新可能發展。例如在英國當地可就近設立整合式的小型煉解廠，從而可以大大縮短上述費時花錢的各搬運過程（用我們的術語說，這些活動馬上從第二類的「不可避免的浪費」，變為第三類「可完全消除的浪費」。）人們之所以很慢才接受回收的做法，主要原因是對整個系統的成本所知甚少，所以我們不只要分析各獨立步驟而已。

我們這樣逐步展現某特定產品的實質生產措施，會對人們的思考造成極大的震撼。首先，如表2.1 所示，從礦砂一路到回收箱，費時319 天，其中只有三小時確實有價值之創造，真是微乎其微。價值溪流中的99%，根本就是動也不動的浪費（等候）。其次，鋁料及罐子上上下下三十次，這些都是無用的浪費（搬運）。同樣的，鋁料及罐子進出許多大而無當的庫房，經四次重新分裝，再上包裝棧板等，這些也都是浪費（存貨及冗餘之處理）。最後一項，從煉製爐出來的鋁料中（花費許多能源而極昂貴），有24% 的不良品得報廢掉。

## 浪費的根本原因

簡單說，上述的浪費情形就是：個別顧客只消費小量可樂，可是它的生產設備卻極大、極無彈性，舉凡運輸船、倉庫、處理機械等，都只考慮量產和高速效率。飲料業基本技術的首要設計目標是「大量、快速、免人力」等，實屬傳統的大規模生產思考方式。[10]

然而，對於溪流中個別公司有效率的（譬如說購買世界最快的填罐機，每分可充填一千五百罐，從而每罐的充填成本最低），如果考慮它所需的人力支援、上下游庫存配合及搬運、存放成本等總成本，情形就會不一樣。以T公司個案來說，這種大量生產及庫存之運作方式，並不見得會比由就近一家較小規模，採用較簡單、較慢機器，而依顧客需要來生產的方式更為便宜。

我們後文會詳細討論這些要點。不過，現在讀者只要記住精實思考法中，有關價值溪流的突破方式即可：任何活動，都不要只看頭看尾而已，譬如不能就個別機器評估其優缺點，而要看所需的整體配套活動，看看它們彼此的互動情形如何，然後，對於實際上未能為顧客創造最佳價值者，再加以挑戰。

## 可樂的訂單處理

如果T公司的貨都像可樂一般（的確如此），從採礦砂到上可樂架要花319天，那麼在訂貨上顯然就會有一難題。即，要不是由T公司均勻地下訂單給上游供應商，使他們能穩定運作，存貨最少，否則，各供應商就得保有高存貨來應急，不然顧客偶爾會買不到可樂（缺貨）。上述三種情形都不好，即都是浪費。

我們之所以舉T公司為例，主要是最近幾年來，它在訂單作業系統的流線型化上大有改進，從而免除上述諸問題。它的「缺貨」情形極少，而且庫存成本又能減半。由於T公司在改善前就極有效率，所以它現在的存貨是英國平均水平的一半，歐洲水平的四分之一，北美平均值的八分之一。

不過T公司最近了解到，如果想進一步降低存貨、缺貨以及總系統的成本（典型產品的成本中，八成五以上是由T公司的供應商所決定），則必須改善上游的反應能力及正確性。就可樂而言，這表示圖2.2的各協力商要配合才行。

為了了解T公司為何會得到這種結論，要先了解其現行的訂貨系統。它可能是當今世界上最先進的。T公司在八〇年代中，就在每家分店的結帳處設立POS條碼掃瞄機。它可使每一貨品的存貨狀況更新，並可正確地下單給供應商，因為電腦可自動考慮出貨量及銷貨情形，從而自動更新訂單給協力商。

幾年之後，T公司把原先由各店店長分別下訂單的方式集中化，由中央統籌處理，並在全英國設立數個地區配銷中心（RDC），負責進出佔九成五銷售額的貨品（牛奶、糖、麵包等項除外）。從此，協力商可以整車送貨，而RDC在當夜用大卡車把貨分送至各地超市。

在1989年，T公司在零售業有一項創舉，即對所有新鮮貨品及許多架上貨品，都採取每天下單方式（而非以前的每月或每週下一次單）。現在，各分公司可利用訂單系統，在各分店每日盤存時，自動算出正常的需求，並可考慮該週的特別要項、季節、天氣、促銷等因素，然後經店長確認各假設無誤，就逕送中央電腦，由其彙總，並在當夜直接由電腦下單給協力商。[11]在給供應商的訂單上，會確切要求該在哪天[12]哪時刻（誤差十五分），把多少貨送到哪一RDC的收貨碼頭。

貨送到RDC，就由該處彙總，當夜分送到各分店的地盤，各分店在清晨可收到整批貨。所以T公司的各分店，如能在週一夜下單，週三晨可收到貨，[13]如此有效地運轉，並全日無休地連日更新系統，如圖2.3所示。

藉由此系統，T公司對分店的「服務水平」(指供貨準時、數量正確、品質合格）大有進步，從92%改善到98.5%。同時，平均存貨日（分店加RDC）從21天降為12.8天。T公司的主力產品，如可樂等可快速週轉，其存貨日更降為3至5天。

不過，T公司也知道，孤掌難鳴，如果想進一步突破，得由許多方面配合。首先，第一級的供應商如可樂商等，必須每夜從其大量存貨中，及時取出適量來供應。他們只能這樣來配合，因為設備、機械等都要量產才划得來。[14]另一方面，可樂充填商的上游供

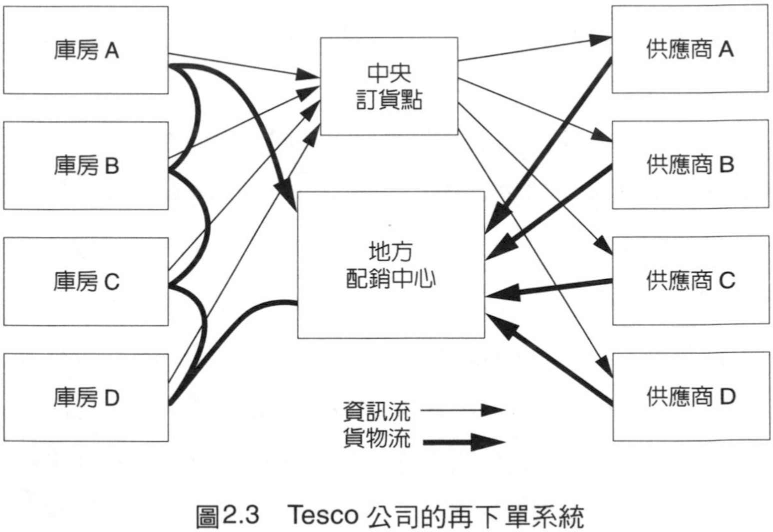


圖2.3　Tesco公司的再下單系統

應商，也都採用量產而無彈性的生產方式。截至目前，都還未實施「及時」交貨制，所以可樂廠所下的訂單，仍然是以「每週、每月甚至每季訂一次貨」的方式來運作。

T公司也知道，如果要進一步改善它未能直接控制的八成五的價值溪流，必須上下游共同重新思考出全新的運作方式，這也是為何T公司找上作者來主持其「精實企業體研究中心」的緣故。大家必須合力完成我們上述所作的分析，而不可只為自己著想，也就是說，從採礦砂到充填廠，大家都要結合成一體的精實企業。

## 可樂的創造

我們的可樂故事，還有最後一項，即為產品開發的價值溪流。在百貨業，傳統上產品創新及新產品引進的責任，都會落在第一級供應商上，如可樂商。不過，如果我們對推出新產品前的價值溪流諸活動，稍微檢視一下，就會發現許多疑點。

百貨供應商（如可樂廠商）會持續地尋找新產品，來保衛其市場佔有率，或提供更廣泛、更殷勤的服務（從而取得更多的上架空間），或推出更有利潤的東西。在這行業，典型的產品發展時間為一年，並須經過許多次較大規模的試用研究，最後才能決定全規模地推出。

雖然上述過程中的各步驟，實際上很少能稱得上「研究開發」，不過總的來說，它仍是逐步做的，即推出試用新產品時，要等各級試用者的回饋，即使決定採全規模推出，也要等一段時間，讓生產線有所準備（如包裝材）、調適、並做促銷計畫等。

實施此系統後，新產品（通常是成分不同，例如可樂加櫻桃味，或沒有咖啡因的可樂）平均要花上一千五百萬美元才能推出上市（一半花在廣告上），而且通常是出師未捷即敗下陣來。

而這也會造成浪費售貨空間（被失敗的新產品佔用了）。人們不禁要問：為何有公司會花一千五百萬美金推出了毫無「新」意、又無人要買的「新」產品呢？

T公司認為，能縮短開發期間及成本，固然不錯，但是仍搔不著癢處，因為這些對「價值」溪流並沒什麼影響，所以T公司開始以價值來衡量產品開發過程。也許顧客對零星的新產品不會有興趣（正如個別步驟在價值溪流中無意義般），所以公司要決定，是否應該與供應商合力開發出一套互補的東西，讓顧客覺得物超所值，從而與顧客發展出更長期的友善關係？公司為達此目標，曾針對每一經常顧客做詳盡的購買形態之數據分析，希望產品開發能有更一致的價值溪流。

## 使價值溪流分析發揮作用

我們對可樂所做的個案分析，實際上可以加以推廣。在可樂個案中，我們找不出如導言中的普惠公司個案般的第三類浪費，馬上可以去除（由於它們是冗餘的）。不過，仍有許多無價值的浪費，因此必須加以精簡。

注意，我們在分析T公司的可樂個案時，並沒有與競爭者的價值溪流作比較，即作所謂的「標竿（benchmarking）分析」。我們在上一本書《臨界生產方式》中，固然大大促進大型公司風行做「標竿研究」(譯按：該書中有很詳細而完整的全球汽車業績效比較)，不過，我們現在則認為，對於懂得精實思考的主管而言，這都只是浪費時間而已。

在標竿比較方式下，績效優異者常會產生鬆懈（如T公司可滿足於它的內部運作方式領先群倫)，而對以量產為主的大型低績效者（如八〇年代的通用汽車或福斯汽車〔VW〕)，常常無法知道自己「為何不行」，所以容易急就章，找些容易衡量的，或無法學得來的來模仿，如針對成本、規模、或「文化」等因素上的差異來行動，而忘了重要的是價值的創造方式（而這很不容易一下子就看出來)。

今天我們對於想實施精實轉型的各企業的忠告是：去他的，不必談競爭對手；而要以「至善」為標準，找出所有的浪費並消除它們。我們認為，這是絕對的原則，而不是相對的，它猶如北極星般，可提供所有組織方向指引（豐田汽車公司就是精通此道，使它領先別人四十餘年)。然而，要落實此忠告，我們必須先教你學會運用消除浪費的最根本技術。這要從下章所談的暢流化（flow）開始。

第3章

# 暢流
# （Flow）

## 「分批—等待」的世界

你去看醫求診時，情形怎樣呢？通常你得幾天前先預約，然後依約前往，先在某候診室等待。輪到你看診時——通常已延誤了時程了——由醫生診斷你可能有什麼毛病，然後必須再由其他適當的專科進一步診斷（而這通常得幾天後再來另一次候診）。由於各專科醫生常常要用大型的專門實驗設備，所以你又得等一陣子，然後，也許又得跑一趟，去聽醫生解釋檢驗結果。如果毛病弄清楚了，醫生開出處方後，你可能又得跑到另一處去買藥品；另一種情形是你又得回到該專科醫生處，再來另一回複雜的程序（幾乎完全是等待）。如果你不幸必須住院，那麼，又得經歷另一套全新的分科診治、流程以及一再等待。

如果你肯花點時間反省你的經驗，就會發覺你實際的就診、治療時間，只不過是各流程時間的一小部分而已。在大多時間中，你是充當一個坐、等而又有耐心的病人。（譯按：英文的「病人」與「耐心」為同一字「patient」），要不然就是在各作業間轉來轉去。對這些你只好耐心十足，因為人家都說，這一回回的等待、移位等，都是為了取得高品質、高效率醫療所必須付的代價。

我們在第1章曾簡單地討論過另一服務業，即搭飛機旅行。其實，我們大多數的經驗都遠比Jones家到克里特島的情形更糟，因為無法直飛目的地，而必須先飛到轉運中心。所以總的來說，你的總行程時間中的一半，並非用來前進到目的地。可是，絕大多數的旅行者，對於此種航運制度卻安之若素，不敢夢想會有更好的可能。因為它在安全上無虞，而且人們都說，這樣調派極為有效率，可以讓昂貴的飛機及機場得到充分利用。

醫療業和旅行業通常被稱之為「個人服務」業，而與錄放影機、洗衣機、或可樂等「產品」來對比，兩者實際上最大的差別在於：在前者，身為顧客的你，也是製造過程中不可或缺的一分子（受施者）；而在「產品」的情況下，你倒只能在製程最後端等待。這看來不會有什麼損害。其實，你即使沒有直接參與其事，產品的生產方式也會對你有所影響，你是躲不掉的。

我們不妨舉獨棟住宅為例。亨利・福特曾夢想過以大量生產方式，利用標準化及模組化方式，在工廠內造屋，如此，既可使設計及生產成本大幅減少，又不減少多樣性。於是，有些創業家真的設計出一些模組屋，在二次大戰後，並很快地設立生產線來造預製屋。在六○年代中，豐田汽車公司的關係企業也在日本推出建設服務，利用工廠製的基本模組，提供各種平面組合及外觀，並可迅速在工地上安裝、設立，業績差強人意。

不過，世界上絕大多數的獨棟住宅，建造方式多採在現場「切割」、「合成」作業，即先由一大堆東西來建立起基本體，然後再安裝數以千計的零組件，如排水設施、廚具、牆上插座等。

如果你有機會到工地去看看，你會發現它大半的時候都沒在做有生產性的事。我們在第1章介紹過的建築商威爾森，他為了推行全面品管，先開始量測他們在辦公室及工地上的「作為」時，發現在訂製屋的建設活動中，有六分之五的時間是花在下述二類：等待下一組專家來配合（如建築師、成本估價員、定材料清單的技工、景觀師、屋頂工程專家、切石材工、管路技工、電匠、裝飾人員等等），不然就是因為不符合技術規定，或是不符合屋主的需求及期望而必須重做。

如果你是屋主，即使你不樂意，這些等待及重做，也得由你付錢。何況，造屋畢竟屬訂製品，你也許從朋友處聽過許多比這更荒謬的故事，所以你通常會認了，以為這種主流制度上的問題，乃是不可避免的。

事實上，所有這些創造（設計等）、做生意（銷售等）和提供產品或服務，都可以加以暢流化。一旦我們開始思考如何把所有工作的基本步驟，都弄成一「穩定、連續流程、無浪費之動作、無中斷、不分批、無等待」的時候，一切都會不一樣了。接著，我們的合作方式、種種協助工作的利器、用來創造暢流的組織、我們追求的事業及公司（或組織）的本質（包括非營利服務業）、彼此之間與社會的互動關係等方面，都會全盤改觀。

把人類活動全面暢流化，可並不容易。它也不會自然產生，因為對於大多數初入此道的主管而言，能了解、看出價值如何流動，就已經很不容易了，更不用談掌握暢流的價值。然後，一旦主管懂了，要完全引進並維持暢流系統，又得克服許多實際上的難題。然而，作者們堅持，「暢流原則」適用於所有的活動，而且成效會極斐然。的確，善用暢流法則，可使所需的人力、時間、空間、工具、存貨等，都能快速地減半，等到績效穩定了之後，再持續改善，在幾年內又會使得所需的投入減半。

## 暢流的技術

暢流的好處既然那麼多，如何落實呢？首先，一旦「價值」界定了，並確認出整體價值溪流之後，就要把焦點放在實際的事物上——如特定的設計、特定的訂單、產品本身（如一次治療、一趟旅行、一間房子、一輛自行車）——從開始到完成，都要綜覽之。第二步，即要落實第一步，必須忘了傳統上關於工作、事業、職能（長久以「部門」來區分）及公司的界限，努力形成一精實企業體，而排除萬難，使某特定產品或產品線成為連續流。第三步要重新思考特定工作之方法及工具，消除各種回流、報廢、停工等，從而使得某特定產品的設計、銷售、生產等，能以連續方式進行。

事實上，上述三步驟必須一體實施才能。目前主管們的想法都以為：為了效率，舉凡設計、銷售、生產等，都必須「經由系統（公司的制度）」，而且在處理各種產品組合時，要能避免產生預算上的差異，這樣才算管理有道。可是，現在真正需要的，是丟開這些舊制度，而在新基礎上從頭開始。為了讓讀者清楚了解此一方式，下文就以自行車業的設計、銷售及生產為例來具體說明。

## 自行車從分批到暢流

我們之所以選擇自行車為例，一來因為它既簡單又平常，讀者不會被新穎的產品設計或疏遠的科技所迷惑；二來是我們剛好懂得自行車業，因為作者中有人為了試行本書所揭櫫的方法，決心投資某自行車公司而成為其「頭家」。最後一點是，自行車的製造多屬分立的產業，即絕大多數最終產品裝配商只做車體（架），而其他諸如輪子、煞車、變速器、座位、手把、以及做車架用的管子等，都是向供應商購買——而供應商的規模，卻常常比裝配公司大得多。因此，它在價值溪流整合的問題及機會都很多。

### 設計

自行車業的產品設計，長久以來一直採取「分批—等待」方式，即先由行銷部決定出諸「需求」，再由產品設計師設計出車子來滿足之，然後交由原型部門做出一原型車來測試該設計。測試過沒問題，而設計又經核准之後，再由模夾具部設計出量產時需用的工具，然後由生產部的生產工程小組，負責想出如何利用這些工具完成自行車的裝配。在設計核准後的同時，採購部要開始向供應商買零組件。

開發單位通常會同時進行很多新車型號的設計，而讓某一產品在部門之間移轉、等待處理。它們常常要送回前面的部門重做，不然，就得偷偷地送到下游去「再造」一番，把一些不相容的地方（例如產品設計師與工具設計師的看法不一致）擺平。基本上，此方式實在不算是「暢流化」。

在八〇年代末及九〇年代初，大多數自行車公司採用「重量級人物」式專案管理方式，即專案小組由一些專職人員及一位強人領導所組成。這種產品「小組」，其實也只是幕僚代表所組成的委員會，而大部分的開發工作，仍然要送回各部門，即加入各部門待做事項的等待線。再者，各公司對層出不窮的設計重做及在系統中回流等浪費，都束手無策。更糟的是，沒人為開發工作的最後結果負責。因為公司的會計、獎賞制度在這方面沒配套，所以即使某產品很成功，也無法追溯出原設計團隊的功勞。因此，大家只求在技術上出高招，來贏得顧客的歡心，可是，這樣做的成本太高。同時，推出上市的時機會延遲，所以多半沒賺頭。

「精實系統」的做法，是要創出一真正具備所有必需技能的專職團隊，讓大家能共處一室，來做價值確認、一般設計、細部工程化、採購、設計工具、安排生產等工作，並且在短期的相處時間內，採取公認在團隊決策上有效的「品質機能展開法（QFD）*」。❶該法能使開發工作標準化，即每一團隊每次都能使用相同的方式，因此可以量測、比較各專案的運作總時間，從而可以持續改善設計方法本身。

由於有真正的全職開發團隊，而又嚴格採用QFD來正確地界定價值，所以可消除重做及回流現象，而使設計流程穩定前進，直到大量生產為止。在第二部分的案例集我們會顯示，如此，開發時間及工作量都會減少一半以上，而且產品上市成功機會也會大為提高，因為它能抓住顧客的需求。

依我們的經驗，採行專職產品團隊方式，並不會像一般主管所想像的，需要許多人力，反而是愈精良愈好。也就是說，它不需要一大票技術專家。何況一般的行銷、工程、採購、生產專業技術人員，他們的實際能力，其實也比自己知道的更廣泛得多，原因是：（1）他們自己不自覺如此；或（2）他們不願公開說出他們多有能力；或（3）他們以前不允許跨界表現。一小組人員一旦受命「盡量放手做！」，就會發現他們可發揮的範圍，遠比以前大得多，所以就會盡心盡力，表現良好。

不過，把一些原來在行銷、工程、生產的人，調來做某特定產品的專職開發人員，也會造成所有價值溪流沿線公司內各職能需求的衝擊、難題，這點我們在第三部會探討，同時也會討論在專職產品小組中，如果必須包括來自關鍵性元件供應商的員工時，可能要考慮的一些問題。

## 銷售

自行車業一般的銷售方法，是由銷售部向零售商取訂單。在美國，零售商的規模極多樣化，大的如沃爾瑪百貨（Wal-Mart），小到數以千計的自行車「個體戶」商人。訂單要經完全處理——為了確保它們與公司內規一致，而且信用上沒問題——再把訂單資料傳送給生產部的排日程單位，由他們利用能處理多產品的電腦程式來安排交貨日程。然後，再由銷售部把已肯定的，或預計的交貨期通知零售商。

零售商為了查核訂單進度，特別是在交貨期延誤時，會向銷售部詢問狀況。而銷售人員會轉向排程人員了解情況，之後再由銷售部轉答零售商。在重要客戶的訂單已延誤很久，從而受威脅要被取消訂單時，銷售人員會與排程人員下海（到生產現場及供應商處）跟催，希望有機會能讓該訂單插隊，趕快交貨。這些做法，無異到現場去實際干預。

在九〇年代初期，「再造（改造）運動」方興未艾，有些公司受了此潮流影響，就把銷售及排程合成一單位，以利訂單能迅速處理——通常由一人兼任，他（她）並可直通公司的電腦處理系統。也就是說，不必等待、停頓，如此工作暢流化了，幾分鐘之內就把以前要花（等）幾天（甚至幾週）的事做完。尤有進者，訂單可直接由電腦下給協力供應商。同樣的，跟催工作也大大簡化，不會像以前一樣，分不清銷售或排程的責任。

這些創新固然可喜，不過，公司若能完全執行精實系統，則可以更上一層樓。即，在精實企業中，銷售員及排程人員等，都是產品團隊的核心分子，一方面要負責在產品開發完成後就開始行銷，另一方面要確保生產系統確實有能力交貨。即確保從接訂單到交貨的情報流程及產品流程都要平順。再者，由於生產系統一直在運作（而無停工浪費），而且是依訂單生產，所以從下原料給第一道作業到最後成品出貨，只需數小時。由於系統的能力很清楚，所以在接單或爭取訂單上，都會很有把握，完全沒有跟催的必要。

要維持此種運作方式，必須掌握一關鍵性技術——拍子時間（takt time）* ❷ 概念，利用它來精確地把生產率與銷售（需求率）同步化。例如某高檔鈦架自行車，顧客每天下48輛的訂單。假設自行車公司每天只開工一班。把可用的生產時間除以需求率，即每輛車的生產時間為10分鐘（一天有480分鐘〔60乘8〕工時，再除以48輛）。顯然，訂單的總量會時升時降，所以拍子時間必須跟著調整，以使生產與需求同步化。重要的是，一直都要依需求而精密地界定當下的拍子時間，以使全體生產順序完全依它來運作。

在精實企業體中，要將由拍子時間算出的生產量（稱為「slot」）——如高檔自行車每小時10輛（拍子時間為6分鐘），低檔車每分鐘1輛（拍子時間為1分鐘）——清楚地顯示出來。它的做法很簡單，例如在最終裝配廠的產品小組中，設立一白板或電子顯示板（日文稱為「andon板」*）。如果資訊顯示完全的話，可使大家隨時知道生產脈絡，此為精實系統的一項關鍵性技術，稱之為「透明度」* 或「目視管理」* ❸。它可協助依拍子時間一致地生產，同時可提醒產品小組適當反應，如追加訂單或是因訂單增多而必須把浪費除去（即降低拍子時間）❹。

如此使銷售與生產密切配合，則可消除一般的弊病：即以銷售獎金制來激勵業務員多接訂單，而完全不顧（或不知）生產系統的真正能力、情形，以致常在獎金期限快到時，造成訂單作假地「衝高」，甚至來個「世紀大訂單」式炸彈，而使生產系統不知所措。這些因期末而製造出的需求，都會使生產大亂、交貨延誤，從而使顧客不悅。因此，這些造假會像魔術般造成許多浪費。

## 生產

自行車業以往用「型類」方式來區別生產活動，並分別為各類活動設部門：切管、彎管、斜接、銲接、車架和把手之清洗及塗裝，和最後裝配。從切、彎到銲、塗裝等作業，都逐漸發展出快速、自動化機械，而裝配線也漸漸傾向可大量裝配方式。

所有的自行車廠商都採用同樣的生產設備，來製造出多型號的車子，而零組件製造的速度，也遠比最後裝配快得多（以每分鐘做幾件表示）。由於零組件製造工具的換模（線），常常很費工時，所以典型的做法是：一次就生產出多量同一產品。圖3.1為一典型最後裝配處之工廠佈置和物流圖。

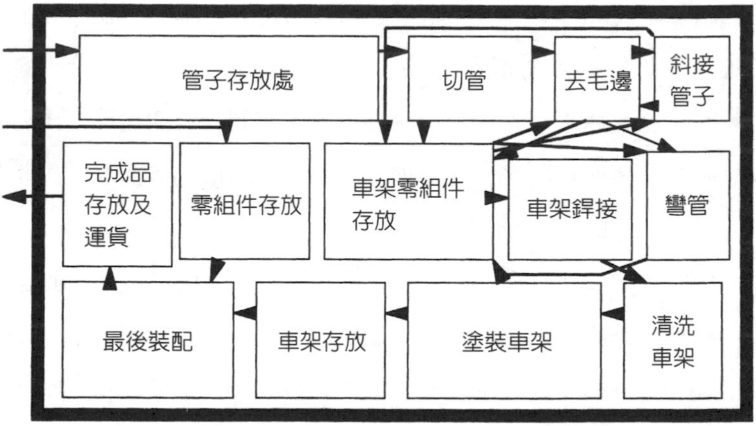


圖3.1　自行車工廠的佈置及物流

一旦做成多量的零組件，顯然就得面對下述問題：要如何追蹤、記錄存貨量，同時確保能把正確的零組件，在正確的時間送到正確的地方去用。在自行車業早期——溯自1880年代，它為汽車業的先驅——排程方式是採用「總日程法」，即每天再把最後裝配所需要的，用書面傳單分送各部門。

這樣（以人工方式）運作了近百年，直到七〇年代，它才為電腦化的物料需求規畫（MRP）* 系統所取代。利用良好的MRP系統，在記錄存貨、下材料訂單，送給各部門有關接下來要做什麼等方面，正確性至少九成九以上。在控制「分批—等待」作業上，各種MRP系統顯然比老式的人工系統進步，而且它日益複雜，更可再加上產能規畫等工具，來詳估生產製程各步驟之機器的產能，以確保不會發生瓶頸及產能限制。

然而，MRP有些問題。例如在沿製程各步驟前進中，如果忘了包括某一零組件，該錯誤就會不斷累積，從而使得下一類零組件的「再訂觸動器」大亂，常常會造成下游生產作業多做了（此為「生產過剩型浪費」），或是因零組件太少而不足以應付生產排程（此為「等待型浪費」）。

「分批—等待」式系統還有一更糟的問題，即總前置時間通常極長——從最早（上游）的零組件開始生產，到自行車成品交到零售商手中，常常需要數週至數月的時間。如果訂單極為穩定的話，這樣也沒什麼事，可事實上訂單常常極不穩定（原因可能是前述的銷售獎金制作祟，或因零售商通路上存貨太多，或是季節因素，或是低檔自行車氾濫等）。再者，自行車之設計，常會有工程變更

（即使成熟車種也如此），因此，沿價值溪流的許多零組件，不是得報廢，就是得重新加工處理❺。

因此，概念上極為簡單的MRP系統，在實際運作上卻變成極複雜。在自行車業，每家公司除了用MRP系統外，更會輔以下述支援系統，即由跟催人員送下游所缺的物料，到各部門、各機械去優先處理、應急。他們這樣做，是為了怕因缺貨而誤了交貨期，或因誤期而被顧客罰錢。這麼做固然說得過去，可是卻會對MRP系統的內部運作邏輯造成大動盪，從而使得電腦產生一些奇怪的訂單，也使存貨資料不正確。就長期而言，MRP系統比人工作業優秀，不過，其實際日常運作之績效，卻常遠低於理論上的預測及引進該系統時大家的期望。

「及時化（JIT, Just in Time）*」系統為豐田汽車公司五〇年代的創新，到八〇年代早期，西方公司才開始引進。它的主旨在解決上述許多問題。此套技術為大野耐一所創，用來協助工廠達成暢流化。不過，只有在機器能快速換模／換線時，即上游製程能生產少量而多樣化的產品，又馬上可轉換來生產另一種，而原先所生產的，已饋入下游製程，並為其所耗，JIT系統才會有效。再者，除非下游製程能實行平均化排程（即「平準化」〔heijunka〕*），並把與實際顧客需求無大關係的一些小訂單擺平掉，使得系統不致立刻出現瓶頸及緩衝（安全）存量，否則JIT也無法發揮功效。

自行車業實際運作JIT時，多半忽略了上述降低換線時間及平準化排程的要求，而把注意力放在供應商（協力商）上，要求他們及時來救濟頻頻出錯的最後裝配之排程。因此，大多數供應商只好準備一大堆存貨（有的自行車廠甚至會要求，這是必要的措施，更會定期派人檢查），每日再從中運去交給裝配商。所以說，這種JIT只算是美其名，其實是把自己的存貨的壓力，轉移到上游的各級供應商而已（他們也都會如法炮製，要求其協力商，來應付JIT的要求）。

為了使製造品能暢流化，精實企業體會把JIT的關鍵性概念及平準化排程法，發揮到極致，並盡可能使產品成為連續化流程。以圖3.1的自行車廠為例，「暢流化思考法」要求各製造、裝配步驟，都要建立各產品族的生產區。（「產品族」* 的界定方法有多種，不過在自行車業是以車架的底材為主，如以鈦、鋁、銅、碳纖維系為主。由於各基材的製造步驟及生產技術各不相同，所以這種分族方法有道理。）

要是能解決現場的噪音問題的話，效果會更佳。精實企業體會把小組（含產品經理、採購、製造工程師、生產排程員）的辦事處設在實際生產設備的近旁，以利該產品族的產品工程師與工具工程師就近合作。從而以前那種區分勞心（白領）和勞力（藍領）的不良方式，也會消弭於無形了。

（我們對以往要求工人「不必交談，只自顧自地幹活」的大量生產方式，很感震驚：即工人只要埋頭苦幹，而專業職員卻很少來現場。由於機械多極震耳，所以工人只好把耳罩裝上，從而與外在世界隔開。而在精實企業體中，工人要不斷地與別人交談，來解決問題並做改善。尤有進者，他們會要求能就近找專業的協助，因此，所有相關的人都要能掌握整體生產系統的全盤狀況。許多機械製造商對精實企業體要求採用靜音機器的道理，仍然搞不清楚其所以然。）

在連續而暢流的佈置中，各生產步驟通常形成一群組（或稱細胞，cell）*，逐步依順序而安排。所以，每次只一輛自行車依序做下去，中間並沒有安全庫存。這樣所使用的技術，就稱之為「單件流」（single piece flow）*。要讓有許多變化（例如越野車及休閒車等，都有許多大小不同的車型）的產品族，都能單件順流而下，機器就要有根本的能力來應變，即都能很快地轉變，從而做出多種不同規格的產品。此外，傳統上必須由大量方式處理的設備——在自行車業中為噴漆——也必須「適當規模化」，來配合該製造程序。這表示常常要用更簡單、自動化程度較低、較慢（不過，可能更精密、更具可重複性）的機器設計。我們在第8章會討論普惠公司簡化其引擎葉片研磨機的個案，屆時再詳細說明。

這種做法，迥異於傳統的看法——即製造業的競爭優勢，在於把大量生產之機器自動化，並連結起來，使其更快，如此才能增加產出，降低直接人工成本（甚至無人化）。它也不同於以前大家習以為常的生產管理做法，例如要使全體員工、設備都發揮產能，才能使投入的固定巨資快速回收等。其實它並未考慮到為了成批生產，而必須花更多的維護成本、及協調高速複雜系統的成本，這些都屬因複雜化而引起的「浪費」。

由於在一般的「標準成本法」*中，把「機械運轉率」及「人員使用率」當作重要的績效指標，更把在製庫存當作資產（即使大家都不想要），以致人們不能了解，如果機器、人員都完全忙著製造顧客所不想要的東西和事情，那麼最後即使有產出，也不過是「浪費」而已。

連續流系統要真能暢流化，每台機械及每位工人都必須完全「有能力」。也就是說，他（它）們必須處於良好狀況，需要時能確切精密地做，而且產出都要正確、無不良。（譯按：「有能力」係指該系統要處於「統計管制狀態」下，而又能做出符合要求的產出。）暢流系統的設計本身，表示產出「要不是完全為良品，就是完全為不良品」，這也意味著產品小組在每項任務上，都必須是「多能工」*（以利有人缺席時，或另有任務時仍能運作），而各機器則必須全面可用而又精準，這方面有些重要的技術可協助，諸如全面生產力保養（TPM）*。這也表示工人必須由工作小組（而非遠方的工業工程部）嚴格地標準化，而員工及機械要透過一系列的防愚（poka-yoke*，也譯為「保佳有計」）技術，來監視自己的工作，使不良品不會送到下一步驟❻。

舉一簡單的防愚措施例子如下：某工作站的零組件箱口上，因為裝設有光電池，所以某產品到達該工作站時，工人務必要從箱中取零組件，從而感應光電計，不然，就會發出一道光，提醒工人他忘記取零件了。

這些技術，也要配合前述的目視管理措施（使其看得見，透明化），例如5S活動*❼（所有的無用項目及垃圾等，都必須取走；所有的工具，要放在工作場所看得見的特定地方等）、現狀指示（通常以顯示燈板，即andon板*），以及從清楚的最新標準工作圖表，到主要績效如製程成本等財務資訊。它所應用之技術，各隨方便而異，不過關鍵性原理不變：在任何時間，所有相關人員必須都要能看到並了解該作業的每一方面之現況。

公司一旦真正下決心改變為「暢流系統」，即可從初期的突破式變革中，產生驚人的進步。然而，有些工具（例如備有精密排放控制設備的大型噴漆間等）並不適合做成連續流方式，而且在短期內很難改變，所以必須以分批方式來運作，而其前端和後端，都要備有緩衝存量。此時，最重要的是要盡可能使機型切換起來容易，以及批量盡可能小❽。這些通常很快就做得到，而且不需巨額的投資。的確，如果你以為從大批量要轉為小批量（甚至「單件流方式」）得花大筆錢，那你就還不了解精實系統的精髓。

豐田汽車公司在六〇年代所開創的小批、快速切換生產技術，的確成就非凡。不過，我們要提醒讀者，不要用能快速切換的設備來做小批生產（即使批量極小）。因為所有因切換所造成的生產時間損失，或是任何機器必須放緩速率來配合其他系列機械，都只會造成浪費。暢流思考法的最終目標，就是要消除整體生產過程的停頓，如果不能達到此一目標，改善就不可停止。

我們把上述諸技術組合起來，用在前述的自行車製程，看看它會變得多精實，如圖3.2所示。首先，產量一定（同前），卻會空出一半以上的廠房，主要是因為製程中的存量消除了。還有另一項圖上看不出來的優點：生產人工時間也減半了，而且系統的週期時間，也從原先的四週降為四小時。（我們在第二部分會談到，在消

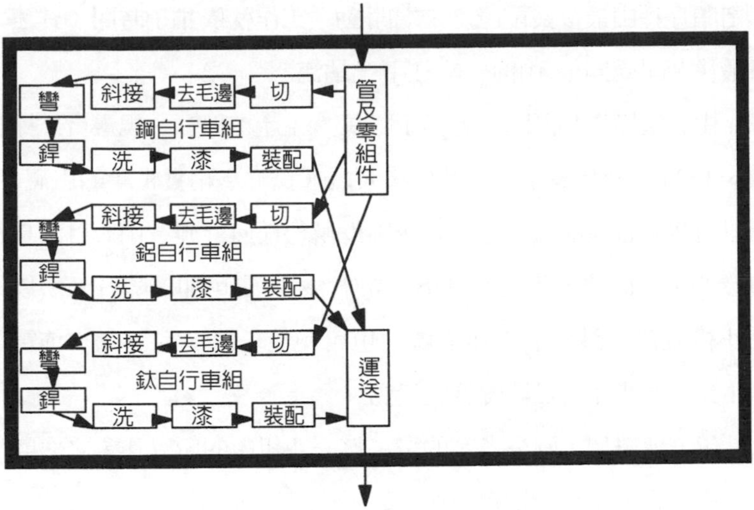


圖3.2　精實自行車廠的佈置及物流

除浪費後，人們不再做以前所做的事時，此時如何讓他們發揮生產力，實為成功地過渡到精實企業的中心工作。）

上圖顯示出，原先的單一大型機器，已分成數台小型機器，特別是清洗系統及噴漆室。這使得各類的自行車可以一台接一台地，連續從切管到斜接、到彎管、到銲接、到清洗、到噴漆，到最後裝配，一氣呵成。這種安排方式，各工作站之間不必有存量，而且各組的人力可依需要而調配。在高產量的組，人員要多分配一點。最後，請注意，裝配時採用人工方式來提升產量的做法，總是較為便宜。

工作流程如此大幅簡化後，MRP 制及跟催員都幾乎可免了。把原來的MRP ，只用來做裝配廠及供應商的長期產能規畫。一旦製造順序採由最後裝配處之末端開動，工作就依拍子時間（其速率與最後裝配處同），由前一站往下一站流。

由於整體產品團隊，包括了隊長、生產工程師、規畫員／採購員、TPM／維護專家、以及作業人員（員工為精實企業的主體），所以可以就各產品組來定位，並協助解決任何疑難。由於目前自行車業的製造機器，都是噪音小（如噴漆），或可加以隔音，所以即使小組設在「斜接」之作業處，也可免受干擾。何況此一佈置方式，又可讓小組成員綜覽整體活動。

另一項難用上圖來表示的是，每一小組內的所有作業之速度，都經過仔細平衡化，即每一作業的週期時間，都能與全組的拍子時間相同。要增加或減少產量時，由小組人數適當增減（擴大或縮減每人工作範圍）即可，而實際工作的地方並不會改變。一旦產品規格改變了，由於設備大小都適當化，所以可用增減或調整、重排之方式，來保持連續暢流運作。

## 適當地點

最後談談在暢流技術中，如何給「設計」及「生產」定位，以利顧客服務。近來，許多製造商所安裝的機器愈來愈大、愈快，目的是要減少直接人工數。廠商同時也會致力於建造某些產品族的大型中央化設施（有時稱為「有焦點的工廠」〔focused factories〕，譯按：此詞為哈佛Wickham Skinner教授談製造策略的專門術語，此處意指「專業化」），並向專門供應商外購愈來愈多的組件（給最後裝配）。更糟的是，這些供應商常常遠在天邊，離製程及顧客甚遠

（自行車王國在台灣），原因只為了減低人工成本。（譯按：此看法似乎有些勉強。不過，台灣廠商則多致力於發展工程中心，並往歐洲、大陸設廠。）

這些位在遠方的大規模設施中，也許有某形式的暢流化，不過要想推出新產品及要改善機器時，常常會因為核心工程能力太遙遠，而覺得力有未逮。何況，那些產品的暢流化，也僅止於工廠而已。以自行車為例，車子要在製造商庫房等候到夠裝成一貨櫃，然後再運到港口上貨櫃船，經數週之後方抵達目的地，再轉送公司的地區性庫房。再等候訂單，等到有了訂單後，再運至顧客庫房，然後又得再等一陣子。換句話說，除了在廠內的價值溪流能部分順暢化之外，其他都是「等待」接著「等待」。

這樣就造成高額後勤、運輸成本，以及不少的途中成品庫存。有時候，因為產品過了流行期，而必須大打折扣來促銷，原因是原預測是在實際銷售之前的幾個月就做了，很不準。如果仔細加以分析，在這些方面的收入損失也不少，可能遠比人工成本的節省更大呢！如果能以較小規模的生產設施就近服務顧客，結果可能更好。（我們在第10章會再討論此主題，我們認為，日本最近陷入競爭力兩難的局面，主要是因為選擇地點錯誤所致，而不是日本的人工成本太高。）

## 萬用的暢流思考

由於暢流思考法乃起源於分立式產品的製造，所以它在這方面的應用，很容易為大家所接受。不過，主管一旦想通了，就可以把同樣的原理應用到任何事務上：集中心力管理某特定服務或產品的價值溪流；創造出精實企業體來消除各種組織障礙；設施、工具要重新定位、大小適中，並實踐整套精實化技術，以使價值能連續流動。我們在第13章會討論在非傳統製造業上，如何廣泛地應用精實系統思考法。

## 工作中順暢無比（Flow in Work; Work as Flow）

我們至此所討論的價值流，好像是唯顧客及投資者的需求馬首是瞻。不過，我們從日常生活中知道，我們的角色，並不只是為顧客或投資者而已，「工作」對我們更為重要。所以，轉型為暢流方式，對「工作」有何意義呢？

我們先簡述一下心理學家契克森米哈賴（Mihaly Csikszentmihalyi，現為芝加哥大學教授）最近的研究心得（譯按：下述的書《*Flow*》有中譯本《快樂，從心開始》張定綺譯，天下文化出版）。他花了廿五年研究，想扭轉傳統心理學的焦點：他不問人們什麼地方不對勁（再改變它），而是探討什麼能讓人感覺順暢、爽快，而使人在日常生活中保持積極的心態。

他的研究方法是給對象嗶嗶機，當它隨機響時，要記下當時所作所為及感受如何。他十來年研究過數千名世界各地人士，所得出的一些結論很簡單。

最令世界各地人士感到最有活力的活動，種類上很一致：目標清楚，又需要集中心力、注意力，而沒打擾及旁騖的；對目標的達成程度，有清楚而立即的回饋，而又要有挑戰性（感覺自己的技能水平，剛剛好夠來做這事而已，所以會戒慎恐懼！）

人們處於上述狀況時，會發現可達到忘我、忘記時間的境界。他們會說從工作中就可自得其樂，而可以不計名利。這種就是契氏所謂的順暢或暢流（flow）*，它極令人滿意。

契氏舉了許多典型的順暢例子，例如爬岩本身就夠讓你全力以赴而忘其所以。其他諸如各種運動、互動遊戲，以及集中心力（例如寫書），也屬於可造成順暢感者。可惜，很少有人把人生中最重要的活動——工作，視為樂趣。工人都像顆小螺絲釘而已，通常很少能得到回饋（更少有立即的回饋），工作只須小小的注意力及些微技巧，而且工作責任重，常會有干擾，令人感到受侵犯。

相形之下，在能連續暢流的組織內工作，同時也可創造心理的暢流條件。每個人都可以知道自己的工作是否做對了，而且又可全面了解整體系統之狀況。要使系統能暢行無礙，一直都是一項困難的挑戰，不過，採行專職的產品小組做法，即可做得到。再者，由於集中注意力於追求完善（第5章會詳述），所以全體系統可以維持在永遠需要用心經營的創造性張力狀態中。

## 光是暢流還不夠

我們已了解價值溪流平順而流暢的威力。更重要的是，這絕對不需要變魔術，任何公司都可在所有活動中引入。然而，要是精實系統所做出的東西，別人並不需要，結果也只不過是浪費而已。你如何知道你們所提供的，是別人當時所真正需要的呢？而且，如果你不能在一房間內完全涵蓋整體價值溪流時，你如何將它們銜接起來呢？答案是：你還得學下章的「後拉式運作法」。

第 4 章

# 後拉
# （Pull）

簡而言之，「後拉（Pull）式」* 是只在下游顧客需要某產品或服務時，所有上游的人才生產。要了解這種「後拉式思考法」的邏輯和挑戰，最好的方式是設想某真實顧客需要某真實產品，然後反推「生產者」所有必經的實踐步驟。我們試舉史氏（Bob Scott）的 1990 年型豐田小貨車的防撞器（又稱緩衝器，如今已不生產）這一典型案例來說明。

1995 年8 月，史氏的小貨車撞到賓州葛連賽（Glenside）處的一柱桿，因而把車後的防撞板撞彎了。他原來要使小貨車極亮眼耀人，所以所選的防撞板是高級、昂貴的鍍鉻式，現在由於它撞陷頗深，必須換新才能確保安全。

史氏把車子開到當地的豐田維修處去換新，於是接觸到豐田公司過去十幾年努力經營的「拉式管理法」── 即，致力於使經銷商、零組件分銷體系和供應商之間能同步化，從而使顧客真正從一高度複雜的生產服務系統中，一路拉出價值流程來。

## 昔日不良的生產方式

如果史氏的車子是在一年或二年前撞壞的，他就不像現在這樣能得到立即的服務，因為當地維修處不會備有那輛停產車子的防撞器成品庫存。理由很簡單，如果經銷商使用老式庫存管理辦法的話，一定無法為舊車子準備一大串備換件，因為每輛車有萬來個零組件，要想備齊的話，儲存成本極為驚人。

所以，維修處要等上數天，才能從零組件供應倉取得所要的，不然，就得花很多錢，以隔夜快遞方式取得。而史氏的車子，也必得停用數天待修，不然就得花大錢消災。不管怎樣，史氏做為一名顧客，一定不會快樂。

而現在就在他正等待零件修理的時候，豐田倉庫及防撞板生產廠處，卻備有一大堆他所要的東西。為了了解為何會如此，以及如何沿價值溪流完成真正的拉式系統，我們要回溯至該溪流的源頭，位於伊利諾州丹外（Danville）的防撞板生產商BW廠。

康夏喜（Shahid Khan）為BW廠（Bumper Works）的母公司FNG（Flex-N-Gate）公司的總裁，是一位典型的美國夢實踐者。他十六歲時從巴基斯坦來美就讀伊大工學院，為了籌學費，他就到位於丹外附近極偏僻處的大型沖壓廠BW工讀。畢業時，他任職該廠的工程處長，而在二十八歲時就籌錢買下該公司。

康夏喜在1970年初進入公司時，工廠採用的是「分批—等待」生產方式，依顧客要求、訂製，做出鍍鉻後上漆的各式小卡車鋼防撞板，賣給各汽車經銷商。每種防撞器一做就是一大批，通常為一月的銷貨值（量），並要透過一極複雜的大盤經銷系統，來賣給經銷新車及維修的經銷商。

由於大家都認為大批生產方式為理所當然，因此，對沖模或許要花十六小時來換模，也就不太在意。由於大家也認為準備大批原料是不可避免的，所以該廠有一大進料庫房，用來放置從鋼鐵廠來的，數以噸計的平面鋼板。更由於製程中的鍍鉻作業的外包廠，也採取分批作業方式，所以防撞板的半成品，也要先存放在半成品儲放處，等堆成一大堆後，再一次運到鍍鉻廠。

從鍍鉻廠以成批方式運回來，再做最後裝配（裝上內部加強條、連接托架及裝飾），然後送到完成品庫房，由該處再依排程分批送到顧客處。

在八〇年代，康夏喜的業務成長迅速，公司開始賣防撞板給美國三大汽車廠體系的售後服務單位，成績不惡。買賣雙方也都以為，分批式想法很適合。不過，康夏喜一向很有雄心，所以他在1984年時，就向豐田提出可以供應他們由日本進口的小貨車之防撞板，從而開始他的另一番零組件生意。

在1985年BW成為豐田的小量試用供應商，而到1987年，BW贏得豐田新小卡車種的獨家供應商（史氏所買的，就是這一型號）。到1989年，BW成為豐田北美獨家防撞板供應商。

諸事美滿，唯有一件憾事：BW的生產系統，仍是典型的「分批—等待」方式。於是豐田公司就帶康夏喜及其高級部屬，在1989年底去日本觀摩精實供應商體系。不過，康先生回憶說：

「因為竅門沒通；所以搞不清楚他們那一套怪招，竟能成就生意。」所以在1990年5月，豐田向康先生說，他們派了一位精實生產專家（先生）❶來當康先生的私人教師。

事實上，他是豐田汽車公司的營運（生產）管理顧問處（OMCD）的專家。該處由大野耐一於1969年創立，負責豐田企業集團（含協力廠）之精實系統思想的諮詢業務❷。他們每次到廠協助一個月，到了1992年底，已使得BW脫胎換骨。它原先設施老舊、由工會運作，而現已轉變為北美區的精實生產範例。

## 支援後拉式的精實生產

豐田的專家首先發現，BW有大量存貨，並採用分批方式來生產，完全未暢流化。所以想要採用「大小適合的機器來沖東西，每次一件」的方式，不能一蹴即至，只能先從大幅降低其換模時間，並減少批量開始。現在的換模時間，已從八〇年代中期的十六小時降至二小時，不過，仍然不夠好。

根據豐田汽車專家的經驗，機械的可用率必須達90%，而10%可用來切換。於是，他們先研究BW每天要做的產品之範圍。結論是，大型沖床要在二十二分鐘內，小型沖床要在十分鐘內換好模才行（事實上，這些很快就分別降為十六分鐘及五分鐘）。

其次，工廠要重新佈置。平鋼板直接從進料處流至剪床，把它切成比防撞板稍微大點的鋼片，然後直接送到下一製造組（由三台沖床組成）來成形，再送到外包廠去鍍鉻，最後送回原廠，接到沖床下一步的銲接廠，把防撞器的內、外零組件以及連接車子的托架銲在一起。最後，防撞板及時送到出貨碼頭，按排程運出——上述之各作業，都只由下一步拉動時才會流動。即剪床只有在沖床給信號才啟動，而沖床只有由銲接處給指示才啟動。每一活動都由下一活動拉動。而運送排程與拍子時間，則成為整體作業的速度設定者。

由於在1992年，BW的絕大多數顧客仍然以大批量方式下訂單——即在每月最後一天，把一整月份的量交出去——所以BW決定運用豐田的一項技術，即「平準（安定）排程法」來為將來預備。即，生產經理把下月的訂單量，例如A型八千、B型六千、C型四千及D型二千，加總後（二萬）除以當月總工作日數（二十天），由此了解BW每天要做出四百個A型、三百個B型、二百個C型及一百個D型防撞板（拍子時間為0.96分）。剪床及沖床每天要切換四次，換模時間共八十八分（雙班工作時間九百六十分的9%，所以每次切換最多只能花二十二分鐘）。

每日的排程，從下給銲接處來開動，隨著該處用掉其備有的A型內、外加強鉸接條及托架，銲工會把成空的零組件桶滑開，並把一看板（信號卡）下滑到附近的沖床，如此提供唯一的沖製A型防撞組件的要求。在沖床上切好的鋼片快用完時，空桶子會隨滑道滑到前面的剪（切）床，要求更多的A型切片。如此，由後面作業給予要生產的情報。

以前廠內採用MRP制來要求各站生產多少量——可是，實際上一直無法達成，所以要有跟催員——現在則用不著了。開始實施時的一些問題，如能加以解決，那麼上述簡單的後拉式及目視（看板）管理法就會生效。BW廠的新營運信條，可以簡化為：「有需要的才做；然後要做得又快又好。」

不過，該新系統有一中心問題，即，銲完的防撞板，必須先外包來塗裝上鉻，然後再做最後裝配。鍍鉻為一複雜製程，外包廠極專業，並以分批方式作業，該公司名為「鉻藝」(Chrome Craft)，位於底特律市附近，它是BW所能找到的最佳協力商。不過，它尚無法配合BW的新做法，即防撞板到鉻藝公司後，等於要消失數週後才會復出，根本無法快速週轉、跟催。

於是，康先生與豐田公司的專家，只好去拜訪鉻藝並指導之(該公司也做其他製造商的鍍鉻外包作業，所以現場上有幾十類的防撞器)。不久，該廠的拋光作業之切換線時間大減，所以可直接從進料處做小批量作業，然後送到下一作業，即鍍鉻的一系列鍍槽去。

如此，把整體安排改善後，BW的貨車可以快速上、下裝卸，即早上七點從BW取貨，下午三點即可把上回鍍完的運回（週期時間從原先的十五天降為一天內完成)。尤有進者，每班所完成的防撞板半成品，都可全數運出廠鍍鉻，完全無在製品存貨。而鉻藝公司的存貨週轉次數，也從每年約二十次提高為五百次。

這樣可觀的成就，仍不算達到其極限。在1995年，鉻藝公司還為BW母公司的印第安那州防撞板新廠（顧客為美國三大汽車公司)，設立一規模適中的鍍鉻線。這樣就可省掉十六小時的來回運輸時間，即總週期時間從原先的二十四小時，減少為廠內作業的八小時。

BW公司在學會了如何透過系統來拉出價值之後，就有能力務實地立刻回應顧客的訂單。由於BW的快速切換能力，使得公司可以在接到訂單的二十分鐘之內就開始銲接，而且，即使需求有變化，也能很快在製程上應變，即，只需在銲接處下一組新訂單即可。BW廠從原材料入廠到完整的防撞板出貨的總時間，從原先的平均四週降為四十八小時。而且，把暢流化及後拉方式一起運作，品質也會跟著提升。截至1995年中，BW公司在前五年內從未送給豐田汽車公司一件不良品。

BW公司及銘藝公司的新制度，可以如本章開頭史先生所要求的針對顧客的小訂單，提供快速服務。可惜，顧客們多不知道如何善加利用。這也難怪，直到晚近，就連豐田汽車的配銷系統，都仍然以預測方式下大批訂單，然後再依實際需求起伏調整訂貨。所以，為了創造一平順的拉式價值溪流，還必須在配銷系統上往前推進。

## 昔日不良的配銷方式

1965年豐田汽車在美國推出Corona車型，很快就暢銷起來，從而需要提供全系列的維修服務——從諸如本章史氏在意外中撞壞的防撞板，到定期保養的濾油器、火星塞等。由於零組件從日本運送到美國曠日費時，又因北美豐田需要大量的備品，所以很快地就在美國各主要地點建立一系列倉庫，做為零組件配銷中心（PDCs）。

在1965年，豐田市的協力廠商開始實施豐田生產系統（TPS, Toyota Production System）。當時，誰也沒想到要在當地的零組件倉庫應用TPS 原則，所以該公司在美國的十一處倉庫，佈置方式也就與一般無異。每一倉庫的貨（零組件）箱都堆高到屋頂，箱子的數量成千上萬，一箱一料號，各箱子在大建物中排列方正、整齊。

PDC 的進貨，取自從日本封好的貨櫃，每週從大貨櫃船下貨。貨櫃抵達PDC 的碼頭時，先由倉庫人員開櫃，然後再用堆高機或小推車逐箱放進各對應的零組件。由於在日本製作一批的訂單要十五天、海運要三十八天，在PDC 內部存管作業要五天，所以PDC 為了避免斷線（對經銷商零組件供應無缺），必須至少在五十八天前就預先下訂單給日本。

豐田的經銷商每週下一次單（以下週的預估用量為準，稍微增減）。由於這些預測多不準，就會形成豐田所說的「假需求」；也就是說，在價值溪流上活動的需求，並不是來自實際顧客，而是經銷商一波波的調整。經銷商每週的訂單到達各PDC 時，會由「檢貨員」到正確的存放處去取出，並交給運送車，隔日可送達各經銷商。

由於豐田公司認為大批量（所謂「經濟訂貨量」）可節省運輸成本，所以鼓勵經銷商下單時數量要夠大。為了鼓勵經銷商多下訂單，豐田對某些大量訂單可以免收運費；並且允許經銷商有5% 的退貨，以補償他們未能如預計（如維修大減價促銷案）般達到目標。

經銷商在零組件缺貨時，可以用隔天中午交貨的系統來應急。此系統（代碼為VOR ，即「飛毛腿快遞」）允許經銷商先用電腦查看附近PDC 的存量，必要時也可再查看全美的PDC ，直到美國零組件總倉庫（位於加州托蘭斯〔Torrance〕）。找出哪兒有零組件後，就下訂單給該處的檢貨人員，要求他們運出。這種額外的快速服務，可是要收費的。因此，經銷商處可保持大量的常用零組件，而特殊的需求，就用「隔天取貨」方式來服務。

PDC中各類零組件的箱子，尺寸都不小，而貨櫃更為龐大。由於缺貨時採空運來補送的方式，費用高昂，所以大家都認為，一旦快用完了，就得快速補訂大批貨。再者，豐田公司的美日連線之電腦程式，也會考慮某些事件的調整，例如在冬天防撞板的消耗量會大增，或是有特別的促銷活動（如濾油器、火星塞等大減價，所以需求量會大增），所以要事先多訂一些，來應付這些預計的方案之需求。

到1970年代早期，豐田在美國的服務體系大體上確定下來了。每一PDC就一些常用的零組件，都備有六個月的存量。另外，加州的托蘭斯倉庫中，更備有少量以前車型的不常用零件。此庫房的平均零組件存量很難估算，因為有些零組件可能都不會有訂單來消耗它們。當然，偶爾仍會發生神祕而不知所以然的缺料事件，需要用空運方式來應急。不過，總的說來，此系統運作效率不錯。凡有要求，能從既有的備料來供應的比率約98%，是北美同業中最優秀的。此系統在十五年來的績效，可說不差。

## 後拉式精實配銷

1984年，豐田汽車與通用汽車合資在加州成立新公司NUMMI來裝配車子。從此，公司開始就大型或一般貨品項目，如輪胎、電瓶、椅座等，開發在地協力廠商網絡。到1988年，豐田在肯達基州的喬治城（Georgetown）設立大廠，從此，更需要極廣泛的零組件協力廠商網。

同樣的零組件，豐田經銷商在做例行保養服務以及美化升級服務時，也都用得著。所以1986年豐田汽車在俄亥俄州托雷多市（Toledo）開設美國製零組件進料倉庫，稱為零組件集散中心（PRC），這也就是上文康先生運交防撞板的地方。

集散中心的主要功能，是把協力商送來，而不滿整卡車的零組件彙總，再送到各地PDC中心，以減少運輸成本。然而，這種著眼於低單元運輸成本的做法，創造出典型的「分批—等待」作業方式，使得協力廠商在交貨到集散中心前，都會有近一整月的存量。貨到集散中心後，又得等一陣子來檢驗，然後又在待送處等待達一整車的量，再送到PDC。

八〇年代末，日圓匯價高攀，而且豐田在美國的競爭對手如福特汽車等，也急起直追，部分實施了豐田式生產方法。這些情勢，逼使豐田汽車的主管苦思如何保持競爭優勢。尤有進者，豐田汽車公司每四年就會推出新車型，所以在美國賣出的車種數穩定地成長[3]，而且美國人開車時間愈來愈長[4]。這些趨勢，在在表示豐田必須隨時預備許多零組件來服務顧客，才能讓顧客滿意，可這些措施卻會造成備用零組件成本及後勤成本日增。

豐田的高級主管在苦思對策時，發覺他們竟從沒想過在北美的倉儲及配銷系統中，實行自家聞名的精實系統。他們馬上了解到，如果這方面能落實，就會有驚人的優勢。

當時豐田倉庫之運作，採取前述的「分批—等待」式。即由倉庫領班指揮搬運工用堆高機或小推車，把進料處的零組件，沿著無盡頭似的走道送到各貨箱中。為了確保各搬運工負責、努力，領班會劃分給每工人每班固定的「產品線」（有的「線」其實只有數個零組件，有的則是數百項）。

因此，每一「線」的工作量差異極大。譬如說，把百來個火星塞放到貨架的低層箱內，就遠比把一笨重的防撞板放到高層箱內，來得輕鬆、容易得多；不過，這兩者都被看成是一「線」。由於每位工人每班所負責的「線」數一樣，所以許多人經常抱怨領班不公平或偏心：「因為我不願上夜班，所以你就把笨重的防撞板交給我！」諸如此類，不勝枚舉。更重要的是，要是工人無法在指定時間內完成任務，根本也沒辦法找出績效不彰的原因——即，無法辨明究竟是因為料箱太滿了，裝不下新料，或是堆高機出狀況，或是工人「摸魚」。而更因為不能正確地確認原因，所以也就無從改善、落實。

同樣的，每週撿料送交給經銷商的工作，也有組織上及制度上的問題。再者，有些要求隔天送貨的單子，必須有跟催才行，可它們常常會造成撿貨人員的混亂，並妨礙他們例行的作業。理由很容易明白，因為隔天要的急件，總是在最後一刻才告訴撿料工，才要求他們從大倉庫中找出該料號來趕上空運時刻。這種需求，如果能提早告知，他們就可以有系統地取零件，這樣就會更有效率。

這些，也許都只是八〇年代倉儲系統的小問題而已。更糟的可能是，箱子大小不適當、空間使用效率低、以及訂單的批量大小不適當等。箱子的數量及再訂量都大極了，動輒數百或數千種，而每種又有數百、數千個。這樣，手頭上必然要押上數月的貨量，而又占空間、設施。因為倉庫愈廣、設施愈大，反而會使得工人的存、取作業更費時。

豐田的高階主管細審此情形後，就擬定兵分兩路。首先，他們決定採用下述方法來解決：務必大幅縮減儲存箱大小，並減少再訂批量大小。為什麼非每週或每月才訂一次貨，而不能每天訂當日要運送給經銷商的量呢？這種要求，對於國內廠商如BW公司而言，並不是苛求，何況他們對精實生產方式已駕輕就熟了，可以用「多品種少量」方式交貨。幸運的是，當時豐田已把許多零組件的生產轉移到美國，而且許多協力廠也像BW公司一般，開始採取新生產方式了。

其他問題出在撿料給經銷商上，而這也可以由改善與經銷商的關係而解決。為什麼要經銷商每週訂大批訂單，而在缺料時用隔夜快遞方式呢？經銷商難道不能每日只訂當天賣給顧客的量嗎？

豐田汽車知道，除非公司能給付每日的運費，否則經銷商一定會強力反對新辦法。不過，稍加計算「每日送貨方式」（由十一處PDC每夜送貨到該地區的經銷商）的利弊得失後，很快就知道，雖然運費會增加，不過諸如撿料過程等卻可大為簡化、存貨成本減少、不必用快遞等，節省也不少。再者，每日訂單穩定、數量一致時，就可以更經濟有效地安排貨運路徑。

此外，還有最後一項難題待克服。如果經銷商處沒有顧客所要的零組件，而顧客又不願意等到明天，即希望當場更換的話，又該如何處理呢？

豐田了解，如果經銷商能每日訂當日所賣出的料號來補貨，存貨就會大幅減少。而由於每一料號的平均存量大為減少，經銷商就可以建立更多項目的存貨。即不會像以前那樣，有些料號的存貨一大堆，而有的則缺料——現在，由於新法可以建立更多品項而少量的存貨，所以發生上述難題的機會，就會少得多。

## 從理論到落實

上述「倉儲系統要忠實地反映實際顧客需求」的後拉式想法，在八〇年代後期，豐田北美分公司的高階主管們都能了解。然而，即使像豐田這般先進的精實企業，要落實之，仍然要花上幾年的工夫，所以他們直到現在才採取必要的最後步驟。要在倉儲系統中落實精實化理念，不論主管及員工，都要經一陣子後才能適應，而且公司必須肯定地告訴員工，實施新法後，不會使大家丟掉飯碗。

他們從1989年開始落實工程的第一步。首先要縮小貨箱大小，並依零組件的大小及使用頻率加以重排。一次要同時存（或取）擋泥板及火星塞的話，既容易掉東西，所要用的設備，大小上也會差別很大，所以應該先把庫房劃分為大型、中型、小型零組件區。接下來，再把最常用到的，放在存取最方便的地方，這樣就可以大幅減少通道長度。上述的改善前、後之佈置示意圖，請參考圖4.1與圖4.2。

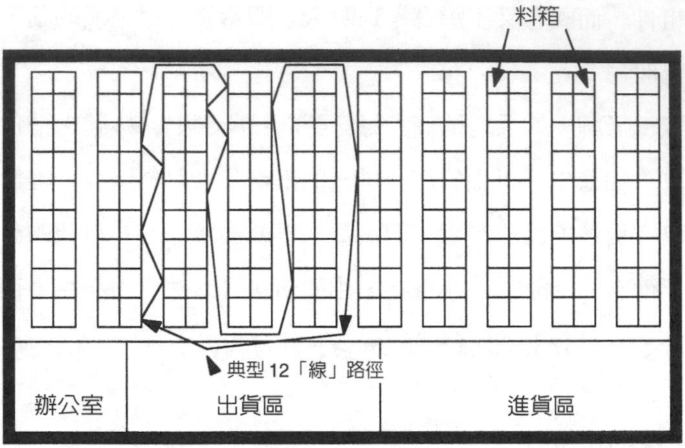


圖4.1 豐田PDC改善前之佈置

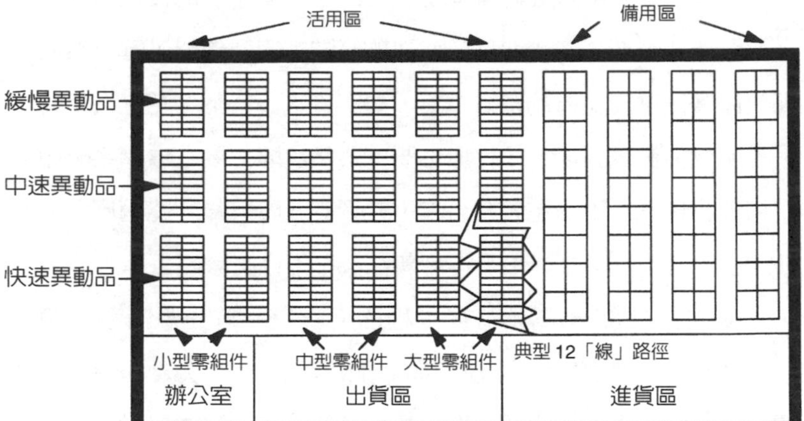


圖4.2 豐田PDC改善後之佈置

請注意圖4.2，由於經過縮小料箱並加以重排，平均取貨路徑可大幅減小。不過，也請注意，由於再訂補充批量之大小並未改變，所以每一零組件的總存量也並未改變。多出的零組件要放在「備用區」，需要時才移入「活用（active）區」。

從1990年底開始下一步，即引進「標準工作」及「透明度（目視管理）*」等概念，其做法是把工作時間劃分成多個「十二分鐘」的單位。之所以用「十二分鐘」，乃是兼顧放、取零組件（來、回）的運貨量大小，以及距離的約略平衡值。「同事」（即「工人」的新稱呼）在每一週期要來回送幾條產品線，數目依產品大小而定。譬如說，在十二分鐘內，某同事要送或取三十線的小型產品，或二十線的中型產品，或十二線的大型零組件。

在進料區及出貨區之間有一進度控制板，可顯示出大家已完成了多少週期（次），還有多少時間可用。每位同事都給一疊著了色的標示磁鐵，每完成一週期後，就要把它放在適當的進度控制板上。如此，可使整體團隊都知道工作之進展，雖然大家工作時得各奔東、西。這是一套良好的透明度做法，有了它，就用不著「隊長」（「領班」的新稱呼）的督導。哪些同事落後了，可以一目了然，有空時就可以去協助他們。

應用「目視管理法」及「確切的工作週期」，有助於找出工作上無法暢流的可能原因。在進度控制板的右邊有空白處，可供同事寫下該週期何以不能準時完成的原因。這些資料經彙總之後，可做為改善小組（1992年引進）的活動主題。

在第一期的改善活動，有一小組的主題是「製造新工作推車」，即善用一些廢物及當地建材商的組件，做出各類適切大小的推車，以利存放。各類車子的容積大小，要配合前述的大、中、小型零組件類別，例如一車每次可裝三十件小型零組件，這樣也可做為另一種目視管理。

同時也引進了「確切的取貨週期」法，即把位於托蘭斯的主機電腦程式，改為可把各經銷商送來的訂單，依各PDC的料箱位置加以分組，從而每班在上班時，即可依料箱順序印出一組取料單。如前所述，取料單分成每十二分鐘之各週期，放在特定分派的「郵筒內」。每位負責取貨的同事，要依取料單順序取單、取貨，完全「先取先做」方式，而不會有分派工作不公平的情形。這種方式，可使每人每小時取五回的料到出貨區，工作負荷很平穩。由於開始時間及完成時間都公開，就不會有以前「保留實力」或「草草了事」等情事，從而也不會造成選錯料號或放錯箱等錯誤。

豐田的倉庫革新工作進行六年後，即在1995年8月才準備就緒，進一步把經銷商下訂單方式，從「每週下」改為「每日下」，而每一PDC用不著增添人員。此改善的成績令人刮目相看，例如豐田公司波士頓區的PDC有二十二位取料人員，每天共可取5,300線，而對面的克萊斯勒公司因採用傳統方法，要用上百名人員，每天共只取9,500線。即豐田的生產力大約是克萊斯勒的2.5倍。

再談加州的集散中心（PRC）。它把原先由日本供應的改為由美國製供應，加上應用新的電腦系統TDOS（豐田每日訂料系統），這使得到1996年10月時，由PDC到PRC的補貨時間，從四十天減為七天，進而使得PDC的備用零組件區完全用不著了，如圖4.3所示，省下了不少空間。由上可知，對於任何複雜的產銷系統降低總存貨的祕訣在於：要有能力很快地從另一層系統取得零組

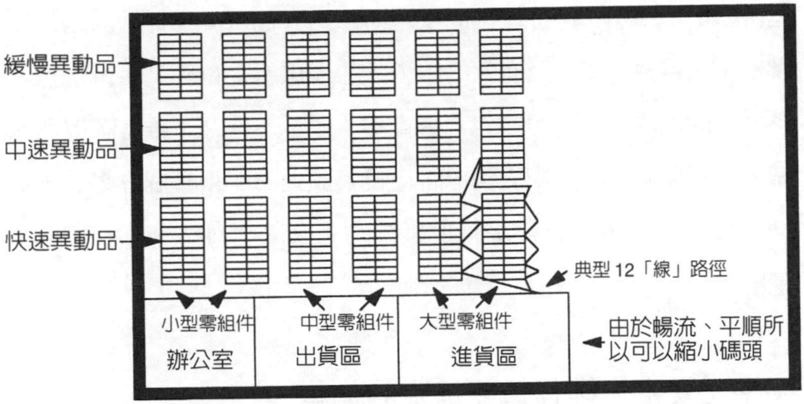


圖4.3　PDC 縮編、TDOS 系統，以及從PRC 快速補貨的改善結果

件，從而才能以小量方式再訂貨。

## 精實配銷的技術

請注意，豐田的各PDC 都能大幅提升生產力，又可節省空間，可並沒有花錢在高新科技上，這是重點所在。公司最近還做了一番對照研究，即對芝加哥的PDC 做了適當的配銷自動化，而其他十處則以上述的傳統方法運作。

芝加哥的實驗開始於八〇年代末。由於當時日本國內泡沫經濟發燒，人工短缺，只好在豐田市附近的田原（Tahara）廠做較高程度的裝配自動化。所以，看來在芝加哥的倉儲高度自動化，也算適當。因此，進而就希望能在零組件的存、取上完全自動化。

到了1994 年，經過極大的努力，投資頗大，芝加哥PDC已完全自動化。不過，每位員工的生產力卻比其他PDC（採用前述的標準工作、目視管理、及有效的箱子大小與重新定位等）來得落後。芝加哥的做法，固然可節省一些直接人工，不過為了維持該複雜系統，卻需要極多的技術支援，而且投資頗大，使得整個專案並不經濟。我們在第10章會討論精實系統的「適當」科技，以及如何來選用。

## 平準（安定）排程需要穩定的銷售

由於豐田進一步想在維修零組件的生產及配銷上，也採用後拉式，從而發現了它的另一項優點。如果北美的協力廠及倉庫都能實行精實技術，從而使維修用及急修用的零組件之倉儲及處理成本大降，而且，如果更多的零組件能從日本移轉到美國製造，那麼對經銷商的服務，就可以做到質優而價廉。如果這些前題可以成立，那麼每一生產、配銷系統的大害，即降價、特別促銷等情事，也就不會發生，因為豐田的經銷商都會與顧客做划算的交易。

1994年美國豐田及其經銷商，為特別服務而透過廣告DM、平面媒體及廣播等的促銷，如要求豐田車主在特價期間到經銷處換換機油啦，或做完全維修檢驗等，一共花了三千二百萬美金。他們之所以採特價方式來吸引人，因為採用「原」廠牌零組件及經銷服務，價格上總比個體戶車行及大盤商高。因此，特定期間的促銷，一來是希望吸引更多的車主回娘家，保持關係，二來希望他們回來享受服務時，也能順道看看豐田的新款車。

「服務大促銷」式做法會引發不少麻煩，這很容易了解。例如必須事先製作大量的零組件，然而卻不能預測實際上需要多少量。促銷戰後所剩下的零組件，會由經銷商處送回PDC，從而PDC也會暫停向協力廠進這些零組件，直到其存貨消耗完為止。我們可以看出，上述為典型的「混沌」例子：最末端的市場穩定，可是零組件訂單卻亂了陣腳，從而產生類似彈簧高腳蹺（POGO）的震盪機制。我們後面會好好探討此種趨勢、現象。

促銷戰的後果是：豐田為了備戰所下給協力商的訂單，會遠大於長期平均水準，而在戰爭結束後所給的訂單，則又遠低於長期水準。這樣，買賣雙方所付的代價都很高，因為生產者在訂單大時，得加班趕貨，後來卻產能過剩。還不只這樣呢！剩餘的零組件得在經銷商、倉儲之間搬來搬去，加上在倉庫中放上取下作業，都是成本、浪費。解決之道為要能平穩地銷售，使得零售價一定，即顧客來更換零組件時，都會以確定的價格買到。❺

豐田汽車高階主管這樣思考：如果整個價值溪流都能應用「後拉式」──即從經銷商的服務處到防撞板的鍍鉻廠商，再推到下一階的協力商，要是都採取後拉式，那麼因為精實化所涵蓋的系統愈大，效果也會愈大。不過他們知道，要說服經銷商改變舊習（即「分批─等待」式），可不容易呢！

## 昔日不良的汽車服務

我們開車路過經銷商時，首先會想到的是：「瞧這一大批待價而沽（乏人問津）的車子，簡直浪費極了！」同樣的，看到「特價」、「維修大折扣」、「回饋顧客」等廣告招牌，我們也會這樣想：「為何經銷商要買些沒人要的車子及零組件？為何工廠要先製造出車子及零組件來等顧客上門呢？」

部分的原因是：汽車廠商一向採大量生產方式，而不太重視顧客要求。克萊斯勒在美國正設法把「從顧客下訂單到交車的時間」，從原來的六十八天降為十六天，而豐田在日本因採取精實生產方式，所以數十年來，都能在下訂單後的一週內交車。經銷商為了怕失掉「當場決定買什麼樣車子」型顧客之生意，就訂了大批的車子，每樣規格一輛，好讓買方不會空手而歸。（我們在上文說過，把工廠變成暢流化，就可解決此問題。）

然而，全世界的零售商及顧客也都需要新的心理建設。經銷商對任何生意機會，總是來者不拒，多多益善，而顧客對「特價」則頗有偏愛。（作者之一多年前有一次帶全家去法國，太太在中學學過法文，不過只記得「大特價」一詞！）要買賣雙方改變交易及訂貨方式，的確不容易，不過我們會指出，這是精益求精所不可或缺的。

## 從維修區後拉

幸虧大多數讀者都未光顧過經銷商的零組件倉儲區。一般而言，它們亂象叢生。我們1994 年拜訪費城附近某經銷商的零組件部門時，發現在其東倒西歪的架子內，竟養著兔子。它的走道很曲折，分處於二棟建物內，燈光幽暗，與外邊服務處及展示場的光鮮對比起來，實有天壤之別。

我們初次拜訪時，該經銷商的平均庫存量為三個月，總值約五十八萬美金。車子開進保養廠後，由技師全權評估問題，決定需用哪些零組件，然後到庫房窗口處去請領，並在櫃台等候，再由倉儲管理員進去迷陣般的庫房找東西。

由於絕大多數的零組件，都是每週分批進來的，而倉儲人員從進料處取得它們，並逐一歸類上架時，常會搞錯。通常上一次架要花上三天，可是，常常電腦資料顯示某箱子有某零組件，實際上卻空空如也，即它在進貨、上架過程中，神祕地失蹤了。倉儲人員只好來一次地毯式尋寶記，很像分批式生產中的跟催作業。通常零組件還是會被找到，可是這些動作本身都是浪費。（更不用談倉儲人員在尋寶時，高級技師必須在門外呆呆地等待呢！）

1995 年該公司加入豐田體系，從而引入「產銷整體採拉式」，即依豐田汽車重排其PDC 的方式，來整頓它的零組件倉儲區。首先，大幅縮小料箱四分之三左右，並將它們集中到單一建物中來管理，此成果為多存25% 的料號，面積可省一半，庫存額從五十八萬美金降成一半。由於存貨省下二十九萬現金，公司就在空下來的第二庫房處，各興建了四道維修服務區，如此可多做生意，而基本上不必額外投資。

從此，當天完成維修的案子數量就明顯增加，現金流通倍增，撿料工人的效率提升一倍以上。最重要的成就是，顧客因為時間及金錢上都節省而大為滿意（本章個案的案主史氏在當天就換新了他的卡車防撞板)。

## 環環後拉：從維修區到原材料

我們不妨看看，沿售後服務價值溪流來「拉」零組件時，它所產生的整體效應會有多大。到1996年底，北美豐田完成全面後拉系統後，從經銷商服務區開始，可以觸發四道更換環路，直至原材料，如圖4.4所示。

雖然豐田經銷商及零組件協力商們，仍然需要用豐田的長期總體預測電腦系統，來規畫工廠產能及倉儲大小，然而，每日的零組件的更換系統，業已改頭換面了：一有顧客要求維修，就會觸發一系列更換零件環路，直至各級協力廠商，達成「買一件或出貨一件

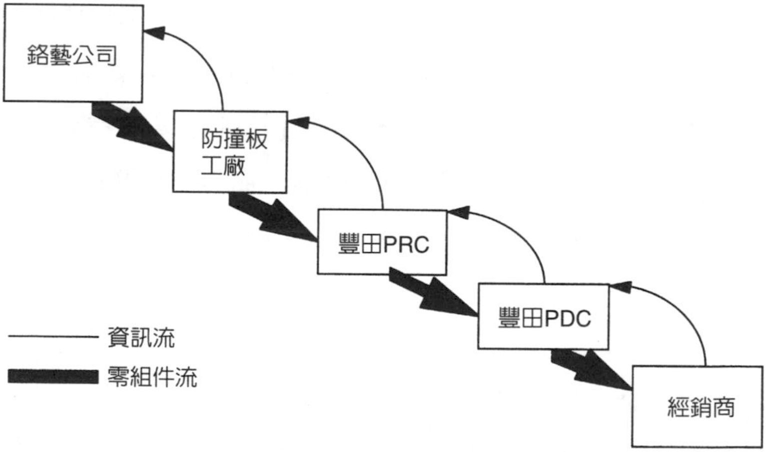


圖4.4　向後四環拉

才做一件」的境界。

我們用防撞板的價值溪流為例，來說明它如何運作。在1989年前的老系統中，從防撞板廠進鋼板到實際成品賣出，歷時約十一個月，即它在防撞板廠內四週，到鋁藝公司加工要二週，在豐田的PRC約數日，然後在PDC待六個月，在經銷商庫房又待三個月。（此水平的前置時間為北美汽車業的常態，並非特例。）

到了1995年底，上述週期時間降為四個月：工廠共四十八小時，PRC數天，PDC二個月，經銷商一個半月。到1996年底，它又降至二個半月，而且PDC及經銷商的存貨更少，反應更快。同時，當日就能完成的維修，比率上大為提高，而且各種成本——存貨、倉儲、直接人工等成本——都大為降低。

請注意，上述諸項改善，並不需要購置資本設備，而只要改善換模工具，廠內有特定的儲存小車，倉儲有小集團改善活動。而且，BW廠內及鋁藝公司以前所用的精巧MRP導引系統，業已不再需要了。

## 這樣的改善只是起步

這些改善，只是開端而已。上述各豐田經銷商、BW公司、鋁藝公司等，現在都投入售後服務精實企業體的價值溪流改善上——由豐田公司領導，並深信「追求完善，止於至善」的概念（下章主題）。大家都預期可逐漸而穩定地降低總週期時間及零組件的成本（在精實制度下，品質原本就不差，而且會持續改善，此為暢流化及後拉的自然結果），甚至要進而設法改變價值溪流的源頭，即原料廠現行的老式「分批—等待」思考法。公司也可以鼓勵顧客定期來保養，使得零組件的需求可以精確地預測。

日本豐田公司在1982年實施產銷一體化後，就開始試行上述的想法。從1982到1990年，日本豐田重組其售後維修及服務作業，做法上除了與上文北美的方式類似外，更採取下面二步驟：在每一大都會區內，與經銷商合設一些「當地配送中心（LDCs）」，使得經銷商只須準備四十種常用零組件（如雨刷等）庫存，並鼓勵經銷商多與顧客合作，多做定期維修，以方便準備零組件。

由於LDC與經銷商相距不遠，所以就仿前述工廠與協力廠方式，採用由巡迴車定時（每二小時）服務、支援方式。因為LDC夠大，所以備品充分，使得所有車都能在當天完成服務，而不必請求上一級的PDC支援。

在顧客預定保養日期快到時，就先下初步訂單來準備零組件，到了預定保養日的前一天，再由經銷商打電話給顧客，確定明天約會如期與否。顧客肯定後，即正式下單備料。第二天，再由經銷商的服務人員檢查車子，看看是否需要其他零組件，如有需要，就在二至四小時內由LDC送達。

上述制度中的某些特性，也許只適用於像日本或西歐某些人口較密集的地方。不過，它在零組件系統的效率，以及顧客服務的滿意度上，成績極佳，如表4.1所比較的。

「服務零組件倉庫」當然是屬於「第一類浪費」，即為服務保養營運上的需要，可是並不能創造任何價值。不過，隨著庫存水平

表4.1 日、美豐田零組件配送效率及服務水平

| | 美國1994<br>零組件／天數 | | 美國1996<br>零組件／天數 | | 日本1990<br>零組件／天數 | |
|---|---|---|---|---|---|---|
| 零組件配送中心（PDC） | 50,000 | 120 | 65,000 | 30 | 60,000 | 18 |
| 當地配送中心（LDC） | — | — | — | — | 15,000 | 9 |
| 經銷商 | 4,000 | 90 | 6,000 | 21 | 40 | 3 |
| 庫存水平指標 | 100 | | 33 | | 19 | |
| 服務率 | 98% 七天內 | | 98% 當天內 | | 98% 二小時內 | |

註：美國豐田有十一處地區PDC，服務1,400家經銷商；日本豐田有三十三處地區PDC，服務4,700家經銷商（美國的經銷商也做當地批發商）。「天數」指平均的存貨價值，庫存指標為各系統的天數乘以零組件數的總和，而以1994年美國為100。

下降及補訂頻率愈來愈小，PDC愈來愈不像倉庫，而像互通有無的交流碼頭，因為許多零組件從協力商送來後，不用上架、上進料箱內，就直接送到經銷商。它不像以前，整個系統為一系列的靜止深潭，即PDC變成愈來愈流通的交流處，加速送零組件到需要的地方。

也許，未來的完全精實企業體系統可以採用新興的蝕刻等技術，隨顧客個別需求而訂做單一產品來供應。不過這境界太遙遠了，而上述豐田的改善方式，卻可以當全世界服務事業的先進楷模來學習。

## 「混沌」是真的嗎？

豐田在服務價值溪流中引進後拉式做法，即使到目前仍未臻完備，倒激起我們要追問一些更一般、更深遠的問題。更確切地說，假如能在顧客訂貨時，就從原材料製成產品來供應的話，那麼，現在許多所謂的「混沌」產品市場，又會怎樣了呢？而且，假如前置時間及存貨大幅減低的話，又會對總體經濟有什麼影響呢？

自從葛雷易克（James Gleick）1987年出版暢銷書《混沌》（譯按：天下文化公司有譯本）之後，商界人士也流行談組織如何對於「混沌式市場」快速反應。許多所謂「虛擬」公司（天曉得什麼意思）及「混沌管理學」等，都是源自這一新的世界觀。在商業中談美國麻省理工學院氣象學家羅侖茨（E. Lorenz）為混沌系統所創的「蝴蝶效應」譬喻——即在世界氣象系統的非線性作用力下，北京的某一隻蝴蝶，有可能影響數天後的紐約天氣——天啊，當今許多主管看來得「聞蝴蝶而色變」。

我們的看法是，這種想法固然適用於諸如氣象等純物理現象，不過若將它應用到產、銷關係，則是誤用。可不是嗎！我們好好看大部分世界工業經濟，近十年來最顯著的特性為相對地停滯，以及可預測性——從汽車到飛機、機械業、個人電腦業、營建業等等，產品技術的軌跡大抵可預測。尤有進者，終端顧客的需求本身極穩定，而且其用途多半為換新。所以我們認為，許多人以為這些是善變的、混沌的市場，這看法太誇張而不實。因為傳統的生產方式係採高存貨、「分批—等待」式，需求穩定而不振，又加上諸如上述的各種促銷活動，從而造成震盪現象。[6]

最近彼得·聖吉[7]提出創造「學習型組織」的對策，即用它來反映這些現象並採取回應措施。我們可以把「學習型組織」看成是一種智識上的MRP，它想把產銷上的毛病剔除掉，我們則不以為然（譯按：作者針對「啤酒遊戲」等而發議，請參考本書第9章的遊戲）。

我們的提案極激進（radically）而不同：要先消滅前置時間及存貨，以使需求能立即反映在新供給。革除現行的弊端，即因供應上判斷有誤，而須不斷地找需求來彌補，從而造成過程上的混亂。我們對於「需求的形態終將回歸本來面目，即很穩定」很有信心（除了某些如多媒體等新產品，現實生活自然會決定其價值）。

## 我們真的需要商業循環嗎？

如果我們真能消除前置時間及存貨，而在人們要什麼的時候就能給什麼，我們相信此時的需求會趨於穩定，因為傳統上商業循環之振盪效果會變小。

傳統上，經濟學家對商業景氣循環的看法是，商業循環中的不振，一半是因為產銷系統為繁榮期多備了存量，同樣的，另一半是因為繁榮期預期上游原料會上漲而多備存量（「先買先贏，以後會漲價」），以及後市看好（而使配銷系統吃下太多貨）。自從二次世界大戰以來，不管政府多麼努力想微控（或解除）景氣循環，種種干預全無效果。

可惜我們的假設——大幅消除存量後，即可使景氣循環變得不明顯——還不能加以測試，雖然日本應用精實系統思考法已有數十年歷史，而歐美對JIT的認識，也已有十來年。我們研究經濟週期內不同活動水平下的存量（依週期而正常化處理過），大體上沒變化（對美、歐、日而言都一樣）。我們相信，其主要的原因是，絕大多數的JIT應用（日本亦然），都只是及時供應而已，而非及時生產，而且批量也未大幅減少。因此，我們認為，最大的改善將來自價值溪流更上游處的存量也能同樣減少，而此假設尚待努力、進一步證實。

## 後拉價值來追求完善

我們希望讀者至此可以了解到，為何有必要針對各特定產品來確定其價值，並確認價值溪流中每一步驟，然後引入暢流化，並由最終顧客（源頭）後拉出價值來。然而，除非你深入地了解，並實踐精實系統思考法中最後一原則——完善，否則它的潛力就無從發揮。我們下章要談談完善，並以它做為第一部的總結。

# 第5章
# 完善
# （Perfection）

## 漸進式改善

美國密西根州普里矛斯的Freudenberg-NOK（以下簡稱F-NOK）公司總經理喬・德（Joe Day），在1992年開始與其北美同盟（世界最大的密封及密合墊製造商）[1]合作引進精實系統後，發現一些令人驚奇的事。即，不管員工們在工作、時間、空間及錯誤上已改善了多少次，還是有許多餘地可進一步消除「浪費」。

譬如說，該公司重組其印第安那州（Ligonier處）廠的防震設施個案，開始的改善作業，就提升人工生產力56%，節省13%的廠房面積。不過，以後對此再做五次（每次三天）改善活動，生產力竟還可以提升991%，空間再逐漸省下48%，如表5.1所示。更神奇的是，目前竟然還有改善的餘地，而公司已擬好未來的改善計畫。

這事看來違背常理。因為，任何努力不是都會有「投資報酬遞

表5.1 F-NOK公司印第安那州廠同一料號不斷改善之成果（1992-1994年）

| | 1992年2月* | 1992年4月 | 1992年5月 | 1992年11月 | 1993年1月 | 1994年1月 | 1995年8月 |
|---|---|---|---|---|---|---|---|
| 同事人數 | 21 | 18 | 15 | 12 | 6 | 3 | 3 |
| 每人產出（件事） | 55 | 86 | 112 | 140 | 225 | 450 | 600 |
| 所用空間（平方呎） | 2,300 | 2,000 | 1,850 | 1,662 | 1,360 | 1,200 | 1,200 |

* 未實施精實系統改善之基準績效（三班制，每班7人）。

註：在此期間，美國OSHA（職業工安健保）法規要求的工安事件率及賠償金成本都下降92%以上。在單件暢流化、線上塗裝的適正大小設備之投資少於一千美元。

減」作用嗎？而各項改善活動，可不是免費的呢！完善（意思是「完全剔除浪費」）的境界，肯定不可能達成。所以說，對於改善工作，主管豈不是應該做出適可而止的決策，使其處於穩定狀態，並注意不要讓它與「標準」績效有差異嗎？

我們與世界各地一些高階主管討論類似表5.1時，常見的反應可分為二種。一種認為一旦問題「解決」了，就該注意「差異管理」（它實質上是權衡成本、效益得失的做法）。另一種以某英國公司主管為代表，他們並不做產品開發、排程和生產系統上的改善，而只重視規畫。「為何不能一開始就把事情做好！為何不一開始就做一番徹底的最佳規畫呢？這樣就可以不用『浪費』三年了！」

上述兩種反應，在在顯示出傳統式主管，還不能掌握「必須透過無止境的步驟，才能達到『止於完善』」之概念——它為精實系統思考法的一根本原理。由於F-NOK是我們碰到的最具雄心而積極的改善者，他們的實例可以做為我們的範例。（譯按：戴明博士PDSA改善循環中，最鼓勵人們先做小規模改善，再啟動另一循環。）

## 突破式改善

要邁向完善，可採取另一更基本的改革，即整體價值溪流——從開始到完成，全公司都改革。汽車業的玻璃製作業，就是個有意思的例子。當今歐、美、日汽車及卡車所用的固定型玻璃（安在車門上而可上下者除外），其製作步驟上都極相似，如圖5.1所示。

第一步先製浮式玻璃。先在一其中有液狀錫的大型裝置上熔矽

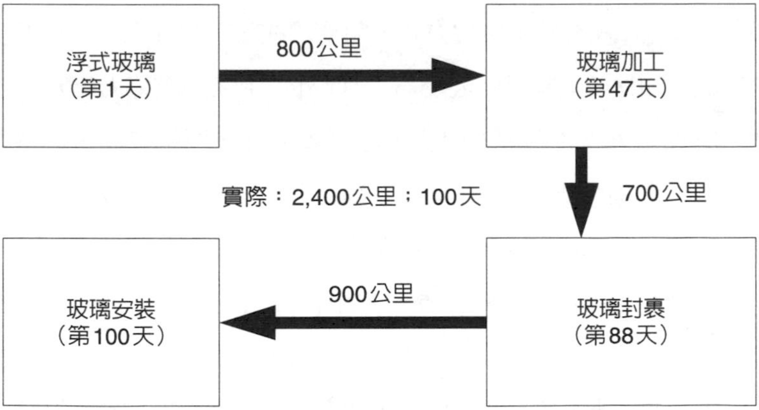


圖5.1　今日的汽車玻璃製程

石，然後從中拉出玻璃片，剪成長方形，並小心地加以冷卻。由於考慮典型浮式玻璃的尺寸因素，以及批與批之間會有一致性問題，所以通常以大批量方式製造，並加以儲放一段長時間後，才送往玻璃加工廠。

玻璃加工廠再把玻璃切成淨重形狀（此過程中切去25%），並將它加熱至接近熔點，放入所需要的模子中定位，然後讓它自然垂下（不加壓力），或以上模壓出合乎車子框架的精密幾何形狀。同樣的，基於換模作業極為複雜，而且批間一致性等考慮，加工廠也是以極大批量方式生產，儲存一陣子後再送封裹廠。

封裹廠從入料存貨中取出所要的玻璃，逐一放入射出成形模中，在玻璃周圍加橡膠或塑膠（多半為PVC），來形成一防水密封以及一道可與車子連接的擴張接縫。

成品在封裹廠再存放一陣子，然後運去汽車裝配廠安裝。

顯然，上述過程中的各步驟都可一步步地改善，並取得巨大成果。例如上章所介紹的後拉方式，可應用在每一界面上，而且換模速度應該加快（尤其是壓玻璃處）。此外，由於各級協力廠相距極遠，所以如果能將它們集中化，應可省下許多運輸時間。即使如此，不良率高的問題，仍難解決。因為在加壓、包裹、安裝之間的延滯時間頗長，而且問題多半在安裝時才可能發現。

在此製程邁向完善時，有一革命性做法：製造浮式玻璃的設備，大小要適中（針對某特定顧客所需要的產品量），壓製玻璃的批量要大幅減小，並在浮完玻璃後即做，以節省重新加熱的能量；壓完後，直接以連續方式送到封裹工作站，最後送到馬路對面的安

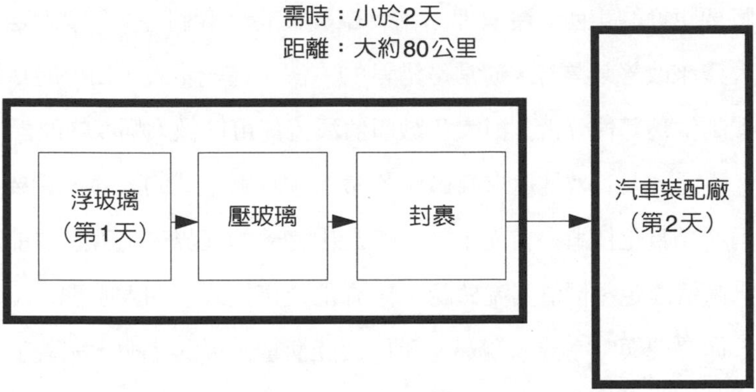


圖5.2　大變革後的汽車玻璃製程

裝廠（立即回應它的後拉要求），如圖5.2所示。

上述的做法，還沒有人試過，因為像這種革命性價值溪流重新審查，需要由與該產品相關的多家企業結合成精實企業體來做（把「產品」界定為「某汽車裝配廠所需要的固定式玻璃」或許最恰當）。雖然如此，業界如能形成一精實企業體重新思考整體價值溪流的話，一定會產生諸如下述的大重組：這對於顧客的真正價值是什麼？我們又如何創造它？最起碼必須重新考慮產品設計地點（最適當地點是在汽車公司？玻璃壓製廠？封裹廠？或是三家合作的辦公處？）以及一般用及緊急維修用零組件的流通系統。

## 持續的突破式及漸進式改善

事實上，每家公司要邁向完善，必須兼採上述兩方式。而對於即將要更換的東西，沒有理由花大筆錢投資。我們在第3章說過：花大錢來改善某業務，通常是錯誤的方法。進一步說，如果能以適當機制做整體性分析，絕大多數價值溪流都可以做大幅度的改善。

不過，要有效地追求突破（革命）式及漸進式的改善，還要善用兩項精實化技術。首先，為了能想出完善的境界，主管必須能應用「價值確定、價值溪流確認、暢流化及後拉式」四大原理。（切記，你是要與「完善」競賽，所以要能衡量「現況」與「完善」之間的差距。）其次，高階主管要決定先處理哪一種浪費，其方法是採取「方針管理」*（又稱「方針展開」）。

## 完善境界的景象

我們注意到，主管必須在每一步都要學會觀照：他（她）要能看出價值溪流、價值暢流，顧客所要拉出的價值所在。最後，他或她也要能清楚地看出完善的境界，如此，改善的目標才會清楚，才會完全符合企業體的現實。

本章的玻璃製作個案就是一例：從基本的重新觀看整體價值溪流，而把所有的價值創造步驟都向顧客靠攏，並能及時而正確地回應其需求。同理，豐田汽車也有基於精實原理的「追求完善觀」，所以1982年會在日本重新檢討維修零組件事業，而在1989年把它推廣到北美。第2章的Tesco百貨集團，也需做飲料產品線之價值及價值溪流研究，追求完善（遠景）。

弔詭的是，完善的境界永無止境。一旦有人提出汽車玻璃價值溪流的新安排方式，馬上又可以想出更新而又更佳的方式。所以，「完善」像是數學中的「無限」，要想抓住（達成）它，實際上做不到。然而，在這方面的努力，可提供邁向完善所不可或缺的靈感與方向。我們在第三部分會回到這主題。

在前瞻力之中，有一項極重要：下一步需要的產品設計及營運技術為何？我們在前面幾章一再指出，現行不適當的技術及產品設計，乃是精實企業體從事快速變革的最大障礙。精實系統思考——必須以少量而連續暢流的方式、更彈性地生產等——可提供機能設計及製造工具等方面重要而清楚的方向指引。

除了上述的前瞻項目外，主管更要設立精準的實施日程計畫。我們在第二部實例中會說明，精實系統的成功或不成功，與此有極密切的關係。凡有成就的公司，都會設定極難的目標及日程，而低成就的公司，則只設定「合理的」目標，並把價值溪流切開，想個別擊破，可是常常會「出師未捷身先死」。

## 集中精力來消除浪費

沒有前瞻力、遠景（或願景）的公司，常常會陷入故步自封的困境。可悲的是，有些公司有願景、充滿活力、希望，可是由於貪多，目標極多而又分散，結果反而弄得一事無成。我們認為，重要的是要先有願景，然後選擇少數重要的步驟，先好好落實。事有緩急之分，公司內所有設計、訂單處理、生產等方面的改善，都要本著「按優先順序，逐一徹底完成」的原則做事。

由於這方面極為重要，所以我們要介紹最後一項精實化技術，即「方針管理（policy deployment）*」。它的做法是：最高經營者要先設立一些轉型為精實企業的簡單目標，再選一些專案，並指定適當人員及運用資源來達成。最後，也要為改善專案的各里程碑和日程設定數值目標。

舉個例來說明。某公司的目標是要把整體內部訂單處理方式，改成以後拉式、完全連續暢流化。此時，需要完成的專案可能有：（1）公司依產品族而非職能別來改組；（2）設立「精實專家機能」來協助各產品小組轉型；及（3）開始一套有系統的改善工作，即先把原先的「分批製後再重做」方式，改成連續暢流化。改善目標及專案的時程，或可設定如下（舉例）：產品小組六個月內改成精實式；在第一年內做六大改善專案，並要每月檢討；在第一年內降低手上存量25%；第一年內使顧客抱怨不良降為一半；第一年內把生產力提升20%。

圖5.3為一年度的方針管理展開表，其中有目標、專案、改善標的、節省金額等層面的摘要，便利管理者進行全體、一致的協調、控制。在做這些展開表的過程，最重要的是要公開討論「既有的資源能否支援各目標？」並使人人同意，組織所要完成的專案，都是值得做而又做得到的。

另外請特別注意，此過程第一步是採取「由上而下」方式來設定目標，而其他步驟，則兼採「由上而下／由下而上」。譬如說，一旦大家同意做某些改善專案，就要與組員討論既有資源和時間之限制，是否能確保專案之正常運作。「合情合理」很重要，因為該

| | | | | | | | | | | | | | |
|---|---|---|---|---|---|---|---|---|---|---|---|---|---|
| * | | | 依產品族重組 | | * | | * | | | | | | |
| | * | | 創設生產力及品質改善機能 | * | | | | * | | | | | |
| * | * | * | 與協力廠成立精實企業體 | | | * | | | * | * | * | * | * |
| 依產品別確認價值溪流 | 引進連續暢流化及後拉式 | 大幅改善品質 | 選定的主題<br>目標　改善標的<br>目標節省金額（當年） | 每月做六項大改善活動 | 在六個月內成立產品小組 | 一年內轉型成精實企業體 | 改善小組<br>產品線重組 | 改善職能小組 | 產品族A組 | 產品族B組 | 產品族C組 | 產品族D組 | 產品族E組 |
| | * | | 存貨降三千萬 | * | | | | | | | | | |
| | | * | 品質成本降一千五百萬 | * | | | | | | | | | |
| | * | | 人工成本降三千萬 | * | | | | | | | | | |

圖5.3　精實方針展開矩陣圖

小組從一開始就要具備應有的權威及資源。

據我們觀察，某些公司在決定大幅變革後，由於人人都想有所作為，從而使得專案數超多。此事固然可喜，不過實際上常表示負荷「超載」。我們認為，成功的公司也要善於「不選擇或擱置（deselect）改善專案」❷。雖然大家的興致及鬥志頗高，可是，不如此就無法使資源與專案和諧，此為展開「精實大作戰」前極為重要的最後步驟。

## 革除「惰性」並開動

我們已檢討了基本精實原理、五項很有威力的工具，它們都可以用來「轉化各種浪費成為快速而暢流的價值」。然而，在為追求完善而引進「精實思考方式」本身，存在嚴重的弔詭。

任何技術及哲學，本質上都是平等而開放的。「凡事透明化」為一關鍵性原則。「方針展開管理」可做為人員、資源與改善小組，在方向上一致的公開化過程。大量、持續而來的問題，要由公司內一些素來不見面、往來，而在職位上又不平等的小組人員來完成。

不過，能將組織由內向的「分批—等待」方式，改變成新價值溪流的人，多半是在大危機中的外來催化者，我稱這種人為「變革管理者（change agent）」。

事實上，上述的矛盾，如「方」「圓」般無法調和。典型的變革管理者，多少像專制者，是個「正統的野人」── 他要在極不平等的組織中倡導世界平等。

不過，在轉型時，這種專制者仍是不可或缺的。成功地創造精實系統的人，長期上仍會為公司員工與其他當事者清楚地了解，而他所提倡的理念，很可能會使大家受益無窮。失敗的人（像許多「改造運動」中不成功的主管），要不是被看成是「目中無人（性）」，只重技術細節的「管理界怪人」外，就是可能愛出風頭者，或想趁改革之波，登上下一晉升階的投機者。組織內部對於上述這兩種人，要不是給軟的「相應不理」，就是給硬的「反擊」或「破壞」。

精實系統要成功，唯有所有價值溪流上的人，都能相信創立新系統的人，既會對大家公平，而且會關心人們的各種兩難困局。所以，只有善意的獨裁專制者才可以推行成功。我們希望讀者們多能投入，成為變革管理者。我們也認為，上述「管理技術怪人」及「投機者」們，該去別的地方大顯身手。

凡是精神上方正，而且又有意願投資五年時光來完全落實精實系統者，請參考第二部中為你而設的個案集，它們會教你如何取得成功。

第二部

# 從思考到行動：精實大躍進

LEAN THINKING

即使你已了解五大精實原則的重要性，然而如果沒有一些清楚的榜樣及典範供遵循，也很難成功落實。榜樣要具體而微，涵蓋面也要夠廣到可以掌握整體圖像。尤有進者，該榜樣要與你的情境夠類似，好讓你有信心地預測，如果你效法他們的作為，可能結果會怎樣。

因此，我們特別為你準備一系列個案。它們都根據下述兩大準則選出：規模和複雜性、國別。我們先從美國某家族型、產品範圍簡單、歷史包袱輕的公司（譯按：Lantech，原文所指的小型公司，對台灣可能算中型）開始，再談大型的股票上市、產品及製程技術極複雜、供應及配銷系統複雜、員工背景文化雜處、工會勢力大、勞資對立、各種買賣關係相衝突、歷史包袱沉重的公司（譯按：Pratt & Whitney，普惠）。

然後轉到德、日等主要工業國家所實施的精實系統個案，並加以檢討。（譯按：德國以保時捷汽車公司為主；日本則取一中型〔SHOWA〕一大型〔豐田汽車〕為主。）

貴組織的一些重要層面，可能與上述個案有所不同，因此，你必須花工夫來消化、修正。然而，我們所選的樣本夠寬廣，其轉型、落實的成果都極為可觀，所以對於任何主管而言，本書的精實系統原則，應該可說都適用才對。

第6章

# 簡單個案：Lantech公司

沛・藍卡斯特（Pat Lancaster）有英雄氣慨，是白手起家的發明家兼產業家，你在美國資本主義傳統中，經常可以碰到這種人。他在自家工作坊中修修補補中長大，自小就有信心成為發明家。大學畢業後，他試過祖傳行業——賣包裝材料給工業公司，然後又試過就職於某大化學公司的產品開發。「但這些工作都不對味，打從小時候起，我就想成為獨立自主的發明家、製造家和創業家。」他二十九歲時（1972年），利用一了不起的創意，發明了包裝待出貨產品的新方法。他與弟弟投資三百美元，從一簡陋的工廠做出第一台包裝機，再租一間倉庫，並為公司取名為Lantech（為「藍卡斯特科技」之簡寫）。

他的大創意是：為棧板上的貨品，設計出一用塑膠膜加以「伸縮纏繞」（stretch wrap）的設備（這應用極為廣泛，例如第2章中所提的可樂大包裝）。如此，貨品在廠內或在配銷各階段，都能方便地運輸。傳統型「伸縮纏繞」方式，是把大棧板上的貨品套上一塑膠，然後送到烤爐，把膠膜縮緊套上。

他所發明的伸縮纏繞機，方法上頗獨到，是將包膠套上棧板上的貨品，然後邊旋轉邊捲緊。膠膜伸張拉緊後，再稍微放鬆，給它適切的滑動及配合。這並不需要原先熱處理法所要的能源、設備、人工和時間，而且所需的膠材，只為舊方法的一半即可。

他的下一發明，與此基本洞識力相輔相成，即，包膠膜該用伸展法，而非收縮法。他發現，藉由一組複雜而精密滾子，可以給膠膜一股平順力量，並大大伸展它，然後再把棧板上的貨品捲包起來。最後，用膠量節省為原先用量的13%。

他在七〇年代所取得的專利，範圍極廣，所以多年來在商場上所向無敵，需要的只是市場。1973 年的能源危機，使塑膠、能源的價格轉為昂貴，而他的專利產品，在這些方面極佔優勢。所以說，市場不成問題，麻煩的只是如何加以量產。他一開始的試產活動，在設計上就採取連續暢流方式，即一開始就頗符合精實系統原則。不過，該方式卻無法大量生產。

他回顧創業過程，說道：「我毫無生產經驗，記住，我可是發明家呢！所以決定雇用一有經驗的生產部主管。還有，我知道我得根據基本概念，為許多顧客特製出多樣化的產品，所以我也請了一位工程主管。再說，我的產品也頗複雜，要向顧客解釋才行，所以也請了一位銷售主管。我的本能告訴我，採分工方式及達到生產規模的好處多多，所以自然就把快速成長中的公司，區分成生產、銷售、工程等部門，各有各的專精，各單位以『分批』方式來運作。」

## 生產問題

生產主管就在工廠內，為每一製造伸縮纏繞機的基本步驟設立單位。「割鋸部」負責把鋼棒鋸成美麗的機械架構體材；「加工部」負責在鋼材上鑽孔，以利其他零配件系統的連接；「銲接部」負責把機械架構體銲接起來；「塗裝部」先把整體架構先上層防銹底漆，然後再上表漆；「初步裝配部」負責把轉動底盤、滾子托架及控制模組等先行組裝起來，再送到「最終裝配部」來接上架構體，並完成整體裝配。

依公司的做法，並不是最終裝配完成後就可交貨。因為公司想先求「效率」，所以一次（一批）就做四種產品，每種十到十五台。由於每家顧客一次只買一台，因此完成品區會存放許多台機器，讓顧客慢慢選用。

真要出貨時，常常要再把由於搬來搬去所造成的污點除去、割痕上漆，即，必須先把貨送到「手工整修部」一趟。通常它還得再回「最終裝配部」，去換上顧客所選擇的組合項目，最後再送「出貨部」。

上述的流程，約如圖6.1 所示。從事精實系統的高手，經常把這種流程圖戲稱為「義大利麵圖」*，因它的動線，就像義大利麵（Spaghetti）般一團亂。

要善加管理的，還不只是上述的生產流程。因為量產時真正複雜的，還是如何把五十多家獨立的配銷公司所下的訂單，讓它們在

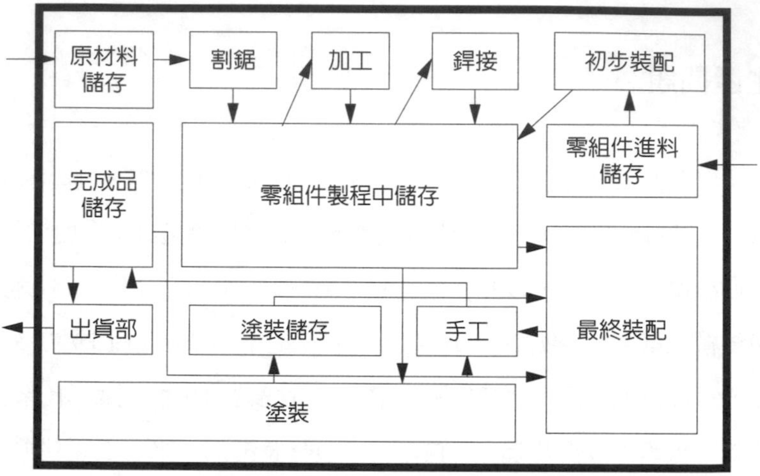


圖6.1 Lantech 生產流程

各事務部及工廠內流通。

由於訂單多為訂製品，每台成本美元五千至一萬，因此，決策時標準品定價表就用不上，所以報價前必須就各特別要求，由公司分別訂價。「報價要求單」先送往「銷售部」的「應用工程課」做成本分析後，再把「正確的價錢」給各配銷商——他們再計算酬佣金等，並與顧客談判，成交後再把訂單送回公司，做生產排程。

訂單先送到公司的訂單處理課，再送徵信課，然後再回工程應用課（第二次）。在那兒，為此訂單做物料清單（BOM）——把製造一台機器所需要的物料全數列舉出來。由於各單位都有待處理的訂單在排隊，因此訂單通常會延誤。一般而言，從進訂單到實際處理排程的單位，共要花上十二至十四工作天，而其中真正的處理時間（稱為「連續暢流時間」）還不到二天。

把訂單連同BOM再一起送到排程課，排入主排程表。由於工廠內的訂單流程常常容易出錯，因此，銷售部內特設一訂單管理課，負責協調賣（廠方）買（配銷商）的進度並跟催。圖6.2為訂單的流程示意圖。

「主排程表」由生產部排程課的電腦化「物料需求規畫系統（MRP）」做出。MRP依訂單的長期預測與實績，來給廠內各單位排進度日程。各單位在每日清晨，從電腦輸出處取得當天的任務。各單位在下班前，再把當日的進度由電腦向排程課報告。

此制度看來不錯，不過實際上卻是一團亂，因為顧客的要求一直在變化，而這與生產系統的背後邏輯，常會有所衝突。為了追求生產經濟規模，老闆藍卡斯特與生產部主管一開始就決定，各生產單位要採取批量生產方式：先銲十個E型架構，再銲二十個T型架構，然後再銲二十五個V型架構。這樣，可使機器因換模（線）而

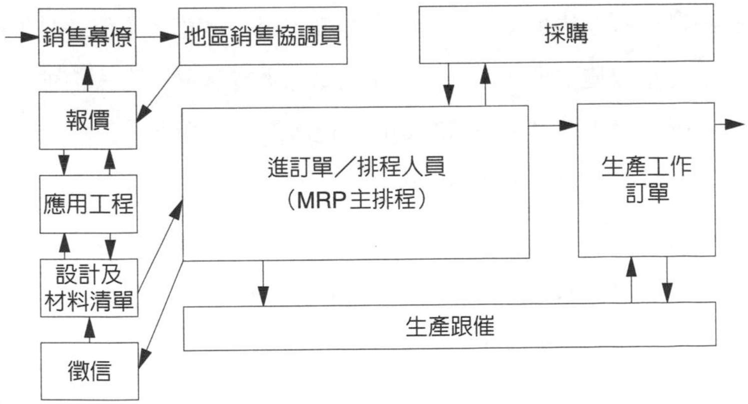


圖6.2　Lantech訂單流程

停工的時間最小化。此外，大家都認為，批量愈大，品質會愈好，因為這樣做，一來可減少頻頻切換機械所造成的失誤，二來員工可以在生產上更專心，不會為換模而分心。

各生產步驟分設單位、採分批方式製造、每單位都要等一陣才能進去，從而造成前置時間（lead time）* 極長。一般而言，從進做機架的鋼材，到整台做好後上出貨碼頭，要花上十六週時間，其中大半為到各單位的分批等待處理時間，以及各單位與倉儲之間的運送及儲備時間。實際上的加工成型時間（即「連續暢流時間」）則只要三天。

由於前置時間太長了，配銷人員就得各顯神通來應付目前制度。最常用的法寶是先訂貨，再找顧客，然後在生產快完成時，再要求修改規格。生產線因而得重新修改，或只得延遲交貨（因為要重新做起）。

很快的，工廠就在下述兩相衝突的規畫制度下而不知所措：一是排程課根據銷售預測所做的主排程表，另一是銷售單位為討好顧客而不停地改變要求——這又得由工廠採「特急單」方式跟催，不然就會因延遲太久了，或不依新規格修改而失去顧客。

「特急件」是由跟催員「捧」著，要求某單位先做好某一項作業，然後再送到下單位繼續去排隊（頭號）。如果有大老闆所下的聖旨，它可以在四週之內從頭到尾完成。然而這種「特權」運作，又會使得其他訂單更需要跟催。

此一訂單處理及生產制度，聽來有點混亂——的確如此。不過，這在產品多樣化、前置時間長、製程複雜的行業，倒是司空見慣的。更糟的是，在工程、產品開發方面的制度，也與這類似，即採用「分批—等待」方式。

要創造出某種新設計，必須要行銷幕僚、各種專業工程師、採購員、生產計畫人員等合作才成。行銷小組先訂出顧客需要（如「在十五呎乘十五呎的工作區，每小時可纏捲四千磅的棧板，而每棧板成本為美元五角的機器」）。再由主任工程師把這些需求轉譯成工程規格。（如「可支撐四千磅棧板的轉台，轉台有馬力並有Y旋轉速度，控制系統能直接自動化纏繞等等。」）

其次，由機械工程師設計可動機件，特別是滾子集和轉台。再由另位工程師設計架構，並由電氣工程師設計出符合工程規格的控制系統。接下來，由製造工程師設計製造工具。產品設計及工具都完成後，再由工業工程師想出各工程步驟的方法。

原先的工程單位很小，只有六位工程師。儘管如此，上述由行銷到工業工程，各專業之間的溝通障礙仍不小。從原始概念到可生產的完整設計，要經過許多次的回流、重做等過程。（因為後面的專業常怪「前人」考慮不周全，如「這樣我沒地方擺控制箱」等，而將東西送回，要求修正。）員工更常以「偷偷地重新設計」方式，來文飾需要送回重做。隨著工程人員日增，溝通問題愈來愈嚴重。

更糟的是，每位工程師的手上，都有一大堆專案待清理，因此跟催員常要到工程單位及工廠催「特急案」。一般而言，公司要推出某族產品的改良品要花一年，而要想推出新一族的產品（適用於不同的任務，如可纏繞小包裝等)，則需三至四年。然而其中的「連續暢流時間」，就小改良而言，只要數週，而就全新一族的產品而言，只需六個月。圖6.3說明該公司的產品開發流程。

由上述可知，該公司的三主要活動——新設計／產品的開發、要做什麼的資訊管理、以及實際之生產，運作上都採老式的「分批—等待」方式。可是，成績還算不錯呢！

藍卡斯特先生回顧他夢想成為一成功的發明家、製造商及創業家時，作了下述簡單說明：「從1973年開始，我們的產品價格極高，各主要性能也因專利保護而領先群倫。接下來十五年，公司員工數增為二百六十六名，年營業額增至四千三百萬美元。我們常因『效率』及『製程速度』的要求相衝突而延遲交貨。我們產品上的不良數也不少，即品質上只能算馬馬虎虎而已。產品的小改良，竟然也要花上一年才行得通。儘管如此，我們仍然領先業界，而且財

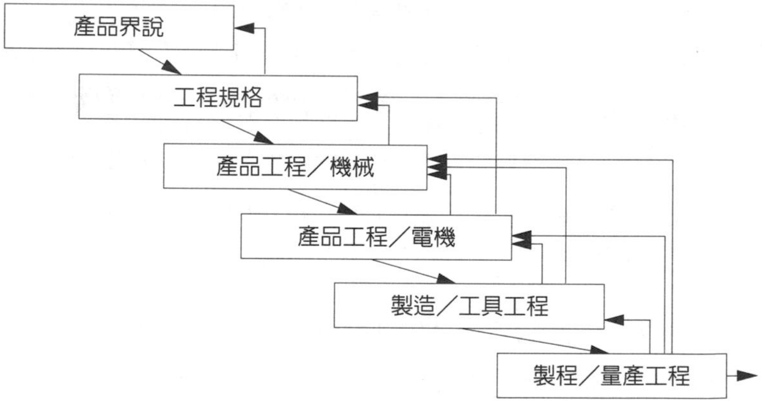


圖6.3 Lantech 產品開發系統

源滾滾。在十五年之內，我的夢想都達成了。」

可是，1989年6月26日，該公司在控告低價仿冒品的專利官司上，竟然失敗了（官司是有關該公司在八〇年代更新七〇年代早期的專利）。這簡直意謂著包裝機械業市場大開放。「1989年底，性能略同的仿冒品，如雨後春筍般冒出來，有的價錢低得離譜。我們仍有小盈餘，可是知道大事不妙了，而不景氣也到了。我內心知道，公司『雖生猶死』。」

藍卡斯特的本性極有活力，所以點子源源不絕。事實上，美國管理界當時流行的許多藥方，他都試過。他第一步是把公司改組成「標準產品」與「訂製產品」兩利潤中心。這樣安排，是要大家責任清楚，同時又要區隔「訂製品」與容易做的「量產品」。接下來，業績仍然不振，他就考慮裁員或縮編。然而他心知肚明，光靠這些做法，並無法使公司起死回生。

他需要新的事業經營思考方法，所以他選了全面品管（TQM）。他參觀了美國紡織業的龍頭密立根（Milliken，譯按：世界最大紡織製造商，股票未上市，美國國家品質獎得主，很早就接受戴明〔W. E. Deming〕及克勞斯比〔P. Crosby〕洗禮），就倡導公司要以「顧客之聲」為優先。他以前認為，在產品及服務上夠好即可，現在則要追求「完美」。

幾年過後，他又引進「由價值觀帶動變革」，想藉此形成一有活力的組織，建立起互信，打破部門疆界。原來的高階主管群多為科層化，多採由上而下、「命令—控制」方式，現在改成新人（只剩老闆為七〇年代的開廠動將）新政（團隊運作）。此外，更進行密集的「團隊過程」、「團隊領導」和「人際互動」等訓練。

這些「大型運動」為重要的開頭，可是卻都未能與公司的核心活動接上軌。有位資深員工就這麼說：「我們學會相互尊重，也想以團隊合作方式準備大幹一場，可是搞不清楚要幹什麼。」因此，工廠自然亂成一團。產品的開發仍然很慢；銷售人員仍故技重施，會搶先下訂單，想「搶先出貨」。

該公司處理危機的第三套招式，是所謂的「最大彈性」(Max-Flex）式新生產方法。它的要點是要大幅降低前置時間，方法是很早就先建立主要元件的存貨——如機械架構、滾子集、轉台、控制模組——以利在顧客確定其規格後，就可以很快地組合出所要的。它的目標是要針對顧客的要求，用更快速的交貨服務，來扭轉公司定價較高之劣勢。

就某層面而言，此新方法的效果頗大——如前置時間從十六週降為四週。然而，此方法所費不貲，因為現在市場極為競爭，所以為了增添新特性以利競爭，以及要修改所發現的缺陷，就得常常做工程變更，因而，必須回頭更改主要元件的存貨。所以說，顯然這種「以不變應萬變（Just in case）」方式，會使存貨成本相當高，因為原來的倉庫已不夠用了，還得找新倉庫來堆放做好的主要元件。最糟的是，儘管生產計畫員極努力，卻頻頻碰到「萬事皆備，只欠東風（某元件）」的案子。（大野耐一很早以前就說過，你的存貨愈多，找到真正需要的零組件的機會就愈小。）公司的解決辦法是，再用一跟催小組來趕製所缺的元件。

應付危機的第四招是「採行新技術」，在1990年用了「次世代的MRP」來排程。它可以讓每位工人接達所有生產機器的現況，而在完成裝配一零組件或一台機器時即輸入數據。這樣，每位工人可從自己的工作站取得工作命令，理論上，工人可感覺完全「掌握」自己的活動。（藍卡斯特先生說：「這看來妙極了，『技術』與『民主』合而為一。人人可透過電腦了解全廠狀況，立即取得工作命令。我們的口號是：『數據送上門來』〔Data to the people〕。」）

此新系統要用新型電腦，因而設立了新管理資訊系統部，白天班有四人，夜班三人，來保持所有數據「新鮮」，並要求工人在工廠完工時，就要輸入數據。公司製造處長這樣說：「的確，很快地大家就完全在『掌控』中，然而該系統卻極為不正確，因為遺漏了許多項目，以致無法找出哪裏出錯。原先的MRP系統很慢，然而還可達99%正確；我們新的『民主』式MRP系統，卻是個不折不扣的大災難。所以我們給人們的，並不是資訊，而是『浪費』。」更糟的是，由於輸入量太大，變動又多，因而造成電腦大塞車，速度極慢。針對此困難，公司的資訊顧問建議再買套更有威力、更貴的電腦。

到了1991年底，儘管公司採降價來應戰，訂單卻第一次下滑。而公司對需求連續下滑，並無力應付。藍卡斯特先生後來摘述此時的情況，說：「我們第一次虧錢。我們以前賴以經營管理的基本觀念，像核子反應爐般融化了！」這時候，他發現了「精實系統思考法」。

## 精實系統革命

希克斯（Ron Hicks）看來不像個革命分子，倒像個會計師（雖然他以前主修工業工程），說話時語調不帶任何感情。不過，他從1992年3月任職生產副總後，卻帶來一場革命。他以前工作過的大拿哈（Danaher）集團的老闆們，請過大野耐一的門生來指導，所以他曾耳濡目染，小有經驗。

依希克斯回憶，他是在1989年某日開竅。「我去同一集團的傑克煞車公司參觀，發現他們完全依大野的建議，全面取消掉傳統式生產單位，而設立了『工作群組』(cell)* —— 依生產某卡車引擎元件產品族的實際加工順序，重新整合所有的機器。每一零配件用『單件連續暢流』方式製造，中途完全不需要緩衝存量。

「最令我印象深刻的是，我去參觀的時候，他們正在做一項改善，會中決定，如能把某大型機器移動，就會更順暢。他們劍及履及，馬上動手，幾小時後就可再上工了。

「我曾在奇異電器公司任職生產經理十四年。他們如要搬動此大型機器，必須像國會審訂某法案般無止境地討論，而不像現在說做就做。我頓時了解，這集團很不一樣。」

1992年3月，希克斯接到藍卡斯特的聘請電話時，他已從「死腦筋」(日文「控固力」，水泥般）轉為精實系統思想的信徒，也有接受新挑戰的心理準備。他是藍卡斯特先生從上千應徵者精挑細選出來的。現在問題只剩下如何做，以及要多快。

希克斯受邀到Lantech，接受他將來的下屬們面試（此為該公司新文化，部屬們有能力、充滿活力）。他所提的建議充滿了洞識力：公司該馬上成立團隊，重新思考價值溪流及工廠內每一產品、每一處理訂單、及開發產品的每一步驟，看看價值是如何流動。然後，再把設計、接單、製造每一台伸縮纏繞機所需的必要活動，加以重排，以利一次只專用一台機器、一種設計、一張訂單，而廢除所有的種種浪費（muda）* ——等待、回流、和有形浪費（waste）（譯按：本書所言的「浪費」，都指廣義的muda）。然後，價值溪流——設計、接單、生產一台伸縮纏繞機所需的不可減少、最起碼活動集合——就可以平穩地、連續地、快速地暢流下去。

希克斯受聘後，馬上就草擬一簡單計畫：把公司內的部門（單位）化、「分批—等待」式生產系統（由四種基本機器完成）分解；他為每種基本產品創立一「生產群組」；然後，把要製作一產品所需的全部活動，集合在該群組內，以連續暢流的方式運作。此為工廠的突破階段，即把事物完全解體，然後再以不同的方式重新組合。

該公司剛好要把舊機型（代號T/V）轉換成新機型（代號Q），就順理成章用此做試點。公司精選出一組優秀工人來重新思考流程，很快地，就在一週內想出新生產方式，並加以實踐，如圖6.4所示。

「割鋸」與接下來的「加工」、「銲接」等作業，距離都只數步之遙。接下來，所有四種機型仍要共用一大型中央塗裝室，之後，又回復連續的暢流（即初步裝配與最終裝配）。測試及出貨

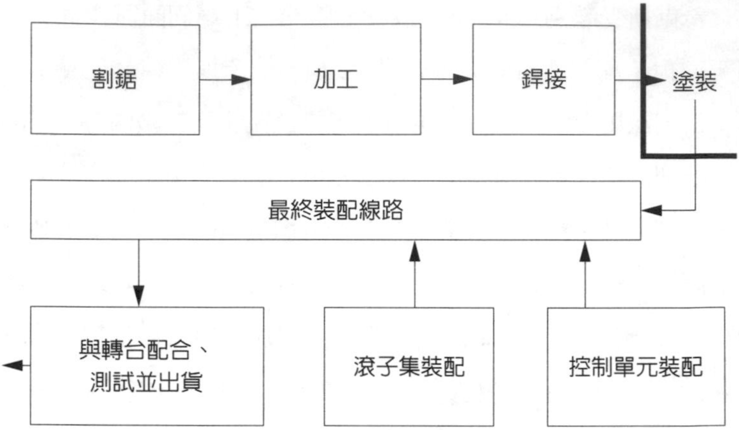


圖6.4 Q線的暢流

（含裝貨）設在最後頭，由一組工人負責。這樣的安排，每天只能做出八部伸縮纏繞機（每小時一部），而由最終裝配當心臟，來規律整體系統之速度。

鋸床作業員每天早上準時做一部機器。一小時後，該名作業員並準備好下一加工所需的整組架構之零配件，將其滾傳到四呎外的加工機上。待加工完成後，再送往四呎外的銲接站。十四小時之後（其中塗裝佔一半），一部完整機器就可出貨了。

為使此簡單系統能運作成功，該公司必須完全改變原先「如何工作」及「如何合作」的思想。由於各工作直接相連，而又無緩衝存量，所以每個人都要動腦、遵守標準工作（standard work）*，即在某既定時間內，採取最佳的做法，而且第一次就做對，以後每一次也都要做對。（根據「群組」的設計，其整體要不是「全對」就是「全不對」。）該小組很快地就把工作的每一步驟畫成圖，並張貼出來，讓大家看得到。

同樣的，由於此系統只在有訂單時才啟動機器——記住，生產週期時間已從十六週降為十四小時，所以不必提早投機地下訂單，想盡快擠出東西來——因此，引進「拍子時間」* 概念就極為重要（譯按：又譯為生產系統「產距」時間）。它有一要點，即，如果訂單不足以使機械及工人完全充分運作的話，拍子時間就會變長。此時，機械漸慢下來，每一多能技工要多做幾步驟，而可把多餘人力調往別處去支援。這樣，就不必像以前一樣，在沒訂單時也想超前製作、建庫存。

此外，還需另外兩概念的支援。該公司的許多工具，大小要適中（right size），並要設計一些新工具，使得較小型的鋸床及加工工具能配合「工作群組」。（通常重組後所多出來的人，可以製作這些需要的工具。）最後，公司的人要學會快速換模，使得每台機器都可以製作全部（或多樣化）的產品，因為切換產品而損失的時間，已大為減少了。

「新群組」概念提出來時，許多生產工人都很困惑，或感到不高興。譬如工廠裏技能最熟練的某甲回憶說：「我們所習慣的制度是，每人擅長一項技能（它得來不易），如銲接、機械加工等。就以我而言，我最行的是把不符合規格的東西救過來配合既有系統。我們習於在各單位內以適當的速度做事，只要能完成配額量就好。最刺激的工作則是『救火』，例如讓緊急訂單通關成功，或是消除突發的生產瓶頸。我深以做公司的救火員為榮。」

希克斯先生提出的「標準工作」及「拍子時間」新制度，看來像是工業工程師在大意下所提的建議案，使得每位技師都深為不滿。（因為如照他所提議，各工作小組可自行標準化自己的工作了。）更離譜的是，他提議一次只製作一部完整的纏繞機。最後，他宣稱，如果工作能由工作小組標準化，並把各設備重排，成為可以採用「單件暢流」方式，大家遵守拍子時間而不超前工作，那麼，就可以不必再做救火工作了。某甲回憶道：「這些看來一點也不好玩，我認為永遠行不通。」

經過一週的轉換，完成了新群組，就要開動了……結果行不通。以前由大量存貨所掩飾，以及各有各的工作訣竅之做法下的種種問題，突然都一一浮現出來。例如，標準工作圖上漏了些步驟，工具維護不良等——這在老式批量生產方式下，容易混得過——一再地使整體群組停下來。而供應給群組的元件，也不可靠。對希克斯的新點子，大家普遍覺得永遠行不通。

此時，生產經理荷西（Jose Zabaneh）發揮中流砥柱的作用：「我對各項失敗，無不痛心疾首，所以就努力研究新系統的邏輯、原理，並全心全力擁護它。我集合所有工作人員開會，宣布我會整夜留守，週末也不例外，親自來解決『新群組』的各種問題。不過，大家根本不用浪費時間來談回到以前『分批—等待』系統，絕不可能。」

大老闆藍卡斯特全力支持「新群組」做法。希克斯及顧問可以解決各種技術上問題，而荷西是我們的「火星塞」（譯按：「倡導者」之意）。逐漸地，所有環節都「會通」了。

（我們以後會知道「高瞻遠矚」、「技術精通」、「追求成功的堅強意志力」等三法寶，為精實轉型所不可或缺的。有些個案的主角是天縱英才，由一人兼具此三法寶，而Lantech公司的主角，則是一團隊。不管是屬於哪一種，重要的是把這些法寶與全組織人員分享。）

到了1992年秋季，整體生產系統都從批量式轉為單件暢流式——包括每部五萬美元的H型——每週只做一部。整個廠房的流程如圖6.5所示。

結果績效極好。員工人數保持不變（三百名），而1995年的出貨數比1991年倍增。（成績之所以亮麗，主要是因為景氣復甦、訂價富競爭力，而新產品又源源不絕地推出，詳後述。）工廠以前

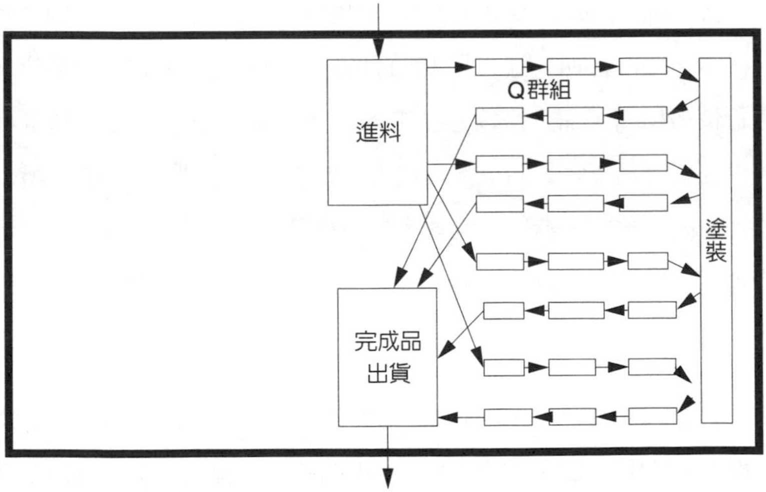


圖6.5　新生產流程

被存貨堆得水泄不通，現在出貨量增多一倍，反而有三成的空間空出來。顧客抱怨的不良率，在1991年是每部機器8項缺點，1995年降為每部0.8項缺點。前文已提過，生產週期時間已從十六週降為十四小時。答應顧客的準時交貨率，從20%進步為90%。

老闆藍卡斯特先生在1992年對員工做了兩項承諾，更使得進展加速。在當年財務狀況極吃緊情形下，這兩項看來有點打高空，然而卻是成功的關鍵。首先，他承諾不會因精實轉型而要員工走路。他反而把由精實化所多出的人組成改善小組，由前文所提的「救火隊員（兼懷疑者）」某甲當隊長。每次一有改善活動，新製程中最優秀人員（而不是最差者），就被選為改善小組的成員，使大家認為這是升級而不是處罰。由於公司業務蒸蒸日上，所以他們很快地就可以歸隊。

藍卡斯特同時調整薪資政策，即把底薪從每小時七美元調為八美元半。據希克斯回憶：「以前的做法是兩極化，非技工像麥當勞店行情般給薪，而少數核心技工則給予上等工資。大家很快就發現，在新公司下，每個人都是技工（當然技能類別很不同）。所以可支更高的薪酬。結果，流動率很快就降為零。」（由於完成每部機器（產品）的人力降為一半，所以多出25%的空間可用來加薪。）

隨著工廠內如火如荼地推行精實轉型，也該把注意力放在事務流程上，特別是處理訂單流程上。正如藍卡斯特所言：「我們希望辦公室人員能見賢思齊。如果你能在十四小時內造出一部機器，那麼光是訂單處理就得花上三週，這像話嗎？」例如某個案最為特別，工廠在四天就交貨了，而徵信部卻尚未完成作業——不幸，後來發現買方已破產了。

辦公事務轉型時所使用的技巧，與工廠完全一樣。公司先設立一改善團隊，來共同重新思考流程根本。成員包括該特定流程之工人、技術專家——包括現場改善工人及外邊顧問。該小組先把整個價值流程畫出來，進而尋找時間及人力上的浪費。隨著每一流程歷經一再審查、反思，並從「分批—等待」方式改成暢流式，就把改善小組中最優秀的人調去，好好為它打下基礎，以利下次流程檢討。此過程中沒資遣任何人，被外調到改善小組的話，表示公司承認他或她績優。

此等技術普及地應用於訂單處理及工廠排程系統後，成效驚人。由於公司現在對成本結構更為了解，所以除了真正訂製者外，都能採不二價政策，從而不用與經銷商討價還價。訂單一旦到了公司，就可以在二天內插入生產排程。

最神奇的成果，也許是從此不再需要電腦化排程系統。原有的MRP系統倒留下來，作為長期訂料規畫用，而日常之排程，則只用銷售部門內的大白板即可。生產日依「拍子時間」分成數格，訂單一確定後，就寫到白板上。我們參觀該公司多次，每次白板上的格子，都只填當天起三天到二週而已，只有確切的訂單才會下生產線去製作。

在公司內擺一人人看得見的大白板，對銷售人員頗有激勵作用，特別是在填上部分漸少、而空白處漸多時（譯按：表示生意清淡）為然。此為精實系統中的另一技術，即所謂的「透明度（或目視）管理」*，即人人看得到活動狀況，從而可採取必要的適當措施。

此過程的最後一步是，每日傍晚把明日所要做的機器名單抄下，並把它們拿到四個生產群組去。就每一部機器而言，每一群組都會有實際顧客名字，及公司答應的交貨期（通常量產機型在投產後二天，而少量或大型者為投產後十天）。管理資訊系統部門及七名員工都予以解散，因為廠內的零組件都自動地由前站被後拉到下一站，產品連同資訊一起走，所以過去自動化的資訊流程可以免了。

圖6.6為上述所有成果總結，讀者不妨比較圖6.2迷宮式的處理訂單流程。

過渡期的最大問題，在於配銷商及買方對於快速、準時交貨方式很不習慣。因為當初他們下單時，只是略估，以為還會有許多時

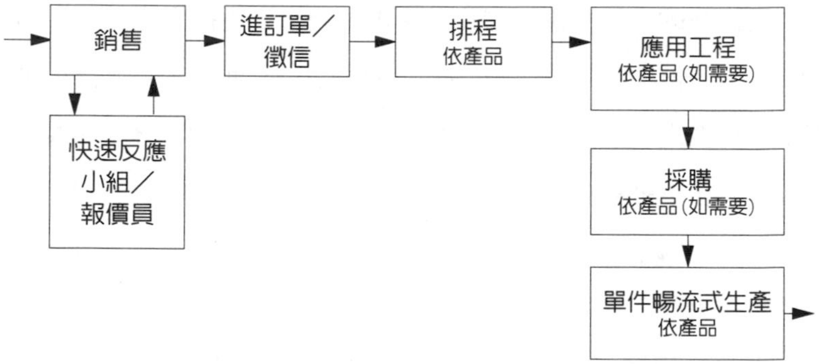


圖6.6　新訂單流程圖

間可以用來修正規格，通知製造商做工程變更並規畫安裝。下述為一實例，毫不誇張，即公司在接到訂單當週內就交了貨，使得顧客反而不知所措，大為不悅：「我們還未想出怎麼應用，你們就把機器送來了。當初下訂單時，只是想先搶佔生產的產能。我們還未把可選擇的項目想好（以為你們會像以前般延誤），而東西竟然就送到了！」

轉型的最後一步驟是重新思考產品開發流程。在轉型早期，藍卡斯特就知道，為了達成他承諾的保障工作（生產力提升中），他必須使事業不斷成長才行。這表示他要做點策略規畫：「我沒時間找全新的事業投入，也沒錢買下主要競爭對手。因此，我需要擴充產品範圍，並使其充滿生氣。即，在我所熟悉的行業內更上層樓。同時，我知道該把所有產品重新設計，重視其易製性，此為大幅降低成本，甚至進而大幅改善品質及彈性的根本。」

他也知道，原來的產品開發體系，係採用「分批—等待」方式，如果不師法工廠及業務單位大幅改革，要想推出能順應市場擴充的產品，必然會曠日時久。他希望產品開發作業，也能採取「單件暢流」的方式運作，即「新設計」與「訂單」、「機器」等，就概念而言都為同義語。「我們需要的是，新設計從概念到可生產，都能連續移動——即不會因為有組織科層之牽制而停擺、不必為更改而回流，在試產時不必東補西改。」

該公司在八〇年代末及九〇年代初，也試過推行「開發小組」，只是不甚成功。就某些「公司大豪賭」式開發個案，公司就會指定某人當「獨裁者」來領導，其實，這不過是生產單位「跟催者」的改頭換面（「其他專案暫停，先搞我的」）而已。不這樣做也不行，因為要協調各種專家（他們各有各的優先）來完成一完整的新設計，各項活動極為複雜，軟弱的協調者辦不成事。不管是「獨裁者」或「弱勢協調者」，都不能對專案的成果，即「產品是否能取悅顧客而使公司獲利？」負責。也就是說，實質上無人負責，雖然使用「團隊」這一名詞。

1993 年公司採取新的「專職團隊」制，由專人直接而清楚地負責產品生命週期內的成敗。在公司每年的規畫過程中，會挑出當年要開發的主要產品，並排定優先序。最優先的兩案子，公司會派專家全職支持——成員包括行銷、機械工程、電機工程、製造工程、採購及生產（包括實際從事生產的改善團隊成員）。這些人齊聚在一起工作，持續努力，別無旁騖，直至專案完成。至於其他許多瑣碎的小案子，以前常會阻礙工程部，現在全部放棄。誠如某工程主管所言：「反正我們也永遠沒辦法完成它們！」

試作原型產品的過程，以前得花三個月。現在如果能加以改善，所需的技能又都具備，較優先的原型產品可以在一週內完成。此外，因為有生產人員參加，就可以很快地指出許多製造上可能發生的問題，這倒是機械、電機工程師們原先無法料到的。

有人反對專職開發團隊做法，主要理由是：開發過程各階段，工作量並不平均分布，而是時緊時鬆，所以常常會有時無事可做，有時事情太多而找不到適當的人。針對這些缺點，可由兩方面來說服：首先，公司發展出來的人才（團隊成員），在技能上極廣泛。（可不是嗎？他們過去自己私下做了多少再造活動！譯按：reengineering，意為工程重做或再造，一語雙義，文字遊戲。）所以可以很快地再發展出某些特定的技能來解決問題。譬如機械工程師與製造工程師之間，雙方可以互相幫忙解決對方的問題。也就是說，小組內部可大致解決工作分配不均問題。

其次，只要善加精細規畫，就可以使各單位在要求技能人員上的衝突大為減少。也就是必要時，可把所需的人才在各專案之間流通，從而可以解決大半問題。

圖6.7 為公司的新產品開發制度，讀者可與圖6.3 的迷宮圖做個比較。

此新制度的應用，第一砲就打響了。新產品S 系列在1994 年中上市，只在一年之內就開發完成（以前要花四年），所用的資源也比以前少一半。（記住，現在不會因等待或缺人而停擺，沒有回流重做，也不再偷偷摸摸地修改。）新產品上市也比以前更平穩得多，顧客所發現的缺點數也大為減少。

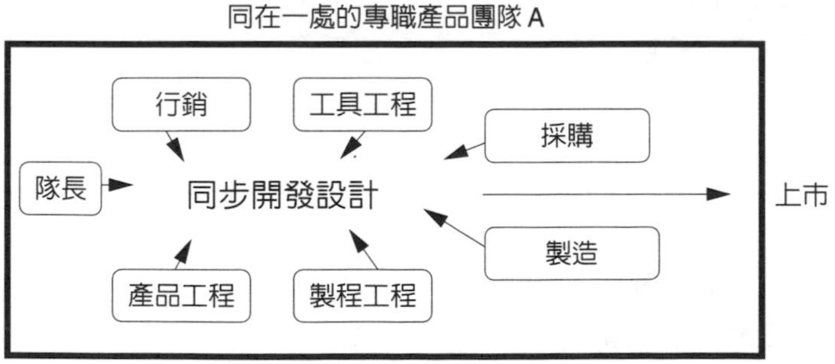


圖6.7　新產品設計流程

## 財務成績

表6.1 為公司轉型成功的總成績單。

話又說回來，做生意最終得有利潤，才能生生不息。所以上述之成果，如果是由該公司不惜鉅資，或犧牲顧客才得以完成，就只能算是技術上的花招而已，並非業務上的革命。

事實上，此轉型所需的成本，根本而言是「零」。所需的工具，多利用改善所多出來的人力，並善用既有的加以改造而成。在

**表6.1　Lantech 的轉型成績單**

| | 分批—等待式<br>（1991） | 暢流化<br>（1995） |
|---|---|---|
| 新產品族的開發時間（年） | 3~4 | 1 |
| 製作每部機器所需工時（小時） | 160 | 80 |
| 每部機器所需的空間（平方呎） | 100 | 55 |
| 交貨後每部機器的缺點數 | 8 | 0.8 |
| 在製品及成品存貨值（百萬美元）* | 2.6 | 1.9 |
| 生產週期時間 | 16 週 | 14 小時~5 天 |
| 產品交貨前置時間† | 4~20 週 | 1~4 週 |

* 注意此期間銷售倍增，所以如果要用以前的方式來支援1995 年業績，存貨要提高到5.2 百萬（即2.6 × 2）。

†「交貨前置時間」為從顧客下單後到貨拿到手的等待時間。在1991 年，這大半是在製造過程中的等待時間，而在1995 年，因生意轉佳，則是等待排進生產製程的時間。

業務部及開發流程上，做法也一樣。電腦更少了，空間更省了，各步驟不再需要昂貴的工具。市場上的成效更為卓越：市場佔有率從1991年的38%，提高到1994年的50%。1991年虧本，到1993年就轉虧為盈，1994年成為業界財務楷模。

## 工作暢流化

我們在第3章提過，依據精實原則重新思考「工作」，可能會大大促進心理上「暢流」舒適感，從而使潛力得以發揮。現在公司內的工人，可以全盤看到從原料到成本的完整流程。由「拍子時間」、「標準工作」、「目視管理」（包括所有工作的張貼圖表）等，可以立即了解工作進行狀況。「多能工」及「輪調」制，使得工人的技能得以完全發揮；經由「不斷改善，追求完善」，員工有機會參與工作的再設計。把消除各種「浪費」和「發現更佳方法後使員工離開工作群組」等，視為「效率」的想法，表示「工作」必須不停地變動、接受新挑戰。最後，很少再發生因停線及突然他調去處理危機等情事了。

辦公室的情況也一樣。接訂單上的透明度管理，使大家都了解公司的生意狀況，新式進訂單制度，由一人即可統籌完成，任何人都無法用特權要求優先辦理。辦公室內的改善活動，使得「知行合一」、「規畫與落實一體」，效果同工廠一樣。

最後，由於新的產品開發制度要求全職員工，大家要在一起專心地做事，直到該專案完成，這使大家有真正的「回饋」感覺（在這以前，大部分的專案都因開發極緩，以致或因市場狀況有變，或因顧客之喜好不同了等因素而必須放棄。這種情形，在我們研究的個案中可謂司空見慣)。公司會鼓勵員工多學些技能，並盡可能善加利用全部技能。從此，大家不用怕工作中斷，或為哪件工作先做哪件後做而大傷腦筋。

誠如前文的某甲（救火隊隊長）把「改革前後」對比後，說道：「我們以前活在黑暗中，現在才得以見天日。」

不過，如果這就把該公司看成「樂園」，可也不正確呢！可不是嗎，從黑暗中走入光明，頓時眼睛會極為吃力。儘管工作改成連續暢流式，使大家都對日常工作感到滿意，不過，這也可能因為要不停地變化而造成壓力。大家常說：「才把工作做順了，就得投入新一回合的改善了。」而每一次變動，至少在精神層面上都會有威脅、風險：「公司真的會信守不裁員的承諾嗎？我努力改善，會受到表揚及獎勵嗎？」對員工最重要的是切身問題：「改革對我的生涯有什麼好處？我會高升嗎？或是它會使公司蒸蒸日上，而我卻在原地踏步呢？」

上述這些問題，都是實施精實系統而初步有成的公司所必須正視的。我們會在本書第三部討論要想成為「精實企業體」所必須面對的各種挑戰。

## 最後一步

好戲還未演完呢！在1995年4月，藍卡斯特先生自任董事長

（五十二歲），交棒給兒子，不再管日常的營運。他現在開始一新的創造性歷程，即好好思考他的產品給予顧客的價值。這是更大的挑戰。

就某一層次而言，該公司的精實轉型算是成功了，因為顧客對於目前產品的性能、價值及服務支援等，都感到滿意，也認為有「價值」，所以公司可以不用如第1章所說的，必須從頭思考、確認價值。

可是，極為反諷的是，公司的核心產品之用途，卻與精實轉型相對立：用來捆捲成批產品！因為伸縮纏繞機是用來快速而有效地把大棧板上的貨包裝起來，以利傳送、配銷。

因此，藍卡斯特先生就開始新一回合的策略思考，即就新興的「少量生產、單件暢流、設施位置適中」所需的包裝性質而長考。這是未來生意興隆所繫，公司得有所準備。

## 超越此一簡單的中小企業

本章的個案說明一般的小型（譯按：在美國為小型，在台灣為中小型）公司，它可以不耍魔術、花招，而循序漸進地達成精實系統的轉型。

不過，就某程度而言，Lantech 個案還算是簡單的。它的主事者是位有耐心的投資者，不必受股市的行情影響。他身兼變革管理者，又有權可使變革落實。該公司只有一工廠，高階主管大多能叫出每位員工的名字。它的產品範圍極簡單，基本觀念只有一樣，從而衍生四種產品來。工人的年齡較年輕，對組織工會來與公司抗衡一事，並沒興趣。

世界上像Lantech這種中小型公司多得很（企業中有一組人若能善用精實技能，而又有活力加以轉型，獲利會極為豐富）。不過在大部分的國家，還有比這更複雜的企業，它們扮演著極重要的經濟角色。我們後面會舉一些例子，說明不管國別、行業別，即使更複雜的行業，也適用於精實革命。

第7章

# 更艱難的個案：Wiremold 公司

W 公司（Wiremold Company的簡稱）總經理兼董事長阿特・伯爾恩（Art Byrne）每天所管理的，猶如一小型聯合國。譬如他工廠員工的國籍別就有二十四國。許多員工在外國出生，三成的母語並不是英語。

伯爾恩稱該公司所生產的一系列產品為「神奇的世俗品」——用在建築大廈內的電源、聲音、數據等複雜組合之線路管理系統，以及電路保護裝置，諸如突波保護器及線路調整器等，為各種防止因電壓變異太大而損害設備之裝置。

W 公司的員工所使用的機械很簡單——如射出成形機、沖壓機、滾壓機等，在市場上既成熟，競爭壓力又大。工人所屬的工會為IBEW（電氣工人國際兄弟會），是全美最保守的。工廠的主體建築在二〇年代建成，然後毫無計畫地東添一間西加一間，以致要把製程連續暢流化及透明化，都極為困難。

簡而言之，W 公司為典型美國「煙囪」產業：產品技術層次不高，所使用的工具也不是高科技，員工會自組工會，並且多為年老而技能有限的移民，設施老舊；在過去二十年全球激烈競爭中，這類型的公司都面臨困境。

伯爾恩在1991年加入W公司時，公司即危機重重。生產設備逐漸劣化，銷售每下愈況，幾乎毫無利潤可言。經四年整頓後，公司並未增添人手，而業績倍增，員工加了薪，設備升了級，業務蒸蒸日上，獲利率頗高。該公司的成就，堪為美國產業精實化的典範。

## 我們的JIT搞得差點自尋死路

W公司為一家族型企業，打從1900年起，在電線槽板（raceway）的製造上就極為成功。公司也轉為由專業經理人負責經營，誠如公司資深財務副總費烏蜜（O. Fiume）先生說的：「公司會自問，長大後要幹什麼？」由於電線槽板看來成長潛力有限，所以就決定進入突波保護器業──這玩意在辦公室桌下地板很容易見到，用來保護個人電腦等設備。

最容易成長的方式，似乎是併購。幾經搜索，公司在1988年買下賓州費城北邊的布魯克斯（Brooks）電子公司──該公司不只為W公司帶來既有的市場佔有率，也帶來戴明博士哲學。打從八〇年代初，該公司老闆布魯克斯先生就認識並信服戴明式TQM（全面品管），不只所有的主管都去參加戴明博士的四日研習會，其實全廠半數員工都參加過呢！

W公司在買下布魯克斯公司時，內部也在推行TQM，所以公司的主管們也馬上報名去參加戴明博士的研習會。費烏蜜先生說：「戴明的十四要點與本公司的價值觀、理念極為合適，我們對他的各種準則也很誠服。可是，唯一遺憾的是，戴明所教的是他所謂的『管理理論』，我認為它是一套變革的哲學。它一如許多理論般，美中不足，獨缺落實上的細節指示。」

到1989年，W公司業已準備就緒，要努力落實，並把負責生產的副總送到日本工廠去觀摩。他回來後，很讚美「及時化（JIT）* 生產」之概念，並馬上想把存貨水平拉下來、減少生產批量。可惜，當時大家都不知道關鍵所在——即降低切換線（模）時間、生產平準化（穩定化），引進暢流化及採後拉式等做法。

誠如費烏蜜所回憶的：「我們當時的顧客服務，簡直可說完全亂了陣！我們很快就發現，在多年前建MRP時，在計算安全存量時，竟然多加了五成。我們也發現，採用大批量生產方式，以及備有堆積如山的存量，表示我們容忍了長時間的更換工具，以及不太講究工具的維護。譬如某工具上了生產線了，發現有問題，卻仍有足夠的時間拿去修理，然後還趕得及實際生產。其實我們的工具惡化到了極點，只是管理當局不知情而已。」

從1989年到1991年，W公司的財務，從有盈餘逐漸變成僅能損益平衡。部分因交貨不順而丟掉訂單，其實真正的問題在於成本太高，因為公司得付限時專送運費，並多請許多顧客服務人員來解釋為什麼交貨不順，同時，公司也得花錢來修理工具。誠如費烏蜜所言：「我們因推行JIT方法搞錯了，差點把自己的命也給革了。」

1991 年總經理屆齡退休，公司有機會聘新執行長來落實精實系統。如費烏蜜所回憶的：「你或許會想，我們會回歸『大批量、高存量』的生產方式。可是不然，我們親炙了戴明哲學及精實系統思考法的精髓以後，肯定不會走回頭路了。我們要找個人來落實。」

## 變革管理者

伯爾恩第一次在精實系統上開竅時，是在1982 年，當時他任職奇異公司某小事業部（高輝度及石英燈炮）總經理。他有位製造部同事去日本豐田汽車研究一陣子，回來說了許多應用JIT 而大幅降低存量的故事。伯爾恩就開始蒐集、閱讀文獻，並準備放手一試。結果竟能把在製存量從四十天降為三天，他回憶道：「簡直像是奇蹟。」

他們卻碰到了問題——並不在JIT ，而是公司本身。「我恨透了『每月趕工、作帳』(make-the-month）心態，公司只用短期的財務績效來衡量一切，使我相信在此環境下，無法進一步做精實化，因為我知道，在創造連續暢流時，偶爾會有小退步，而我認為奇異公司重視短期成果的管理文化，並無法容忍這個。」

因此，他就離開奇異而轉任芝加哥氣力工具公司（生產工業用小型氣動工具）的集團主管。不過，他一上任，該公司就給大拿哈(Danaher ，第6 章曾提過此公司）收購，所以他就轉管該公司旗下的八家事業部。

## 知識

他旗下有家傑克設備（煞車）公司的銷售暨行銷副總喬治・克尼葛沙克耳（G. Koenigsaecker，簡稱克氏），對於精實系統很傾心，曾到日本（包括去豐田汽車）見習無數次，凡能找到的書和資料，他都不放過。他在1987年內升為總經理時，就與生產主管開始實踐理想，搬動機器，並打破製程村落（process villages）* 式建制，拆下輸送帶（這無異為移動式倉儲），並初次設立製作卡車引擎的單件暢流式生產群組。結果成績很不錯。不過，他們只能從做中學習，深感知識不足，所以無時無刻想找機會更上層樓。

1988年初，他知道公司附近的研究所打算開一週的豐田式生產方法（TPS）及改善研習會，由今井正明（譯按：《改善》、《現場改善》作者）主持。講師群包括「新技術顧問公司」的岩田（Yoshiki Iwata，1999年歿）、竹中（Akira Takenaka）、中尾（Chihiro Nakao）等，這些人的名字他都沒聽過。第一天上完課後，他知道這些人都是大野耐一的弟子，個個都是推廣TPS至豐田集團及衛星工廠的高手。他就動了念頭，要請他們蒞廠指導。

據生產主管回憶：「我們初次接洽日本導師時，不料竟然吃了閉門羹。岩田當場回絕，可是喬治不屈不撓，在午餐、下午休息時間、終場時都一再邀請。他每次透過翻譯向岩田請求，都得到很乾脆的回答：『免談！』隔天，喬治仍再三請求，到第二天課程結束時，也許為免喬治再嘮叨下去，岩田答應一起共進晚餐。

「我們一坐下來，我馬上攤開新作的『單件流群組佈置圖』，向岩田老師請益，問他我們是否做對了。他久久不語，態度冷漠。最後說道：『如果我去貴廠，你會立刻完全依我的要求做嗎？』我們異口同聲：『當然！』老師回答：『如果真的如此，煩請收起貴廠佈置圖，讓我舒服地吃頓飯，飯後再去貴廠。』」

抵達工廠時已近晚上十點，日本導師們看了「新工作群組」後，就說：「不好！」譬如說，工作是順時鐘方向流（應採逆時鐘方向），而且所有的機器必須立刻大力搬動一番才行。對此番訪談，克氏及其部屬一點也沒準備，如果馬上搬動機器，工會一定會大為不悅。不過他們深知，這是日本人在考驗其諾言：「你們會立刻完全依我的話做嗎？」所以每個人就投入，來改變該工作群組形態之關係，直忙到午夜二點，然後再試車一下，果然效果好多了！

日本導師教導方式採「只管依我的話做！」，使得克氏的整體想法全然改觀：「我對『改善』能在一段期間內做到什麼地步，有了根本而永久的另一番體會。同時我知道，這些導師對我們整個集團而言，可能是寶貝。」他原先以為，通過此嚴格考驗後，簽下顧問合約，應該是很容易的事。不料在該群組重新運作起來時，岩田就掉頭走開，說他已仁至義盡了，對傑克煞車公司，他可一點辦法也沒，因為不過是一群「控固力（死）腦筋」，朽木不可雕。

不料，在該週該地區的某家公司中，對日本導師所指導的改善活動有所反彈（主管們拒不合作）。週五，大拿哈公司又提出聘請的要求時，岩田態度較為軟化了。他說道，雖然貴公司主管看來也不知道如何經營事業，不過比起其他他所遇到的美國公司來，仍然比較有希望。可是，他們這批老傢伙沒辦法重新學英文，而且美國路途又太遙遠了。

伯爾恩下定決心，非請到他們不可，就與他們相約不久後在日本再見。伯爾恩到日本三顧茅廬，終於取得一紙試作一週的合約，它的目的是考驗大拿哈公司是否玩真的。

第一天的試點是在集團中位於南卡州的傑克夾頭公司，它專門生產家用及工具用電氣鑽床之夾頭。起初伯爾恩及傑克的主管克拉拉穆（Claramunt）以為，會先有一小時的參觀工廠，不料顧問群在五分鐘後就說道：「夠了，每件事都錯了，你們要不要馬上改過來？」公司馬上成立兩小組，一由岩田先生帶領，做最終裝配之改善；另一由竹中及中尾帶領，做工業用夾頭鋼體的加工之改善。公司的製造工程師對竹中及中尾顧問要求在午餐時間，把一些加工用重型機器搬動一事，深表不滿，就向老總們抗議。他們得到的回答是：「凡事聽顧問的，他們要求什麼，就照辦無誤！」午餐後去看看，發現顧問師們捲起袖子，拿起鋼棍，動手把大型機器重排成可以做單件暢流的方式，而工廠的老美（工程師及工人），則在一旁看得目瞪口呆。

就某一層面而言，這純為作秀、演戲；日本人肯定知道他們所造成的衝擊。而就另一層面而言，他們在刺探傑克公司的老式科層化、部門化、以及「分批—等待」生產方式。伯爾恩回憶道：「搬動機器本身，只要花幾分鐘即可完成——那些機器多年來從不曾動過，而且工廠主管也不會親自動手來碰機器——他們實際教大家創造暢流化，而且展示出，只要少數的人有決心，就可以發揮多大作用。從那時候起，整個工廠上上下下都煥然一新，大家都毫不保留地投入工作。」

如此，大拿哈公司通過考驗，成為日本顧問師在北美的唯一業主。「我們的日本導師們上了陣。1989年集團的大老闆也了解精實系統思考的威力，此時，我們就既有知識而又有權威，可以加速推進改革。」

到1991年，伯爾恩在集團的八家公司都導入精實化。他也在大拿哈其他五家公司中，傳播精實化的福音，而老闆柯陷提諾（J. Cosentino）也成為真正的信徒。伯爾恩並發明了一絕妙方式來傳播精實化，即每隔六週，所有集團的老總及生產副總們，都必須親臨某一工廠去實地動手參與三天的改善活動。他們得親自動手搬機器，親自在現場做事，親自學下訂單及排日程（多半是生平第一次）。這種老總動手幹活的創舉，使一些人從「控固力（死）腦筋」變成精實化的死黨。

不過，此時伯爾恩的心情也日益不平靜，他雄心勃勃，想自己有機會主導一場大變革，不過目前的公司為家族式，沒機會，而城內另一端的Wiremold（W公司）則久聞他的大名，於是他們終於有緣相會。

## 公司的精實化

伯爾恩在1991年9月轉任W公司時，果然不出他所料，發現生產、接單、研發等都採「分批─等待」方式。從原材料到成品，一路得花上四到六週時間。訂單處理要花一週。新產品從概念到成品上市，得花二年半到三年，即使只是既有零組件重新組合而已。因此，每年只能有二、三件新產品問市。部門之間的隔牆重重，各單位自行其是，很難整體來考量價值暢流。

伯爾恩很快就體會出來，如能精實化，要做出現在的營業額，只需目前員工人數的一半即可，廠房面積也可減半。由於財務壓力頗大，他得立即採取措施。第一步就是精簡人事。

## 精簡人事、消除障礙

1991年11月，伯爾恩宣布，全公司都適用優惠的資深員工提早退休辦法。雖然他了解，只要一半的員工留任即可，可是他也知道，實施新產品開發系統，就可以提升業績，從而需要多點的人來做事，所以就把組織精簡目標訂為三成員工。

所有適用提早退休辦法的人員幾乎都登記了，不過公司只接受一小部分。他與人力資源副總就開始從事「精簡層級」作業。他倆把每一事務、管理工作區分為：

- 能創造價值（其定義為「公司可將做該事的成本轉嫁給顧客」），
- 就顧客而言並無價值，可是為目前營運所必需者（譬如請環保專家使公司符合法規要求，此為「第一類浪費」），或

- 未能創造價值，也非必需的（此為「第二類浪費」）

然後又把每一主管分為：

- 能創造價值者，
- 能創造價值而又有些技能，或
- 不能創造價值甚或不可發展（通常不願改變其對工作、組織之態度）

根據伯爾恩多年的經驗，約有一成現行主管不能擁抱新系統（制度）。「精實系統思考法根本上與科層化無緣，而有些人在心態上調整不過來，這些人最好另謀高就，畢竟，世界上機會多得是，海闊天空—— 他們留下來的話，公司的整體計畫就會失敗。」

所以他們就把才分類的前二類人，與前二類工作相配合，從而創造出新的組織結構（試比較圖7.1及圖7.2），並進行人事大換血。凡找不到「用途」的員工，都可得到優渥的離職金。上述的組織重組，在伯爾恩上任一個月內就完成了。公司只新聘一位營運副總。

回顧此番重組，人事副總坦誠地說，這些措施，對一向極照料員工、極科層化而從未「請人走路」的公司而言，的確是很大的打擊。「即使公司的財務狀況極差，不過伯爾恩仍對員工極慷慨，並明白向員工表示，以後大家務必合作，以新方式來創造價值。」

人事精簡化完成後，伯爾恩召集所有母公司的員工，宣布以後不會因改善而使任何人丟掉飯碗。「整頓已過去了，現在大家要學

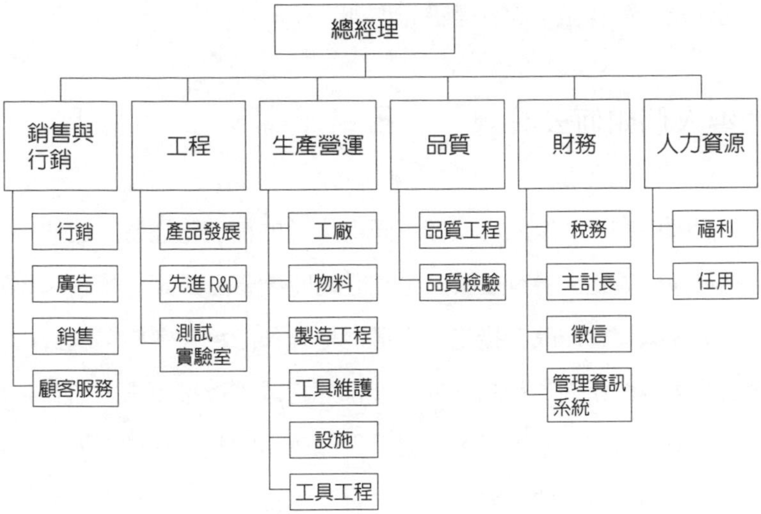


圖7.1　公司老式組織

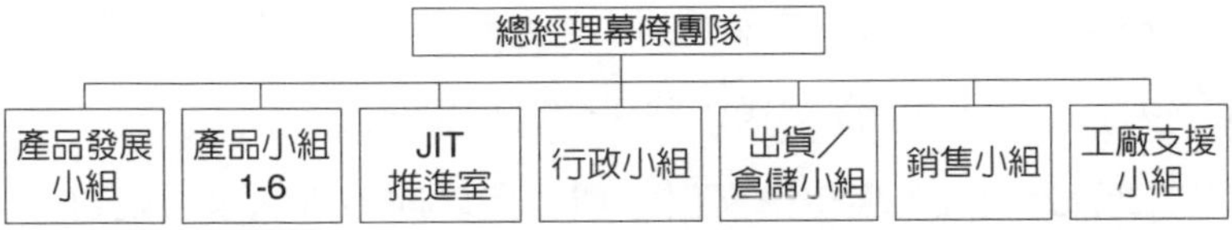


圖7.2　公司新組織

習持續地創造更多的價值，如此，以後就永遠不必再來一次整頓。」

伯爾恩實際上是給工會會員工作保證，而並未要求什麼回報，只要他們能對變革採取開放心態。「我想九成九的美國主管不會這樣做。不過，『讓員工心安』是精實革命中的核心工作。這也是極合乎人性的做法。譬如如果我要你把原來需要五人的某產品，改善為只要二人即可，而一旦成功了，你卻要資遣三人，而其中可能有親朋好友，這樣做，簡直是殺雞取卵。」

## 教導人們如何去看

伯爾恩在上一家公司八個不同事業部的精實化經驗，使他相信要把組織精實化，最有效做法是在開始時，要由最高經營者(CEO)親自帶領大家實作改善措施。「這也是為什麼絕大多數美國公司一開始就失敗的原因。最高經營主管都想把改善授權下去，怕到各現場（生產、研發、銷售等）去親手做改善。因此，他們從未學會在真正能創造價值的地方變革，而只會玩老把戲，光看數字、績效、成果。這樣只要求結果，反而會扼殺許多改善活動。這需要心態上突破，要不顧一切，本著『雖千萬人吾往矣』的精神做下去。從實作中經營者才會知道（或學習到）現實有多糟糕，從而了解可改善的潛力有多大，如此，以後的決策也就會更正確。」

由於公司沒人懂得精實化原理，所以開始時伯爾恩就自任講師。他先自編講義，並對一百五十人做了二天的原理說明，緊接著有三天的改善案實作練習。（這方式與W公司以前的TQM做法不同——它通常是小組每週聚會一、二小時，用來規畫下週或下月要做的改善。）

然後，伯爾恩把各主管及工會頭子聚在一起，一同走訪各現場每個角落。現在大家可以看出來，處處有浪費。「我告訴大家，我們要把每一流程，包括產品開發和訂單處理，都轉化成連續暢流化，大家並要學會後拉方式，我也告訴大家，公司要聘請世界一流的專家岩田等人來協助。」

## 反覆地改善每一價值溪流

很快的，全公司就有數百個「每週改善小組活動」(至今仍未曾衰減)。實際上全員參加，而公司的每一價值溪流，都經反覆檢討，看看如何使它們更暢流，後拉得更平順。公司假設每一價值溪流都可以，也必須「止於至善」。另一重要的假設是，它可以很快地生效：「如果不能三天立見成效，即表示一定什麼地方出了問題。」員工心態受到立竿見影的效果所強化——也開始相信管理當局的保證，即不會因改善而丟掉飯碗——各項改善活動就可以生生不息地自行運作下去。

## 重新創造生產組織來疏通價值溪流

伯爾恩在精簡 W 公司的組織時（詳圖7.2），並不只是把邊緣、裝模作樣的工作除去，他更解除部門之間的溝通障礙，並為公司六大產品族創立全職的產品小組，使大家能集中努力於價值溪流的創造。他把生產／營運部內的採購、製造、排程（MRP）、工程部及各「製程村落」*（沖壓、壓延、射出成形、塗裝、裝配等等）都解散，重新分派到各產品小組，並使它們有足夠資源能自主地運作。

試以該公司的產品 Tele-Power-Pole 為例（字義為「通信—電子

桿」，它們為鋼或鋁柱，放在開放的辦公空間內，或從地板延伸、接到天花板，兩頭都有電力及通信開關，可供附近的電腦工作站連接使用。它們極多樣化，有不同的形狀、長度、接頭形態和顏色等）。該小組的組長要負完全的責任，如自負盈虧，負責整體產品生命週期內所有相關事項。更激進的做法是，該產品的小組長、產品計畫師、採購人員、工廠工程師、生產主任、生產幕僚等，都集中在機器旁（單件暢流）的大辦公室內，一塊兒辦事。

該小組有自己的沖床、壓延機及裝配設備，可以自足。在以前，裝配部要看壓延部門的臉色，才能有貨（底座及覆蓋）可做。雖然存貨很多，但卻常常缺這缺那，通常藉口為：「抱歉，MRP系統跑出來的主排程是要做其他項目，你得等到下週，不然就把問題反映給上級。」現在Tele-Power小組已有所需的所有設備，再也沒任何藉口了。

此番新安排、氣象，一開始即對於「白領」造成大衝擊。他們以前一向在距工廠很遠的辦公室內養尊處優，自以為不同於「工人」。（該公司的穿著方式，也很快就改為便裝為主，因為伯爾恩認為：「打領帶既不利於血液流通，又會阻礙團隊合作。」的確，辦公室的人有時不免會誤以為，外表、打扮遠比技能、貢獻更為重要。）此種重新分派，對於一向在「製程村落」內埋首苦幹的製程專家，也是一大衝擊，因為以前他們常常能「留一手（訣竅）」。話雖如此，每個人很快就喜歡這種安排，因為他們第一次可以實際地看出價值在流動呢！

## 引入精實財務系統及「計分板」

為了使各生產小組能依精實原則做事，公司必須廢除傳統標準成本制的「完全吸收、分配」式會計制度——它的成本分攤方式，多本著大量生產的想法，如依人工及機器運作小時來分攤。在該方法下，生產主管們都知道，要把所分攤到的間接成本，盡可能由愈多的人工及機器小時來吸收才划算。此制度會使大家（含機器）窮忙——純為了「假造數字」——結果，會製造出許多顧客可能不需要的存貨來。

據財務長回憶：「伯爾恩一上任，就宣布標準成本及差異分析概念不合時宜了！我們也研究過『作業基準成本法』(Activity-based costing, ABC)*，不過發現它也幫不上大忙——它的鼓吹者說，它是根據成本的『驅策者』(cost drivers，即真正產生成本的活動）來分攤成本，其實，這不過是另一種分攤間接成本的方法而已。這方法（ABC）仍有許多整體成本是採『由上往下』方式分攤，而我們要的是『由下往上』式。」

新的會計思考的關鍵，在於「依產品族來組織生產，然後讓每一小組負責購買其工具」。採用此一簡單制度，即可訂出每一產品線的真實成本。今天，製作Tele-Power-Pole 的真實成本中的九成，都來自該特定產品成本分析中。即分攤成本少一成——只有這在小組的控制能力之外，例如小組實際所使用的廠房面積——即使如此，它也是依實際面積而定，因此，該小組可以在這方面更精簡化。

有些舊標準成本制的東西，仍保留在電腦內，譬如在製品存貨的價值，這是為了編財務報表用。然而，在衡量各小組的績效時，並不強調這些，而是要把重點放在製造成本上。同樣的，在過渡時期降低存貨的財務（帳面）含義，也不給各產品小組組長看，怕他們反而因反應過度而做錯了事。（譯按：詳下二節之敘述。）

公司給各生產小組的，除了一簡單的盈虧計算式，更有一新的「計分板」(即「成績單」)，包括下述簡單、量化的績效指標：

- 產品小組的生產力（以「每員工的銷售額」表示），
- 顧客服務（以「準時交貨百分比」表示），
- 存貨週轉率，及
- 品質（以「小組的錯誤數」表示）

小組長及成員都可以看得到這些指標，因為它們都標示在顯著處。此外，顯然還會有兩主要的改善。首先，流經系統的產品流要平穩化，不會因有品質問題而要再回流、加工；沒有報廢、在製存貨。其次，這些產品要成為顧客真正所要的，因為「生產力」是以每人銷售額（而非在製品的堆積）來界定的。

為了使全員能齊步前進，W公司也給成績單（一組期望值）。確切地說，小組長及其成員要做到：

- 不良率每年（如上述的「品質指標」）要降低50%；
- 改善生產力——即每人固定幣值的銷售額每年要提升20%；

- 交貨要完全準時；
- 提升存貨週轉率每年至少20次；及
- 分紅增為20% 的全薪（下文馬上會解釋）

他們仍繼續做「差異分析」。不過不是分析實績與標準成本的差異，而是小組成員在發現與績效目標有偏差之趨勢時，要檢討肇因，而不像以前般「造假數字」。（譯按：讀者請參考《第四代管理》，華人戴明學院出版）

## 壓低存貨

由於W 公司為未上市公司，董事會了解在轉型為精實化時，因存貨數字（值）減少，會產生特別的財務問題，所以不致大驚小怪。不過，就上市公司而言，快速壓低存貨值，可能會有副作用，需要花點時間討論一下。公司從以往「分批—等待」式轉為暢流式時，會因存貨減少突然釋放出大筆現金。（這時公司有大好的策略性良機，如下所述。）問題是，在財務報表上，存貨值大幅降低，卻會使生產成本上升，從而使利潤下降。

我們試舉一簡單例子來比較「量產式」及「精實式」的財務編列方式，如表7.1 所示。

如表7.1 ，假設主管把存貨從576,000 降為100,000 ，而其他項目不變（購入的直接材料減少除外，因為它多使用手上的庫存品）。讀者由閱讀該表可知，努力而又做對事情，在報表上卻反而

表7.1　存貨降低對獲利能力的影響（單位：千美元）

| | 量產方式 | 精實生產 |
|---|---|---|
| 期初在製品存貨 | $576 | $576 |
| 購入的直接材料 | 924 | 637 |
| 直接人工 | 958 | 958 |
| 間接製造成本 | 465 | 465 |
| 小計 | 2,923 | 2,636 |
| 減：期末在製存貨 | －576 | －100 |
| 總生產成本 | 2,347 | 2,536 |
| 總銷售收入 | 2,500 | 2,500 |
| 盈（虧）—稅前 | 153 | （36） |
| 現金流量—稅前 | 153 | 440 |

轉盈（153,000）為虧（36,000），雖然現金充沛多了。

就上市公司而言，此現象不容易為股東所諒解，所以需要事前積極地加以解釋。如果硬要維持短期帳面上好看，就得採用大砍人數，大幅降低成本（間接成本）等措施，而這對導入精實系統而言，有害而無益，因為員工受創後，會不合作、反彈。

## 創設「精實推進」機能

伯爾恩為了協助產品小組持續改善，創設了「JIT推進室（JPO）」。他把以前的品管部、人事部屬下的訓練單位、某些有慧根的高手等重組成推進室。有了它，就可以全組織地、價值溪流接價值溪流地逐步加速進行。

由產品小組組長和推進室的人，共同評價產品的價值溪流，以決定需要哪些突破及改善活動，以及各活動何時要完成。然後，每一改善團隊都任命一員當組長，並由推進室指派一名輔導員協助。（該改善小組的規模可大可小，它可以是整體團隊並加上外請的專家。）由於各小組長在改善完成後要回歸原產品小組，所以輔導員要負責跟催每週的改善成果。

推進室的成員，除了計畫、輔導改善活動之外，也要負責教導全員精實系統思想的原理（如本書第一部所講的，確認價值溪流、暢流化、後拉式、和永無止境地追求完善）及精實化技術（標準工作、拍子時間、目視〔透明度〕管理、後拉式排程法，特別是單件暢流法），並要定期加以復習。某位經驗豐富者說：「這是一巨大而又關鍵的挑戰。中階主管特別會感覺受到威脅，因為許多以前的『安全網』（譯按：如存貨等），都已撤離了。他們在舉棋不定、深感懷疑時，常會又回到分批生產、建立存貨來保險等舊習，所以你必須不時地加強教育，並持續地親自參與改善。」

## 答應保障工作換取彈性

伯爾恩說過，如果每一產品的價值溪流都能持續改善，早晚會把「人」丟棄在一旁。

所以除非公司能保障工作（即使某些工作已經消失了），否則人們對於持續改善的抗拒，並不會停止。他也知道，目前工會的契約內容甚嚴，規定沖壓工只能做沖壓，塗裝工只能做塗裝……等等，這會使得暢流化及持續改善的導入功虧一簣。最後一點，他也知道，以後員工對於「裁員」，會搞不清楚究竟是因為需求不振，還是因為改善有成。所以伯爾恩在初期的「提早退休計畫」完成後，就向工會提出工作保障的承諾，以贏取他們合作來用新方法做事。

起先，工會對他持疑。因為前任勞工關係處長是位死硬派，所以工會要求主管當局，要把「工作保證」訴諸正式條文化，以免日後各說各話。然而，工會最後相信，伯爾恩是個說得到做得到的人。

可是，該地區的許多公司的主管，卻對伯爾恩的工作保障承諾持疑，這點使伯爾恩感到極為困惑：「許多人覺得我的鐵票承諾太過火了，因為他們會說：『萬一生意不好了，怎麼辦呢？』然而，我認為身為主管，在要請人走路之前，還有五大法寶可用：（1）減少加班；（2）把多出的人用在改善活動上（為將來投資）；（3）因與某些供應商的合作關係不佳，所以不如把該元件拿回來自己做（記住，我們現在的設備可是很有彈性）；（4）全員減少工作時間；而最有威力的則是（5）發展新產品線來使企業持續成長。現在我們的員工多為製程改善的高技能人才，所以只有頭腦『控固力』（譯按：本書中日本導師及美國人多次使用此語）的人，才會在短期的業績有變異下，就請這些人才走路。」

## 重新建立產品開發制度來疏導價值溪流

伯爾恩在1991年秋所看到的產品開發制度，顯然不可能協助事業來成長。據工程部副總梅納的回憶，當時有三十件案子在開發中，不過每一件都極慢。「每一開發階段都有很長的等待。工程部門內也採用分批方式，也設跟催員。每件都完成而沒有優先序，除了某些案子因『總經理說話了』才會稍微加速。每一案子平均要花上三年才能完成，有的甚至在中途就犧牲掉了。」

幸虧該副總知道該做些什麼，以及怎麼做。他在1990年秋季，在當地大學上了「品質機能展開（QFD）」課程，它與「全職的產品團隊」，簡直成了開發部不可或缺的絕配，該次研習老師為麻省理工學院的Don Clausing，他是美國提倡QFD（也稱為「品質之屋」）的先驅者。他教人從「顧客之聲」開始，並以極有組織而連續展開的方式來進行。（譯按：QFD的細節，請參考《管理三部曲》，華人戴明學院出版。）

不過，當時W公司的高階主管正如火如荼地進行TQM（全面品管），大家沒空搞新把戲。「等下年度再說吧！」巧的是，下年度伯爾恩就上任了。「我問伯爾恩：『你對於實施QFD及全職的產品團隊有何看法？』他回答道：『馬上同步實施這兩樣。順便一提，新的產品開發週期時間之目標為三至六個月，而不是三年。』所以我們在一週內就上陣了。」

梅納在1991年秋季的第一步，就是舉行內部的正式QFD培訓，並聘請一位顧問當技術支援。該課程所有主管及資深主管都要參加，正如不管任何職位及多資深，每人都要參加改善活動一樣。伯爾恩的看法是，每位主管都要了解該組織的基本活動，特別是關於產品開發、生產、銷售及排程，而要學好這些，唯有「密集地研習有系統的原理」一途。

下一步，梅納及公司資深主管自問（這以前為大家所忽略）：「我們真正從事的行業是什麼？」他們並檢討正在進行的三十件開發案，去除掉不少本質上完全不支持某特定事業的案子。這樣做，使得開發案件大為減少。留下來要做的，就排定優先順序，每件並要做一產品計畫，訂定推出產品的目標日期。

凡判斷為值得繼續的計畫，梅納都會任命三人小組：行銷人員、設計師／產品工程師，和生產／工具工程師來負責。該小組直接與建築設計及營建業的潛在顧客對談，並依QFD過程做出初步、廣義的產品定義。他們依照第1章所提的「價值問題」來提問，諸如：「Tele-Power-Pole產品所真正需要的是，能適合各公司的天花板高度，而又有一系列顏色不會太礙眼的東西。」

據梅納回憶，公司的許多老手對於這種安排很感訝異。「他們問我：『我們為什麼要把工具工程師送到銷售現場去呢？這不是不合專業分工的原則嗎？』他們習慣於各部門的職掌極分明，凡事須按『部』就班。」

產品一旦初步界定之後，就要設立一真正的多功能小組，用工程語言來詳細界定產品規格。該小組在工程部有專用場所，成員並包括來自各產品族的組長，還有生產計畫員、原來界定產品時的生產／工具工程師，以及採購人員。該小組還要依據市價趨勢，並減去一定的利潤，來訂出產品的「目標成本」。

確切的產品規格一旦被上級同意了，該小組就可進行細部的零組件及工具設計，當然，這必須要符合目標成本。後來，整個小組要搬到工廠的現場去，一起去與製程、生產人員來討論「標準工作」。（請切記，一開始就要注意產品的易製性，因為生產／工具工程師參與了原先的產品界定。）

到1992年中，公司推出實施轉型後的第一次產品。它只花了六個月，而且成本只為原預算（據經驗）的60%。公司內負責生產、訂單處理等員工學會「研究改善（see）」，而行銷人員、產品設計師和各種工程師，則學會傾聽「顧客之聲」，以及如何使設計開發過程進行更快。

## 修正訂單處理過程

除了生產與開發外，所有企業還有一關鍵性活動，即訂單處理、排程、交貨。伯爾恩認為，此種「商業流程」與「實物流程」（如生產等），在實際上並沒兩樣，所以，要有同樣程度的突破及改善才行。

W公司的訂單處理及出貨，與生產是分開來的（大部分公司做法上也一樣）。由於MRP系統的主排程所根據的是市場預測，所以在理論上，它應該可以確保中央供應庫房系統內，有足夠的貨可以因應市場。

訂單的處理方式，採中央化顧客服務部門方式，在白天鍵入訂單，當夜再以批量方式處理。如有存量，隔天就在出貨處列印出貨量，再由庫房的出貨人員在二、三天內取出貨，並送出給經銷商。

庫存量雖多，可是顧客所要的卻常常沒有，因此訂單上的項目，常常不能一次出齊，即有不少「待交」貨，要等一陣子才能出貨。由於採用MRP系統及批量生產，因此就某一訂單而言，在數週、甚至數月以後才出清的情事，並不奇怪。再者，由於訂單未能一次出清，所以要有很大的顧客服務部門來追蹤訂單狀況，並向顧客解釋為何會延遲。

目前即使有貨，在訂單處理上，就得花上一週的時間。何況大多數的訂單都會有缺項，必須從頭做起，而這過程更容易出差錯，因此顧客服務部的人常常感到，裏外都不好做人，既要能準時交貨，又不能出差錯，這極為困難。

經過一系列改善活動，從接到訂單至出貨的時間，已從一週縮短為一天內。怎樣做到的呢？現在每天要把訂單分四次送給出貨部（而非一天一次），並把中央庫房關閉、空出來。另一做法是在接到訂單時，就由出貨巡迴車到每一產品小組的生產過程處去載貨。

出貨員從貨架上取出零組件後，會把空出的容器滑送下到歸位處，而這是唯一有權要求產品小組做更多該零組件的信號。（以前的MRP系統中，因為有全公司生產系統的零組件動態，常會依長期產能規畫而給生產部門〔供應人員〕訂單，可是他們尚未準備就緒。）

採用上述新方法所需要的人數較少，錯誤也會較少。W公司整整花了兩年，才終於轉型成功（即從「分批式」轉為「單件暢流式」的產品小組）。以前每月才做一次的，現在可以天天做，每天機器可切換線二、三十次，而以前每週只能換線三、四次。

現在W公司讓競爭對手也感受到壓力，急著宣稱他們的交貨也同樣迅速。不過，他們做法多半像其他美國公司一般，要不是準備一大堆成品存貨來「以備不時之需」，就是像上章Lantech所用的「Max-Flex（最大彈性）」系統，得事先準備極多的元件，以回應顧客需求，再選東西做最後裝配用。上述兩種方式，效果遠遠比不上真正的從頭到尾採後拉式的精實系統。

## 依利潤分紅

W公司的底薪政策，一向採取比該地區平均值稍高。公司也會提撥稅前盈餘的15%，每季以支票酬賞員工，並有儲蓄辦法，可用相對方式給公司股票。問題是，在伯爾恩上任前一陣子，公司毫無利潤可言，而股價又疲軟。另外，以往的分批生產方式，不容易使員工感到個人的工作，與公司成果有直接的關連。

伯爾恩決心保留既有的分紅辦法，不過，他必須穩定地增進公司的利潤（「要比競爭對手更聰明才行」），並要大家都知道財務數字之間的關係，清楚地了解利潤從何而來。經多年的精實系統經營，公司紅利率從1990年的1.2%總工資（全薪），增加到1995年的7.8%，他的目標是繼續提升至20%。

## 供應商的精進

W 公司內部做了許多改善之後，愈來愈突顯出問題多來自公司外部。例如在總成本中，外購物及原料所占的比率甚高，然而公司並未努力改善供應商的績效，而只採傳統做法，即要求多家供應商相互競價而已。

公司的改善團隊很快就大幅減少供應商的數目，從1991 年的320 家減到1995 年的73 家。這樣才可能集中努力，在每家供應商上花工夫改善。下一步是要從最關鍵的供應商著手，教導他們如何「看（了解）」。

1992 年4 月時，某改善小組初訪鋼材製造商來爾森（Ryerson）——它的規模遠大於W 公司，在北美有極多處有生產設施。來爾森公司提供W 公司大捲的鋼材，經沖壓或彎曲成許多產品的外殼。來爾森公司的供貨技術很先進，可以「及時」提供每日的用量。然而，W 公司的JIT 小組在來爾森公司的「後院」，果然不出所料地發現：五十份的每日用量的鋼圈，乾淨地排好待命，以逐日送貨給W 公司。所謂「及時化」，只不過是存貨管理的障眼法，因為來爾森公司並不知道如何以小批量方式來生產。

W 公司的小組就去研究來爾森公司的大型剪鋼機，結果發現它每次換線（剪不同形樣），都要花上兩班次時間，所以出貨區準備成堆的產品並不足為奇。經一番改善，換線時間很快的就減為三十分鐘，可以每日製作並當日及時供貨給W 公司。

效果遠不止於此，因來爾森公司可對全部顧客提供及時化服務，成本又可抑減，使所有利害關係者都因而受益。而W 公司的辛苦更沒白費，它可以取得長期不漲價的保證，又可要求提供超少量的供應等。這樣，不只兩家公司雙方都獲益，更可嘉惠所有來爾森公司的顧客，此為精實系統思考美妙的「贏—贏—贏（大家都贏）」成效。

## 建構成長策略

伯爾恩說：「我們的生產系統及其需求，實為我們的策略之根本。」因為若能善用精實系統思考，即可從原先以「批量生產」為主的組織中，釋放出極大量的資源——人（工程師及主管）、空間、工具、時間（上市時間更快）、和現金——因此，公司可（也必須）快速來成長。上句中的「可」，是說成長的手段可以自己製造；而「必須」是說，要快速成長，以創造出更多的工作，來實踐工作保障的承諾，如此才能長治久安。W 公司在下述三方面都能快速成長。

精實組織可善用一重要的成長手段，即重新思考在整體連續暢流中，哪些事可以做。我們認為，許多公司做得過火，竟想控制供應商的「關鍵」技術。而另外許多公司在這方面則又做得不夠，像伯爾恩就任前的W 公司般，因為那時大家誤以為得向大型而中央化、大量生產的廠商買東西，才能達成經濟規模效益。

茲以線材組（cord set）為例說明。W 公司使用極多數量的線材組——用來連接突波保護器和電力調節裝置與電源等。以前，這些都由供應商以極大量方式製造出來，然後分別賣給各產業的許多公司。W 公司所碰到的問題是，由於市場需求變化，常常會缺少所需要的線材組，即要不是顏色不對，就是長度不對，因此生產線經常要停頓。而補貨通常要花二週至四週，因為供應商是採分批生產的。

伯爾恩就任時就問道：「為何我們不能在連續暢流的最後端，以同一速率生產自己需要的線材組呢？」W 公司的工具工程師在研究線材組的生產經濟性時，就發現如能使用小型而簡單的機器，既可節省許多時間及金錢，而且應需求變化的能力又可極強。因此，公司就利用多出來的現金，購買小型機器並善用空間及人力來內製。

從事精實系統改善的生產者，都要以更廣義的方式來看此議題，即對每個個案要這樣問：「哪些生產活動可以直接加入『單件暢流』的生產過程呢？」這樣做，可以大大減少供應商家數，從而可善待留下來的供應商，使得改善更為容易。

該公司的第二成長策略為買下相關產品的小公司（它們多用舊方法經營），以提升公司服務的能力。該公司就用在第一波（前二年）的全面改善活動中省下的1,100 萬美元，買了五家有互補產品的公司，使銷售額增加2,400 萬美元。

基本而言，公司把1,100 萬美元的浪費（即存貨），加上它每年的機會成本約為110 萬（假設利率及儲存成本為10%），轉投資而增加2,400 萬元的營收，利潤約為240 萬。如此一負一正之間，一共多創造出350萬，對公司原本25,000萬的營業額不無小補。同樣重要的是，這五家公司的產品與既有的相輔相成，使公司的產品陣容更堅強，因而促進了整體成長率。

公司的每一項作業都可省下一半的空間（中央倉庫更完全廢掉），這對合併小公司很有助益。伯爾恩決心留住原管理團隊，並提升其水平，不過，有些小家族公司的經營者業已無心、無力戀戰而想出售時，他就乘機加以收購、合併。他買下兩家來併入費城的分公司布魯克斯（Brooks）電子。

在合併之前，此三家公司為獨立作業，面積一共用了約一萬平方米，現在則全都聚集在布魯克斯電子廠房內（約三千九百平方米），總員工數減少30%，存貨減少67%，多餘的廠房處理掉。

實際上，伯爾恩先生及W公司是電線相關產業（以「分批—等待」生產方式為主）的「吸塵器」。即W公司每買下一家公司，就可省下錢來再買第二家，也由於必須不斷地成長，才能善用所釋出的資源，所以這種合併必須持續下去。（我們在第11章會說明，某行業中第一家採用精實系統思考法的公司，會有能力也必須這樣做。）

第三種成長策略是善用產品開發制度、採取專職又專業的開發團隊、品質機能展開法（QFD）等技法，來快速地推出新產品。我們在第1章已提過，新產品線提升銷售額140%，既能新創出市場新「利基」（譯按：即獨特的生存及獲利空間），又可增加佔有率。

上述三成長策略，與該公司在生產、銷售、產品開發上，善用各種精實系統技術息息相關。的確，公司的策略就是要快速地引進這些技術。伯爾恩在以前的工作上，早就一直想快速引進此等技術，不過當時高階主管們多迷戀於策略規畫。「我以為他們的做法是落伍的、反潮流的。在每一活動中引入精實化技術，實在是所有策略的核心所在。唯有這樣做，才能提供機會及資源來支持持續並有利可圖的成長——這是世界上所有策略規畫者夢魅以求的，可惜多半因未實行精實技術而功虧一簣。」

## 五年努力的成績單

我們在第11章會詳細解釋，企業要落實精實系統，起碼要花五年時間。前三年為打基礎，再花二年來教導出足夠人數的員工，使他們了解，從而可自足、自行運作。W公司就是個好試點，結果很不錯。

先從產品開發開始談，上市時間一致地減少75%，從需要二十四至三十個月，縮為六至九個月。工程／設計人數不變，新推出十六至十八種新產品（以前，同時間內只推出二至三種新產品）。當然，在精實化之前所引進的一些電腦輔助設計技術，對此不無小補。然而，誠如本書一再強調的，任何先進硬體技術都只是手段而已，唯有在能充分善用它的環境下，才可能完全發揮它應有的潛力。在「單件暢流」、「專職開發人員」、「多能工」、「團隊共處一處」、「無阻隔、中斷的環境」下從事產品開發的話，作業上的回流、重做極少，而又可降低生產成本（譯按：由於先期投入易製性研究），並可正確地符合顧客的個別需要，從而大大促進銷售。

在接單、排程、出貨流程上重新思考一番，也會產生相同的結果——以前要花上一週，現在一天內即可全程完成。延遲交貨率比1991年少了九成以上，而且，因為公司在六產品小組內實施後拉式作業，這方面可持續改善。鍵入訂單上的錯誤，基本上都沒了，而顧客服務部內，因抱怨處理程序錯誤或抱怨未結案的數目，都從10%減為1%。

在生產方面，成績極為斐然。等效產量所需的空間減少一半，生產力每年增加二成。從進原料上線到出貨的時間，已從六週降為一至二天。存貨週轉率在1990年為3.4次，1995年升為15次。

為了達成上述改善，公司所有機器的換線／換模時間，都持續地減少，而各產品族的生產方式，也都改成「單件暢流式」。譬如以往換連續沖模要花二至三小時，現在五分鐘即可；壓延機換模在1991年要八至十六小時，現在只需七至三十五分即可；射出成形機在1991年要花二至四小時來換模，現在只需一人以手工方式，在二至四分鐘即可完成。結果，以前機器每週只能換線二至四次，現在每天要換二十次至三十次。

積極利用單件暢流方式後，在1991年要用上五至八人的作業，現在只需一至三人。在最複雜的裝配作業上實施單件暢流，JIT（及時化）和TPM（全面生產力保養）等，使得生產力在三年內提升160%。同樣重要的是，不良率改善幾乎達到每年降一半目標：1993年降42%，1994年再降48%，1995年再降43%。同一時期內，由於標準工作、拍子時間、和透明度（目視）管理，把安全、事故、公傷等次數，都降為1991年的一半以下。

綜合上述在產品開發、訂單履行、生產等方面的改善，我們發現每位員工的平均總銷售額，從1990年的九萬元增為1995年的十九萬元。然而，這些都只是內部、前後的相對績效比較值，而在真槍實彈的市場上，最重要的是銷售額、利潤、市場佔有率。令人喜悅的是，從1990年到1995年，W公司的核心事業（未開始兼併其他連盟者前的企業全體），即使在業界景氣低迷下，銷售仍能倍增，而獲利（含新進子公司）增加六倍以上。尤有進者，其成長率（含新進子公司）合乎公司未來每三至五年業務倍增的策略。

上述的各項指標（成績單）摘述於表7.2。

## 公司碰到更棘手的問題時，又該怎麼辦？

W公司的個案極為特別。它在極短時間內就轉型成功，並快速成長為產業中舉足輕重的要角。其實，在此番研究期間內，我們在全美國碰到許多類似的中型公司。

W公司的轉型之挑戰，比上章的Lantech公司大得多，諸如它的員工年齡大得多，技能更狹更淺、核心市場不景氣、管理當局心態與員工工會對立等。不過，用W公司個案來考驗精實系統思考，算得上公平嗎？畢竟，W公司只有一千四百名員工，又只在美、加兩國營運，產品及製程的技術都還算挺簡單的。有沒有哪家極老大的公司正面臨大危機的個案呢？有沒有已上市、量產、員工人數超過萬人、技術複雜而全球性運作，而供應商網路又極為複雜

表7.2　W 公司在精實系統經營下的成績單

| 指標 | 1990 | 1995 |
|---|---|---|
| 每位員工銷售值（千美元）* | 90 | 190 |
| 平均每產品的總週期時間 | 4~6 週 | 1~2 天 |
| 產品開發時間 | 3 年 | 3~6 月 |
| 供應商家數 | 320 | 73 |
| 存貨週轉率 | 3.4 | 15.0 |
| 所需空間（指數） | 100 | 50 |
| 銷售額（指數） | 100 | 250 |
| 營運利潤（指數） | 100 | 600 |
| 分紅（全薪的%） | 1.2 | 7.8 |

* 由於在同一期間內，公司把許多原本外購如線組等轉為內製，所以把它調整後，每位員工所創造的價值會再多一點。

的公司個案呢？精實系統思考可以應用在這樣的公司嗎？我們認為，上述的答案都是肯定的，所以就舉普惠公司（Pratt & Whitney）來做為最嚴峻考驗的代表個案！

第8章

# 嚴峻的考驗：普惠公司

1991年6月1日，馬克・柯藍（M. Coran）開車穿過康乃狄克州的哈特福（Hartford）市，到聯合科技公司（UTC）旗下的最大事業部，也是世界最大飛機引擎製造公司普惠（Pratt & Whitney）的總部去。他剛接到總公司大老闆的新任命——而該職務很適合他，因他做過總公司的財務控制長，也是抑減成本的專家。

普惠公司的問題，既有屬於結構性的，也有實質性的，然而尚未達絕望地步。該公司為世界最大軍用噴氣引擎製造商（在八〇年代佔全球市場三分之一），不過現在冷戰已結束——1991年8月獨立國協的反政變失敗，更肯定此為一不爭的事實。看來，軍用引擎的市場大勢已去了。

不過，當時在軍用市場所丟掉的生意，卻可由繁榮的商用市場上取得補償。該公司在商用飛機引擎市場上，也是領先者，1990年時曾趁著大好商機，在軍用及商用引擎上，共做了70億美元的生意（這破公司紀錄），營運利潤達10.1億（也破紀錄）。然而，內行人都知道，商用引擎的需求，可是一陣子大好，一陣子大壞，起伏不定，所以此種好景應不會長久。事實上，引擎備用零組件的訂單業已開始下滑了。柯藍做為普惠公司的執行製造副總，任務是要為公司做精簡化的準備工作。員工共五萬一千名，可能得減少十分之一，而且要在景氣進一步惡化前，就得整頓完畢。

誠如所料，柯藍非得馬上進入狀況不可，因為當年六月份是公司史上產量最大的月份，用公司的術語來說，全年化後的工廠工時（shop hours）為一千一百萬小時。緊接而來的是，商用引擎的訂單，從1989年的1,662台，陡降至1993年的364台。（譯按：趨勢可參考圖8.1）。

更糟的是，各航空公司多盡量使用引擎零組件的存量，而少向普惠公司訂貨——訂單從1991年就迅速下滑，到1992年只佔1989年尖峰期的63%。這對普惠公司實為一重大的打擊，因為該公司的利潤多靠此項收入。引擎市場競爭激烈，所以業界的做法都是在引擎售價上大打折扣，而靠往後被套牢的維修零組件生意來回收老本及獲利。

局勢尤其險惡的是，兩大競爭對手——美國奇異公司及英國勞斯萊斯公司也都斥鉅資來發展下一代引擎——這三大家共投下三十億美元。這是為波音777或擬議中的空中巴士A3XX（600人座）的超級引擎——馬達推力達八萬四千到十萬磅（普惠公司的PW4084引擎在1995年6月上市賣給波音777）。

由於普惠公司的產品開發週期長達四年，引擎的實際生產前置時間也長達一年半，所以很難適當回應外在環境的激變。投入資本研發PW4084已是不歸路，而許多建造中的引擎訂單又被取消。尤有進著，各家航空公司所送出的信息很清楚：九〇年代需要的引擎，是成本低廉而非高性能者，而普惠公司還要好幾年才能設計出這種經濟型引擎。

1991年上半年生意尚可，可是後來就急轉直下，一年下來生意少做了十三億，致使1992年虧損二億八千三百萬。柯藍回憶說：「我一上任，壞運就接踵而來。我了解原先只想縮編10%的想法遠遠不夠，而必須就整體事業做全盤的重新思考。」

幸運的是，就在這危機當頭，該集團的一些高階主管在精實系統思考上也已入了門，多虧該地區Wiremold公司（見上章）的老總伯爾恩先生推廣成功。再者，柯藍也有另一優勢，即他並非生產科班出身，所以沒有某些主管習於傳統大量生產方式的成見。他決心落實精實化，認為這才是普惠公司轉危為安的最佳方法。

這種想法本身就得歷經嚴峻考驗。如果像普惠這種大型、上市、高科技、本身以技術掛帥，對品質要求絕對（生死攸關）的公司（並有上章W公司的各難題），也都能很快地應用精實原則的話，那麼所有的美國公司都可適用精實系統。

## 從美式系統到大量生產

普惠公司從量產到精實化的轉化，實為一絕佳的典範，因為該公司是發展量產方式的先驅公司，可是最後也面臨不轉化就不足以圖存的局勢。它更歷經兩次像第6章的Lantech般的困境，從公司初創時的富有彈性，終於陷入量產的泥沼中。

普惠公司是在美國內戰（1861~65）前由Francis Pratt及Amos Whitney共同創立。這兩位「美國佬機工」是在1855年進入S. Colt軍火產品承包廠學習的。他倆利用Colt廠房及工具，雇用一些工人來生產Colt牌手槍、來福槍所需的零組件。

就我們個案的歷史來看，必須提出一要點，即他倆也自製出四百台加工機器工具及量規。Colt的目標是將槍隻的生產完全機械化，零件完全可互換而不需手工調整。人們稱此一方式為「美式系統」，它不同於歐式系統——即零件個別以手工精製而成，再逐一「裝配」成槍隻。

他倆在1860年離開Colt成立普惠公司，當時所立下的製造基本觀念影響公司至今。他們相信：製造特定零件時，採取專用機是最佳的辦法——可能的話，宜採高速量產方式。他們也相信，相同機能的機器，要擺在一起成為一部門，並以成批方式生產，再採換模方式來做下一產品。換句話說，他們的原則是利用我們現在熟知的，以特定精密機器並且用「分批—等待」方式來組織工廠的運作。

此後六十五年，在兩位創始人的領導下，普惠公司從一由創始人可直接管理的小工廠，成功地成長為大型公司。各部門專司某一特定製程——鑄造、鑽、攻螺絲、熱處理——公司並自行製造金屬加工業所用的車床、磨床、銑床、切削加工機、搪床等所需的零件。該公司也很早就發展出零件檢驗用的精密量規，與其工具一起賣。隨著經驗的累積，該公司的機器日益複雜，功能日強，再加上材料科學猛進，公司可用預先硬化過的金屬來製造各種形狀的零件，而不用擔心在以後的硬化步驟會干擾其互換性。儘管有這些進展，公司的基本生產觀念並沒有改變。

## 巨鷹飛揚

1924年夏季，侖次薛勒（F. Rentschler）辭去萊特航空公司總經理職位，因為該公司的投資銀行不買他的建議，即製造更大型的星型（徑向）水冷式引擎，來取代該公司當時才投產製造的旋轉式萊特引擎。他堅信，唯有這種水冷式引擎才可使商業民航機行得通。

由於美國海軍支持侖次薛勒，他就另找財務支援者。他在1925年接觸普惠公司——當時該公司生意差，廠房、工具閒置甚多。他更發現當地有不少精巧而熟練的技工（能製出像普惠公司所製的零件），而這正是飛機引擎製造時所不可或缺的。

他的提議與七十年前普惠創始人在Colt任職時所做的類似。即善用公司在精密製造業的聲名，在公司內另外成立普惠航空引擎公司來製造引擎。普惠公司就借他一百萬美元來換取半數的股份，而新公司則可利用既有的廠房及工具。1925年7月雙方達成協議，於是侖次薛勒又重回航空引擎業。

當時航空引擎的設計方式，仍然採用試誤法，即先造一原型，並加以測試，直到它失效為止，然後再強化失了效的零件、換新，再測試該設計。侖次薛勒深知，此行業要成功，關鍵點為吸引眾多經驗老到的技工加入，並盡快做出更大型的萊特式引擎，而且在初次試驗就要沒問題。他不只很快就說服某些萊特公司的資深工程師跳槽加入，而且他所組織的新設計團隊，進步也極為神速。

普惠的六位工程師及二十位技工（當時全部人員僅三十位），在九個月內就設計出新引擎（名為黃蜂〔Wasp〕，零件數約二千個）。該製程並有一項創新訣竅（譯按：鋁製凸輪軸），可節省重量。建了三次原型，然後交給可能的顧客試用——經過測試，它比萊特氣冷式引擎多一半馬力（四二五馬力），而且比同一馬力水平的液冷式克爾提斯（Curtiss）引擎輕得多，它的重量只有650磅（而非克爾提斯的1,650磅，此為當時空軍所用的標準引擎）。

因此，軍用機及民用機的顧客訂單紛紛進來。到1929年，普惠已成為航空引擎業的翹楚（當時業界規模尚小，不過成長快速）。公司很快地建立起高可靠性能的聲譽，並被選為下一代商用客機指定使用引擎——從福特航空的三馬達（Tri-Motor）型開始。該公司的商標也鷹揚世界，威名遠播——每一引擎上有隻美國巨鷹，外圍並有Pratt-Whitney-Dependable-Engine（意指「普惠—可靠的引擎」）的字樣。到1929年，侖次薛勒已有財力買回普惠公司所持的股份，並建立新總部。

開始時，普惠的三大關鍵性工作——新產品的設計、訂單處理和生產——可以有效地以簡單的組織方式來完成。事實上，海軍的前二百架黃蜂引擎訂單，就是在一大廠房內，由一群手藝高強的技工與少數產品工程師直接互動而設計、生產完成。

到三〇年代早期，生產量已從以「打」計算增加到數百架，因此，類似第6章的Lantech組織上差異化已有必要。公司於是設立諸如銷售、工程、原型之製造及測試、品質管制、採購、生產、和售後服務等單位。各部門內再設立特定的工廠，如在生產部內有熱處理、塗裝、最後裝配等。只要普惠公司一直只有一項產品在研發中（例如在黃蜂引擎之後的Hornet，其馬力提升至五百馬力），而且只生產黃蜂一式引擎，那麼此種系統即可應付裕如，因為這不需要跨部門來管理。

然而到三〇年代中期，普惠公司擴充它的產品線，除了黃蜂外，也提供小黃蜂（三百馬力），及雙胞黃蜂（八百馬力），並進行一系列新引擎形態（configurations）試驗，所以組織上需要另作安排。公司創設「專案工程師」，直接向負責工程、生產的總主管報告，由他負責協調某產品線（如黃蜂）在各部門、工廠移動時所有的設計、生產、安裝等活動。此種專案工程師之編制，只是單兵作戰式，資源甚少——今天我們稱此種為「輕量級計畫主管」——但是這表示在概念上有點小突破，能跳出各職能及當時一般管理思想的框框。的確，用專案工程來監看整個價值溪流的想法，實在是本書所提倡的精實系統原則的濫觴。

三〇年代公司大幅成長，工廠也得有一番變革來配合。開始時，所有的金工及切削工具都用小機器——車床、鑽床、銑床、搪床等等——都可以依實際的工作流程之順序排列。譬如說，在1936年時的汽缸廠的組織方式為：

「……第一工廠……繼物料檢驗及實驗部之後，緊接著為汽缸單位。主走道一側擺著許多製成的鋼汽缸桶體，另一側有製好的鋁合金缸頭，此外，桶體及頭體已裝好（即加上閥座、襯套、閥導等等其他小組件），以利汽缸離開部門時，可以直接送到成品儲存部。……由於採用不同的備用零組件，實際上大概有五十種不同的汽缸設計需求。設備的佈置方式是採循序式，物料的運送能以直線方式移動。當然，並不是所有的汽缸都要動用到所有的機器。」

主連桿等、曲柄軸箱、曲柄軸、活塞、搖桿軸、閥導、凸輪等，也都有類似的工廠。這些概念，類似本書所提倡的「工作群組」方式，而且當時的廠長對「暢流」的根本特性也了解：「……生產方式相當簡單。原料從經工廠前門的鐵道或卡車運來，然後流經各不同的生產部門，直到後頭的成品倉。」

然而，「連續暢流」方式，僅限於裝配及其他可用簡單機械製作的活動上。對於鎂及硬鋼合金零件機械加工、熱處理、塗裝和拋光等，都分別設有特定的部門。由於大多零件都需要某些上述的作業，所以許多材料在各工廠之間來來回回轉移。

此外，並建立精細的中央化倉儲區、工具間和檢驗站。當時大家認為下述為理所當然：品質檢驗要由與生產單位獨立的技師做，並向該處最高主管報告（而非向生產主管）；利用中央化倉儲系統，可以更嚴格地控制工具、夾具和零件在製品等。採取這種運作方式，表示每一工人在各主要生產階段（含切換生產線），都要與中央庫房打交道多次。

最後，公司的哲學是：要在引擎完全裝好後再測試，來偵測出缺失，因此在工廠後頭，會有一系列的測試群組單元。每一引擎都要在那兒測試八至十三小時，然後再完全拆解並檢查每一零件，必要時更新之。然後，再重新組裝好並運轉五至十二小時，如果沒問題發生，就可運出交貨（譯按：此程序符合聯邦飛航管理局及顧客要求）。由上述可知，這種最後的安全保障措施，可反映出普惠公司的心態：「先裝配再修補」。這種心態，要到1994年才扭轉過來。

我們知道，到1936年，即使廠房佈置及產品線都相對地簡單，可是要把產品做出來並交出貨，也得大費周章才行。普惠設立了有組織的「短缺清單（火速清單）」及「跟催貨員」，而且總經理助理會熱切地告訴同儕，他們是以「高科技方式」來管理的：

> 「你也許該知道，所有的『火速清單』及『跟催項目』都是在倉庫內，由電子計算機的Hollorith卡，即電子方式處理，並在排程部及跟催部即時印出來的。這是我們之所以能有效率地管制工廠的一主要原因。」

簡而言之，普惠公司再次從精實生產方式轉為大量生產方式。其中最大的創新為：更強調在特殊而專門化的部門內設置複雜的工具，並藉由自動化的資訊系統來做全面（從原料到成品）管理。

原來期待「專案工程師制」成為組織上的一大創新，可惜落空。據總工程師侯薄（L. S. Hobbs）在1939年寫給他主管的報告：

「很顯然，事實上在我們公司內，專案工程師並未能發揮預期的作用。」專案工程師淪為產品開發部內的「輕量級主管」，致使產品的進度，並無專人或專責小組負責，而任由銷售、排程、生產及安裝等單位自行努力，並依中央資訊系統的跟催而奮鬥。

## 二次大戰促進量產

大戰期間，訂單數量先從數百台突增到十萬台計，這促使普惠公司成為一大量生產引擎的大廠。由於缺少技工，所以新的加工工具的設計，需要極專門化，以利由稍加訓練的員工操作。隨著此種分工化持續發展，許多工廠只負責某一工程任務，而且數目不斷增多。尤有進者，由於訂單數量龐大，所以有些零件的製造，能在專用機上一做數年，而不須換模、下機。這使得製程中的存量（WIP）、生產系統內運送時間、測試區內的修換工作，以及管理上的複雜度，都大幅增加。不過，由於大家最關心的產量也大為增多，所以大家都不會覺得有問題。

不出所料，在戰爭快結束時，全公司的工人心態已定型了。資淺的員工多不再是高技能、半自主的技工，而是更專門化的技工，所負責的工作多為可互換的，而管理控制方式也更嚴格。傳統的工會對員工並沒吸引力，不過，隨著現場局勢及工人心態不穩，1945年「國際機工工會（IAA）」輕易地在公司內贏得選舉，並正式成立工會。工會為「配合」管理階層的分工措施，也制定出極為複雜、瑣碎的工作規範及抱怨處理程序。

大戰的第二項重要影響在於產品開發。產品（徑向引擎的形態組合）日益複雜，馬力要求日大，所以這對技術職能的要求頗高，以致需要材料專家來發展新材料，結構工程負責解決重量及耐久性問題，航空動力學專家來處理引擎附近氣流等問題，機械工程師負責把成千的引擎零件裝配完成。普惠公司的工程處，就設有上述各專業工程部門。

戰爭結束時的「黃蜂少校（Wasp Major）引擎」中，有四列（共三十六架）汽缸，轉動單一曲柄軸，馬力特大，可產出四千六百馬力（以前的黃蜂只有九汽缸，四二五馬力），堪稱當時純機器裝置中最複雜的產品。

## 噴射式巨鷹

二次大戰時，由於美國政府指引普惠公司等要堅守本行：設計並建造往復式活塞動力機（引擎），而其他新加入此行的公司（如奇異、西屋等），遂得以在噴射式引擎上領先。因此，戰後普惠公司所領先的技術，事實上是毫無前途的。更糟的是，公司對前途無限的噴射渦輪機一竅不通。

1946年該公司毅然放棄活塞引擎的研究，而想直接躍進噴射時代——主力產品為雙軸式軸向流動噴射引擎，其馬力數及複雜性能絕非以前所能想像。而另一家對手C-W公司則因固守活塞式引擎，終於在五〇年代初退出市場。

噴射引擎的基本原理，固然與活塞引擎極不相同，然而同樣需要現行公司內所有的工程功能。材料科學家要關心超高溫下的材質；結構工程師關心整體渦輪機的振動問題；航空動力工程師關心經渦輪葉片及壓縮機的氣流；機械工程師則同樣關心新的旋轉式引擎零件的細部設計。它的最大不同處是，科學知識（譯按：非以前的「工藝」）成為主體，而且需要更大的努力、投入。

隨著需求日漸深奧，公司的各技術職能變得更封閉地埋頭苦幹。開發部門的專案工程師感到各部門的藩籬日深，而各工程部和製造單位並會相互指責對方出錯。

然而，進入噴射時代後，該公司的生產系統並未大大改變。各部門仍以專門機器進行批量生產，只是在七〇年代，更加入許多由新科技開發出的專用機，如電子束融銲機等來製造引擎。每台引擎也經過廣泛的測試、修理後才交貨。工廠中流傳的一則笑話是：零件在廠內轉來轉去的距離，遠遠大於以後的飛行里程。然而，看來並無更佳方法可循。

公司從1946年投入噴射引擎研製，到了1952年，在技術上及商業上都有成就。該年B-52轟炸機（八引擎）上就是用公司的J-57引擎，而到五〇年代末，稍加改良的JT3引擎成為波音707及DC-8所用的引擎。公司再接再厲，推出全新的引擎JT8D，業主囊括了波音727系列、DC-9系列及波音737。在1970年，美軍更給該公司的F100引擎獨佔合約用在F15及F16戰機上，使普惠公司成為航太引擎業霸主。到六〇年代末，該公司佔世界民航機引擎九成（蘇聯系統除外），並佔美軍一半的佔有率。

在這逐漸成為業界霸主的過程中，公司的量產系統也日益完善、標準化。生產工作之任務，都細分給各專門機來分批製作，前置時間甚長。而在產品開發期內，則由「輕量級」的專案工程師負責協調各壁壘分明的單位。

事實上，此系統雖然不完善，但在當時的環境下仍然適用。因為在過去數十年，航空業是受管制的行業，民航班機的競爭主力在「服務」，而軍用機則重視「性能」等，「價錢」都不是重要因素。再者，由於材料及航空動力學上的突飛猛進，使得引擎性能大幅提升。由於普惠公司在技術上領先，所以即使在開發、生產、服務上，有些時程緩慢及成本高昂的缺點，客戶尚能接受。

在此一黃金時代，新產品的規格之訂定，都是由資深工程人員主宰。他們決定在下一代產品中要引進哪些技術，並指定如何在引擎中落實，然後計算生產成本，再加成做為售價。由於在生產階段中，並未詳細加以記錄、追蹤「成本」，結果只能由最高主管辦公室內的損益表才能知道盈虧，而此時即使想要加以矯正，也已為時太晚。

到八〇年代，機體製造商開始提供由顧客選擇雙引擎或三引擎的設計方式，即顧客可從普惠、奇異、勞斯萊斯三家引擎公司自行選擇。由於競爭局勢日烈，每家引擎公司中，常常先虧本贏取生意，再從售後服務用的零件（尤其是獨佔的渦輪葉片）買賣、服務中來賺錢——以JT8D引擎為例，其生命週期內的售後服務收入，可能為引擎售價的五倍。這種局勢，使得生產單位的成本管理更形混亂，因為從售價上看是大虧老本（即遠低於生產成本）。

此一成熟、量產系統的最後一項特性是：接訂單方式極怪異。因為製造引擎的前置時間要兩年，而製造飛機則要三年，這些因素使得戰後的訂單起伏甚大，如圖8.1所示。

航空業者一走出不景氣，就會趕緊下單買飛機及引擎，不管用不用得著，因為它們的生產前置時間甚長，必須先卡位；而銷售部的做法則是訂單愈大，折扣就愈高，以利將來從售後服務撈回老本。在生意清淡時，商用訂單也可能被取消，不過這常能由軍用引擎來補償。而且，如圖8.2所示，雖然八○年代的引擎生意差，可是服務用零件的行情卻大好。

結果是，員工人數起起伏伏，不過它遠比訂單穩定得多，如圖8.3所示：有時固然會有些裁員，不過很快就會補足員額，所以大家總以為，保住飯碗並不成問題，尤其資深人員更自以為如此。

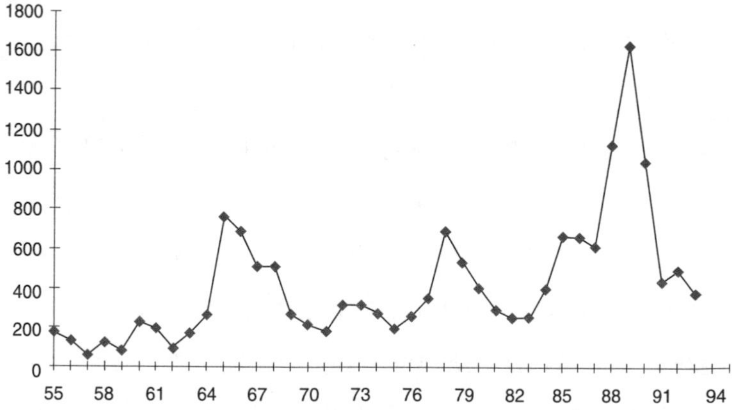


圖8.1　商用噴射機訂單

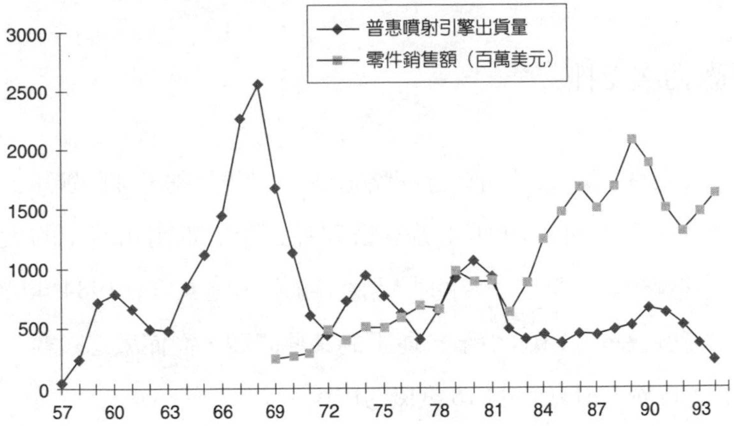


圖8.2　噴射引擎交貨及零件銷售

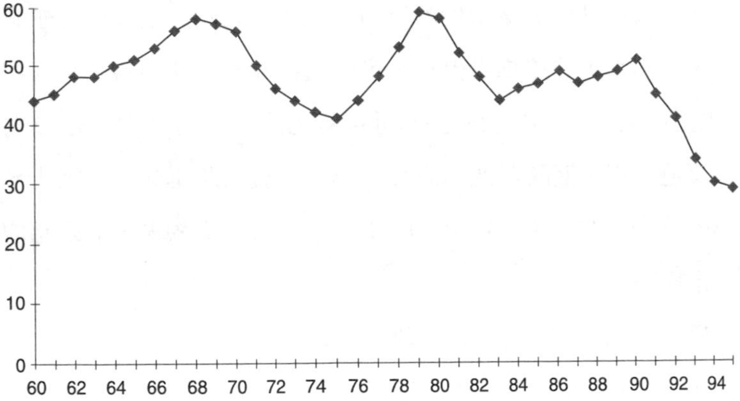


圖8.3　普惠的員工人數（單位：千人）

## 巨鷹初次受挫

大公司在陷入危機前，其實都已飽收世界情勢丕變的警訊，只是多半充耳不聞。1991 年普惠公司在民用、軍用市場上的大挫敗，其實也並不是第一響的「覺醒」號角，因為它在1984 年時，就未能解決軍方F100引擎營運上的某些問題，從而激怒顧客，引進對手奇異公司來平分F16 戰機的市場。

同一時間，它為波音757 推出的PW2037引擎，也激怒了航空公司顧客。普惠的引擎雖比勞斯萊斯的RB211-535 較為省油，價格也富競爭力，不過機械上卻頻出問題，使得航空公司不得不停飛某些班次。誠如某位專案工程師所回憶的：「我們像是一位老態龍鐘的棒球打擊手，球路還看得到，可是因揮棒不夠快而落了空。我們在問題出現前一年就知道了，而且努力改善，可是由於組織太龐大，反應太慢，而跨部門溝通又不良，終於功敗垂成。」因此，在四萬磅推力級的引擎市場上，即使普惠上市時機領先，卻只能取得一半市場。

最後一點，該公司對需求趨勢判斷錯誤，以為有雙走道的廣體飛機會成為市場主流，所以不願意為波音727 及737 系列飛機再開發新引擎，以免與暢銷中的JT8D 自相殘殺。波音公司在八〇年代決定加長737 的機身，並升級其系統以運載更多旅客時，普惠公司因而沒有既省油又現代化的高涵道比（high-bypass）技術引擎可提供。該市場遂為美國奇異公司與法國CFM 的合作產品所掌握——

而737最後竟成為世界最暢銷的機型。另一方面，空中巴士推出A320來與波音737對抗，所以一百人至一百六十人座的單走道飛機才是市場主流，普惠公司因誤算而喪失大好商機。

## 有改善但不夠好：必要但不充分

在八〇年代中，突然之間，普惠公司所有主要產品類都面臨競爭，總體市場佔有率一路下滑。再者，全產業的總交貨量也下降，因為一般的設計，已從四引擎轉為雙引擎。而公司當局可也不是坐以待斃，當時曾推出三大革新，對組織造成猶如地震般的影響，其中二項革新是針對生產部，另一項為溝通生產部與開發部之間的隔閡。

大革新在於產品生產系統，即1984年引入「營運上有焦點的工廠」概念。它把產品流水線及事業單位，都各依零件、類別來組織化。該公司工廠之結構，因拜二次大戰、韓戰及越戰、冷戰之賜而興盛，由各小工廠（彼此相鄰而無關）雜湊而成。例如有人曾記錄某零件在廠內所移動之距離，結果為十八英哩（未計廠與廠之間的距離）！

1984年，公司重組各設施，使每一處負責一主要類別的引擎零件。北廠區負責渦輪機片，南廠區負責旋轉體和圓盤，中廠區負責最後裝配。每一廠內的實質生產作業再加以分組，並在工具條件允許下，依合理順序排成「流水線」。此實為該公司三〇年代哲學的實踐。

最後，每一零件類——例如JT8D引擎的高溫渦輪葉片——歸入某「事業單位」負責，該單位的主管知道總營運的成本。他要依總排程（現已不用巨大的物料需求規畫〔MRP〕軟體），適時地以適當的成本做出零件。

在八〇年代中，公司高階主管了解「噴射引擎」業已成熟了，所以得考慮設計上的「標準化」，譬如各種高溫渦輪葉片的鉻成分都應一致，不必為可忽略的改善而費勁微調。以前，該公司各零件類的設計工程師都遠離顧客，埋頭各訂各的規格、成分呢！他們的心態是「但求創新、性能，其他不重要」。因此，對原本近乎相同的東西，必須要設定不同的生產方法，弄到最後，工法變成極為複雜。

高階主管們確信：許多「新奇」設計，只是好聽而已，反而會使開發及生產成本大增。於是，就組織了一跨職能的小組，來評估公司內常用的零件及製程，從而在「零件的設計、材料的選擇、製造技術」上，都訂出「標準」。凡是工程師要採取與標準不相同的新設計方式時，必須先說服相關人員，新法的確較好。實施此一制度，實際上既可大大減少新奇的方式，並可降低成本。

八〇年代末，因為「專案工程師制」的協調力低弱，而且其績效不彰日益明顯，公司就藉空軍提倡的整合產品開發制（IPD）來補強之。IPD的基本觀念是：成立引擎開發的跨部IPD小組，來解決跨部門的問題。它與當時公司的全面品管（TQM）「計畫」（名為「Q-PLUS」）相輔相成。

上述三項創新的成績雖然不錯，不過仍不夠充分。新引擎上市時間，以PW4084（1995年6月上市）為例，已從原先平均五年，降為四年（採用IPD）；它在工程上所花的時間，也約有二成的改進。新的工廠佈置，業已使得各零件的「交通」時間減少很多，不過由於「流水線」上各機械仍採用「批量方式」來作業，所以各機械的前、後方，都有不少存量。工人的配置方式，仍是一人負責一台機械，他們的大半時間，在等待問題發生，然後再加以解決。另外，機器多相當龐大而且為專用型，因此，它們無法成為流水線的一分子。更糟的是，由於公司高階主管並未能持續地依製程及零件設計之改變，而調整此等大型機械，以致即使有上述的努力，仍然退步。引擎的前置時間*（從下訂單算起到交貨），在八〇年代末，可以從原來的二年減為十八個月，然後就無法再進一步改善了。事實上，如能採用精實系統方法，就可以把它降為幾個月，甚至一個月即可完成。

到1991年，公司績效的確比1983年大有改善。（上文中提到的零件需旅行十八英哩，現在只需九英哩即可。）工廠仍像1936年的流水裝配方式，而採用IPD制，使得協調上稍有進步。這些都值得記下來，因為它們奠定了未來精實革命的基礎。公司雖大有進步，不過仍不足以應付新的危機。

## 富創意的危機對策

當1991年，公司面臨另一存亡攸關之「危」「機」時，大家不免有點不知所措（而提出許多對策、點子）。

有一派的想法——不妨稱之為「產品工程師之夢想」——希望能採取直追下一代技術之策略。例如「高級導管推進扇（ADP）」為利用引擎前頭有可逆轉的葉子之大型風扇概念，好處是既可省油，在著地時並可使其停止。

然而，由於噴射引擎已經頗成熟，所以這種改造，最樂觀估計也只能省6% 到8% 的油，可是它會使機構變得極為複雜，飛機並不見得會加快，維護費又會增加。此外，IPD 所依靠的新輕型結構等，也要再等幾年才會就緒。僅管美國政府會輔助它的開發，可是有點遠水救不了近火。

另一派的想法是「財務人員之夢想」——即逐步縮小公司規模，而就每一引擎的主要零件，都能找一家外國投資夥伴來合作，從而使公司本身成為一「系統整合公司」，只負責設計，而將製造多半外包出去。因為有許多外國公司想學習設計、製造引擎，所以賣給各國的航空公司時，他們願意花錢從零件著手。此構想既可坐收現金，又可解決銷售上的（國家）「政策性」難題。此種做法有風險，即以後可能要受制於夥伴，或因對方急著要自立門戶而有所衝突，甚至被排擠出局。

第三派要求根據「精實原理」來重新思考公司的三大活動——新產品開發、銷售及訂單處理過程、生產。這派要求先從生產著手，使它的成本更低廉，而又能兼顧顧客之聲（要求），然後再做好其他兩項。這正是柯藍在1991 年秋天所採取的做法。

## 變小、變成真正暢流

柯藍的第一步，是處理公司顯然過剩的空間、工具、人員。他在1991年12月宣布，在一千一百萬平方呎的廠區中，有二百八十萬平方呎要關閉。他接著宣布，所有產品都要盡可能採精實原則，變成連續暢流方式，以期在未來四年內成本降35%（以固定幣值計），生產前置時間從十八個月降為四個月。他並任命總公司來的達摩兒（Bob D'Amore）為新設立的「持續改善室」主管——他在八〇年代中，曾協助美國摩托車大廠哈雷轉型成功。達摩兒要負責普惠生產系統轉型為連續暢流之變革計畫，直接向柯藍報告。

其次，柯藍開始大幅減少供應商數目，只留能長期協力、互相提攜的，並派流程改善小組去協助改善。

此番改革誠屬不易，因為員工中有許多人終身只為普惠效命，甚至是家人代代為普惠人。他們經歷過多少次生意上的起起伏伏，心中莫不期望這次不景氣能很快過去。達摩兒所要做的，幾乎事事與他們所熟悉的相衝突。譬如說公司一向一人管一台機械，而他卻要把機器重組成「工作群組」，一人負責二、三台機器。他又大肆批評公司讓工具「愈大、愈複雜愈好」的心態，並不符合精實系統原則。尤有進者，達摩兒並未承諾在改革成功之後，大家可以保住飯碗。

柯藍回憶說，當時的情況，有點像是一小隊的人員，只單憑新理念，就向廣大地方開砲、入侵。「改革極為艱難，我在1992年時，頗懷疑我和達摩兒會成功。每位主管都口惠而實不惠。」柯藍很幸運，上級給他關鍵性的支持，而他的運氣也不錯。總公司（UTC）的新總經理喬治・大衛完成了精實系統思考的教育，而且上章Wiremold公司的主管伯爾恩在UTC集團定期聚會上的講演，也頗令人印象深刻。據大衛回憶：「他問我們一極簡單的問題：為何我們需要如此多的人員、空間、存貨、工具，可是成績卻如此乏善可陳？他接著說，我們與最優秀的公司如豐田汽車及大拿哈（Danaher，參見上章）相比，簡直是糟蹋資產，經營不得法。他指出我們事業中所有的種種『浪費』現象，真令人汗顏。」

「因此，我在1991年秋去參觀Wiremold公司，得到很大的啟示。多年來，我是負責工程方面的高階主管，可是從未管理過某一工廠。從他們在Wiremold所做的改善、變革，我看出將來的希望所在。」所以在柯藍等人向他訴說推行精實革命的挫折時，他馬上要借東風（請岩田及中尾導師）來補強。

## 只具備精實知識還不夠

中尾先生在1992年5月開始坐鎮普惠公司。他剛去一下子，就有戲劇性的成果。在一週內，就把城中廠整頓一番，使得所需的人力、空間及工具減少75%。他不搞長篇大論，就開始做範圍廣泛的持續改善工作，效果遠比達摩兒原先預想的更為深入而且更迅速。誠如柯藍事後回憶：「導師最主要的貢獻是，永遠改變了我們認為哪些可能做得到，而且能在極短期限內就成功！」

然而，從1991年開始，新引擎的市場及售後零件的生意都大幅下跌。即使達摩兒想努力理清現行的價值溪流，每日的工作量仍然不斷下降。從1991年的一千一百萬年工廠小時，降為1992年7月的八百八十萬工廠小時。

再者，公司根本也無法支持各種孤立的作業改善活動，因為它既沒有組織結構等資源，也沒權限及能力來管理、跟催數以千計的日常小改善活動。尤其令人難堪的是，許多主管極力抗拒新系統，所以頭一週的神奇效果，很快就化為烏有，大家又回復到老辦法。

最後，由於生意加速惡化等情勢，正顯示出問題並不只是在「工廠規模多大、計時付薪員工數目」等而已，而是公司必須全盤檢討。

## 第二位變革管理者

總集團公司（UTC）總經理大衛先生極注意普惠的發展，因為它的影響力頗大——一向在集團中規模最大，而且獲利極佳。現在由於普惠突然虧本，使得UTC的收入及股價都受累，即使其他單位的表現並不差。

1992年秋，大衛認為他該找個新人來領導普惠，因為現任總經理一輩子都在普惠工作，許多做法已根深柢固。集團中另一位開立冷氣公司的總經理克雷佩（K. Krapek）先生，正值大有為的四十二歲，他既懂得精實系統思想，在改革上也是條鐵漢，任務不完成不罷休。「他為了達成任務，絕不留情面。」

我們介紹過許多主管如何「改宗（改信精實原則）」的故事。克雷佩很早就接觸精實原則，可是要等十年後才有機會廣泛地推行。他是GM（通用汽車）學院的工業工程學士（普度大學工業工程碩士），在GM內負責營運，升遷頗快。1979年成為GM有史以來最年輕（三十一歲）的裝配廠廠長，管理龐帝雅克廠五千名員工。

他上任後，發覺工廠的最大特色是：待裝配的引擎存量奇多——即使在1979年的不景氣時，仍有三個月的存量呢！他知道這是麻煩之源。如果能讓引擎在要用的時候再送來，對公司會有莫大的助益。

他擬了計畫來清理引擎。他教供應商每隔三十分鐘，在需用時再交出引擎。此做法的效果極佳，而且顯然對其他作業也有好處。因此，他思索如何來推廣精實系統概念。然而卻出了大問題，有一次由於供應商未能準時交貨，使得整個工廠因此停擺，工人不得不提早四小時下班。上級就追查責任，責怪他為何不準備緩衝存量！他飽受苛責，甚至受到威脅，飯碗就要保不住了。

由於他往更高層上訴，才得以倖免被革職。他終於領教眾所周知的事：在高階主管不懂之前，而又缺乏組織上支持時，不能枝節地引進「精實、暢流」等概念。所以當任職奧的斯（Otis）電梯（UTC集團之子公司）的大衛向他挖角時，他就決定一試。

他很幸運，由於奧的斯總部也設在普惠所在的哈特福（Hartford）市。他在1987年聽到傑克煞車公司及大拿哈公司事蹟時，雖然頗感興趣，不過因為奧的斯電梯公司近八成的「製造」（安裝），都是在工事現場做，所以看來並不能馬上運用到精實原則。

他在1990年從奧的斯轉到開立冷氣當總經理。由於開立是純製造廠，全部的成本都在廠內或供應商處發生，正應用得上精實原則。因此他就向伯爾恩請教，並聘請中尾及岩田當轉型導師。他們很快地就把原先的「部門化、分批化」生產方式，改為「單件暢流化群組」方式，而且成績顯著。

1992年秋天老闆來電邀請，克雷佩雖然可以馬上上任，然而並不心動。老闆向他說：「你必須轉任普惠。」他回答他想留在開立，好把精實原則徹底落實。他還說，他出身通用汽車，不再想回到像GM般科層化的公司。不過老闆卻說：「你到普惠去，可不像你在通用一樣，只是個中級幹部而已，你可是總經理。如果你不想讓普惠變成像通用一般的恐龍，不妨把它變成豐田或更棒的公司！」他只好從命了。

1992年底他上任時，他知道必須擬出大改革計畫，並要很快執行。根據新市場趨勢分析，新引擎方面的生意幾乎快停擺，到1994年，工廠的使用率會落到1991及1992年高峰時的一半而已。可是，公司依然採取職能部門別方式來運作，溝通不良，間接成本高，而且許多事都想自己來（自製）。

他首先加速柯藍所做的外包評估作業。很快地，就把鋼板成形、齒輪及齒輪箱的製作、鋼引擎圓片製作等項目外包。

下一步，把二千餘零件歸為七大類，並分設產品中心來管理，即打破原先的組織架構（除第八中心仍為裝配外）。每一中心都由一名總經理負責，向柯藍報告；然後打散原先中央部門，如採購、品管、細部零件設計等，大多分到各中心去。採取了這些措施，即表示原工廠要關閉大半，並要大舉搬動，使得各中心得以集中在城中廠的大廠房內，形成近乎連續而暢流的運作方式。

他必須大幅精簡人力，更要裁撤某些設施。誠如他所說的：「工廠每週的產出為三部大型引擎、六部小型引擎及一些零件，全放在我的辦公室裏都綽綽有餘，所以，為什麼需要千萬平方呎的廠房及倉庫呢？」

此外，普惠以前工會化極徹底，每一工作範圍極窄，共分為1,151類（平均每十人成一類別），並採用極複雜、精細的制度來分配各項工作，所以一旦工作形態稍異，許多人就得變換工作。現在它必須改成「多能工、輪調式、每人看多台機、連續動作式」，才能配合新的價值溪流制。

1993年春季，公司最高階主管與工會（IAM）及州政府進行一系列談判，終於達成計時工人數目減少之協議（從1991年的五萬一千人減為1994年底的二萬九千人），而且新的標準方式為「彈性工作、積極參與工作設計及工作標準的訂立」。州政府同意協助再訓練離職員工，公司的交換條件是：只要大幅提升生產力的目標達成，就不再把工作外包或轉由其他州的普惠廠來做。

## 移除障礙

解決了縮編及勞工管理問題之後，他面臨了第二道大難題，即公司既有的主管或不想或不能管理新設的產品中心。在八位中心總經理中，三位是外聘的專家（曾在奇異公司有經驗），不過其他五位看來是不知所措。

難題可分為兩種：如渦輪舵機（airfoil）廠的資深主管，的確全力投入變革，並雄心勃勃地要把分批式生產改成單件暢流式，可惜由於技能不足而無法成事，致使訂單積壓甚多，顧客深不以為然。

對付這種不知所措的主管，公司傳統的做法是請他走路。（零件工廠的主管，口號一向是：「準時交貨，你就沒事〔即使出的是爛貨！〕」）當局現在要試行新法，即凡是能用心改善的人，就不必為失敗受罰，而只把管理者調職，另請熟悉精實轉型的專家來負責。

另一種難題是，某些總經理不願改變他們的做事方法。1994年春，中尾先生在城中廠又來一次戲劇性的表演：他走入廠房，快速看完周遭，就告訴總經理，裝配一台引擎的時間，可以從當時的三十天降為三天，空間只需目前用的一半，人工小時可減少三分之二，零件及引擎在製品的存量，則必須減少90%。此外，現行採用的「在工作台上裝配」方式，必須改成「連續暢流」方式。而且，應該說到做到，馬上開始改善。

對此，該總經理及其助理們不表同意，因為公司如此複雜，所裝配的又是如此複雜的產品，又必須用高技能的員工來矯正上游所犯的過錯。他們答應目前所能做的是，先擬定長期改善計畫；公司很快就會讓這些主管們離開，而請外面的高手來擔任。

從1991年至1994年，公司營運事業部的高階主管人數，從七十二人減為三十六人（其中半數為新聘用）。我們發現，在成熟而建制化的公司從事精實轉型時，這是必要的措施之一。

## 修正兩關鍵性活動

普惠公司的生產包括：基本活動，即零件自製；再把它們和外購的零件裝配成完整引擎。我們各舉一例來說明其轉型過程。

## 十億美元的房間

挪蘭恩（Ed Northern）所管轄的廠房為一大單間，長、寬各約三百公尺，在1991年有一千三百五十名員工和六百台複雜機器，年產值十億美元，產品為渦輪葉片（業界習稱為「剃刀片」）和導引輪葉（vanes）。由於引擎常以虧本或近乎贈送方式賣出，而靠售後更換「剃刀片」等來賺錢（通常是賣一片賺數倍成本），所以此間廠房是公司的搖錢樹。

在1993年，該廠的問題是成本太高，所賺的利潤無法維生。更糟的是，該廠在轉型為精實方法時，在交貨期上卻出了問題。也就是，待交貨的訂單累積甚多，使得公司現金週轉力惡化。挪蘭恩在1993年8月上任時，所面臨的正是生死關頭。

八〇年代早期，他就任於奇異航空引擎時，對精實系統開了竅。他首先試行單件暢流方式，後來，他轉到某家專做引擎葉片維修的公司。由於該公司的發展有限，所以柯藍1993年夏季邀他，並答應他可全權自由發揮精實方法時，他就跳了槽。

他所管的廠曾在1984年引進所謂的「流線生產方式」。其實，它是零件流到固定的大型機械，更像是「水壩及灌溉小水塘方式」。而最令他吃驚的，倒是品質問題嚴重：在許多製程上，能在第一道就做好的比率低於10%。由於必須一次一次地修正，所以交貨常會嚴重延誤。

他馬上採取一系列措施（希望讀者對這一套已經熟悉了）。首先，他評估一下人員需求，發現只需要現在一千三百五十人的60%即綽綽有餘。同時，他做些員工調查，發現有不少人不可能在他計畫轉型後的環境下做事。因此，他必須縮編並即時更換主管班底，一次就完成，以利改革、領導。

下一步是為整體葉片及輪葉事業做一價值溪流圖，使它能確切疏通每一產品族的價值流，並把每台機器改裝，使它們在必要時容易搬動。（譯按：做法是在機械下設棧板，天花板上另設新電氣、氣壓等系統。）然後，把機器按製程順序排成各群組，使得大部分都能採取單件暢流方式。

如此整頓後，立見驚人成效。在二年內，就把過期而待交貨的八千萬美元零件降為零、存量減半、許多零件的製造成本也減半，人工生產力幾乎提升一倍。簡而言之，成果與所預期的相符合。然而，此時碰到一極大的問題。

## 大難題（紀念碑）

精實學派的思想家們，把因設備太龐大，以致無法移動，從而必須依分批方式生產者稱為「紀念碑（monument）*」——例如中央化轉運機場叢、中央電腦系統或中央綜合工程單位等——凡是無法依價值溪流變化而移動的，都算「紀念碑」。由於必須持續改善，而且製程要求不時在變化，這些都得常常移動機器，所以「紀念碑」為一惡，是一種「浪費」。

該廠的大紀念碑為價值八千萬美元的十二台大型葉片研磨中心。它們是該公司在1988年向高科技大躍進時，向德國競爭者購買、引進的。原先的用意很簡單：採用世界最快、最複雜的設備，把渦輪葉片根部的研磨作業完全自動化。

該新系統採用十二部研磨中心，分別負責十二軸向的研磨作業。它取代原先的九台機器，每三分鐘即可磨好一葉片。尤有進者，該研磨中心的送、卸料作業，都用自動化的機器手，並由自動導引車（AGV）送到庫房，完全不須人工介入。

不過，這種方式有其限制。因為該研磨中心的施力太大，所以不能採用一般標準的定位夾具，否則葉片會因受力點太少而造成不良。因此在研磨前，要將葉片中不須研磨處先行封裝，即先均勻地噴上低溫合金，以使其受力平均。該封裝機為專用機，需用昂貴的模子，而換模程序也極複雜、費時，所以必須採分批方式先做好，然後把封裝好的葉片，以自動搬儲系統（ASRS）方式加以儲放，等到要用時再取出，送到研磨中心。

研磨後，還要經一道除去封裝步驟，即先把低溫合金取掉。為確保品質，還得有好幾道複雜的X光檢驗、清洗過程及微量殘餘檢查，以免因有微量殘留物而造成引擎熱點，從而造成損害。由於微量殘餘檢驗時要用到可致命（放射性）的化學物，從而會造成嚴重的環境問題。上述製程，如圖8.4所示。

另一難題是零組件研磨機的換模時間很長，即從某族要切換到另一族時，必須多層次地把自動化工具解除，所以每次得花上八小時。當初計畫人員大概以為，某族產品需要大量自動化生產，可是實際上所需要的，卻是多樣少量葉片方式。因此，只有牽就較長的換模時間，從而做出大批的存貨。

最後一點，原先系統中的許多直接、間接工，必須由懂得電腦控制系統的除錯技工來做。在1993年秋季，共有二十二名技師負

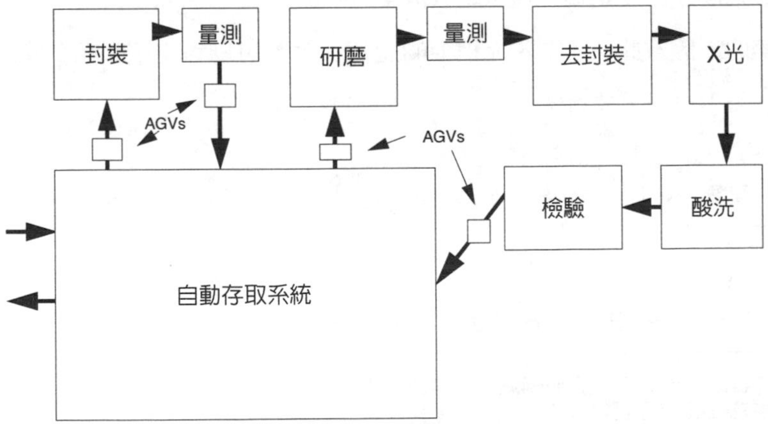


圖8.4　自動化葉片研磨中心

責「看護」這些高級研磨機，人數上直逼以前的手工系統所需的直接工人呢！

結果，新系統需要九步驟。可是其中八步（如上圖，再加上AGV及ASRS）沒有附加價值。而且，從封裝到去封裝，係採「分批—等待」方式，共需十天，可是實際研磨時間只需三分鐘！何況此種複雜機械的良率並不穩定，即使經過長期的學習，良率仍難超過八成。公司投資了九千萬美元，結果卻令人失望。

上例最足以說明以前的許多錯誤想法：想在漫長的過程中，加速研磨（此僅為某特定「點」的速度），並想用自動化來取代高薪員工。其實這些都大錯了，因為真正重要的是平均速度（加上價值溪流的長度），以及每位員工每小時產生多少價值。（下章討論德國的「師傅制」時，會進一步申論。）

原先的改善方式是想先避開這些「尊貴」的研磨機，讓它們躲在幕後，不要妨礙其他步驟改成單件暢流方式。然而，這是不切實際的。因為此一成本、流程上的元兇，怎麼可以置之不顧呢？它們必須「出局」才行。

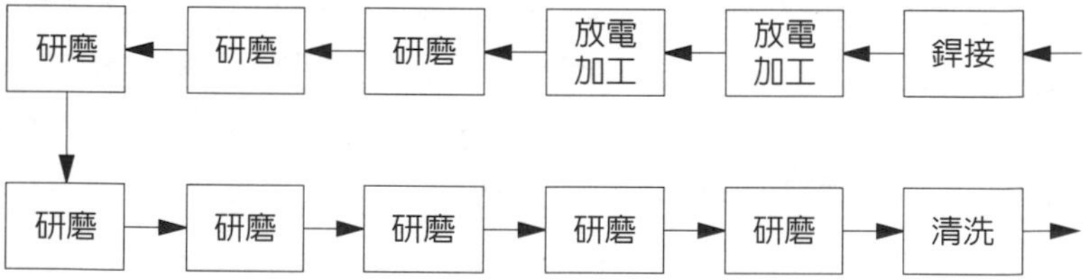


本群組包含八台三軸研磨機和兩台放電加工機（EDM）
（本圖的比例遠比圖8.4者大）

圖8.5 精實葉片研磨系統

1994年底，製程改善小組有解答了。他們建議改用八台簡單的三軸磨床（可在二分鐘內快速切換線）。每一群組由一位多技能員工負責，他以手動方式餵機、量檢、換模（由另一巡迴助手協助）。只有真正需要的，他才做。

如此，實際加工時間從三分鐘增為七十五分鐘，卻能使整體流程時間從十天降為七十五分鐘，因為切換線而停工的時間減少了99%（九台新機器都可及時換模來做新零件）。空間節省了60%。在製零件數目從1,640件降為15件（每機一件，加上有另一件在等待加工及剛做好的一件）。每一群組的投資額不多於一百七十萬美元，而製造成本可減半。從此，不再需要封裝、AGV、自動儲取、高技能電腦技師等等，各項節省如表8.1所示。

## 表8.1　精實vs. 紀念碑式加工機

| | Blohm牌自動研磨機 | 精實機械群組 |
|---|---|---|
| 空間／產品群組（平方呎） | 6,430 | 2,480 |
| 零組件移動距離（呎） | 2,500 | 80 |
| 存量（每群組平均值） | 1,640 | 15 |
| 批量（葉片數） | 250 | 1 |
| 總週期時間 | 10天 | 75分 |
| 環保 | 酸洗及X光 | 無酸，無X光 |
| 換線停工時間 | 480分 | 100秒 |
| 每葉片研磨成本*（比例值） | 1X* | 0.49X |
| 新葉片種類工具成本*（比例值） | 1X* | 0.3X |

*成本為機密，以舊式者為100%（1X）。

1996年初開始運作的精實機械群組（日語稱之為chaku-chaku*，表示一步接一步〔load-load〕方式），位於經歷二次大戰風霜的屋子下，並由高薪的多能工負責使用簡單機器，卻能使該公司走上高品質、成本富競爭力的優勢。基於此等事實，諾蘭恩採取策略的最後一步。他深知採用精實系統思考法，會持續釋出更多的工人及資源，而他可不想不斷地發出解職令，並以巧言方式來解釋他的所作所為，所以他必須很快地開發出更多的工作機會，使大家充滿希望。

可行的做法倒不少，例如把外包的項目改為內製，尤其廠內因改為連續暢流方式，產能已增大甚多。（不過這樣做是不歸路，因為總不能隨意改變「外包或內製」決定。）另一種方式是與公司內的其他單位合作一起承接維修業務——也把它精實化。上述這些概念，在1995年都已就緒了。

## 連續暢流引擎

在此同時，後段的最後裝配作業，也由魏納（B. Weiner）積極引進精實系統思考法——他在奇異電器做過事，所以採取的做法大體上也與上述相同：先把人精簡，使得組織可長期存活，再把不能適應新系統的主管換掉，工作標準化，處理品質問題，使工作能連續暢流，並加以制式化。

改善小組研究了現況後，了解在三天內完成一台引擎行得通。不過，這必須投下鉅資，把裝配廠與位在另一建築物的測試單位合併才行。然而，如能採用「模組式裝配」——日本導師稱之為「魚頭法」，即把已做好而待裝配的主要組件，經由各產品中心（表示魚之骨）流出並組合而成。如此到1996年中，就可把每台引擎的裝配時間大幅減為十天。關鍵點為把引擎放在一「隱形」的移動路徑上，並消除所有因上游品質不良所造成的回流及交貨不及等問題。在新的系統中，會把整套零配件模組及工具送到裝配員手中，免除他們尋尋覓覓之苦。裝配站附近更設簡單的小電腦（PC）管制系統，可顯示裝配法圖示及每一步驟的相關指示。

## 品質危機

最後要克服的問題，就是在同一時期發生的品質危機。1993年普惠接到了許多顧客抱怨，指出該公司引擎在飛行中故障（此為航空業的主要衡量指標）次數太頻繁。有些航空公司甚至威脅要取消未來的訂單，並要上法院要求賠償損失——因為普惠的故障率，比其他兩主要對手高出七倍。

這聽來有點不可思議，因為該公司的品質保證人員不下二千三百人，凡能檢驗的，都鉅細靡遺地檢查過。另一方面，這也表示該公司投入八〇年代方興未艾的品質運動中走火入魔，使得品管人員成為超級警察，負責追查生產單位為求交貨而取巧等不合規定之行為，致使大家都聞「品管」而色變。

這也表示，生產單位的主管樂於把所有品管部判斷為「品質出問題」的，都訴諸「問題物料審議小組（MRBs）」來定奪——在九〇年代早期，公司每年約有六萬六千件。不過，其中90%都因與正式規格值偏離有限而判為「特採」，而這通常要經過冗長的開會，也會造成延誤。

為解決上述問題，公司先重組品管單位，新任命一資深產品工程師來當主管（他在該行是新手，毫無歷史包袱）。該單位只留下一百五十人，其他分派到各工廠去直接解決實際問題。

喬治・大衛另有其他妙招。他曾兩次接受精實系統思考的洗禮。八〇年代他任奧的斯電梯公司總經理時，也兼任日本分公司（與松下合資）的董事長。在1990年，松下決定該合資廠不再掛自己的「National」品牌。

「松下的頭子來拜訪我，指出我們的電梯故障率，一向是日本對手日立及三菱的四、五倍。這種不良風評，表示雙方關係會決裂。我心裏也知道，如果不能與當地日本公司一較長短，就表示其他地方也不樂觀。」

幸運的是，松下祭出松下電氣的品管大師伊藤先生（Yuzuru Ito，2000年歿），由他協助解決日本Otis的品質問題。「我們的確需要他的幫忙，因為我們決心使產品成為業界第一，可是不知道如何才能辦得到。事情就是那麼簡單。」

在伊藤的協助下，公司的緊急維修率（call back rate，每年維修功能不良電梯次數）大有改善，最後終於比日立及三菱更低。「伊藤一人挽救了我們與松下的關係，也使美國公司能在日本與最佳對手平起平坐。」

伊藤很快就從松下退休。大衛就請他全職協助。隨著大衛升為全集團的總經理，伊藤負責的範圍也跟著擴及全公司，他最後甚至搬家到美國總部任職。

伊藤協助UTC製造業務時，所根據的技術也是「暢流思考」。他使用「回修率（turn-back rate）」來計算由於錯誤而造成生產流程中斷的次數。他發現，只要能嚴密找出問題的根本肇因並矯正之，「連續暢流」就會與「完善品質」一致。

「當1993年普惠公司發生顧客端的品質危機時，我知道伊藤的品質哲學與『新技術顧問公司』的暢流哲學緊密相通，兩者相輔相成，所以我請伊藤全力協助新的品管主管。」

伊藤處理完各航空公司飛行途中故障率偏高的問題後，就把注意力放在生產系統的回流問題上。他很快就把原先的「第一次就通過比率」從10%提升為100%。

## 生產系統的績效底線

到1995年中，普惠公司的整體生產系統已煥然一新。把以往一百四十年所形成的「大量生產」、「分批—等待」式、「修理到好」式，完全改成暢流化組織方式，強調第一次就做到全數良品而無回流。

以前主導所有零組件流動的「物料需求規畫（MRP）*」程式，現在改為做長期的產能分析，以及協助尚未精實化而交貨期長的廠商。而工廠內每一模組中心及裝配作業，則以一很簡單的「後拉式系統」來協調運作。

零組件模組內每一主要產品族，都分別成立事業單位，總共有八十個，各單位的組織及實質方式都重組過。每一事業單位的頭子的考績方式極為簡單，它所分攤的成本，也比以前小得多（做法極類似第7 章的Wiremold公司），而且會要求它們不斷從事改善來降低成本。生產工程師及品管專家都走入現場、打成一片，不再像以前各處廠房另一端。

全公司的七千台機器都被移動過，有些還不只動過一次呢！到1995 年底，公司的每一「零組件群組」都能連續暢流，在製品存量幾近於零。同時，伊藤也帶動品質思想上的革新，他鼓吹每一製程都要「認證」——即各活動都經再設計，工具要調整——以絕對確保第一次就做好（「直行」品質）及沒有回流、重修現象。

結果，週期時間從十八個月降為六個月（短期目標為四個月）；原材料、在製品及成本的存量下降70%，而且持續在下降中；以前放置各製程步驟所用材料的大型中央倉儲，現在可以棄而不用了；採用物料審議（MRB）方式來決定品質問題的次數，也減少一半以上（預計到1996 年年底可取消該制度）；即使生產量下降了50%，每實值單元成本仍能下降20%——這點最為重要，因為如果依照以前的做法、算法，成本會增加30%，從而迫使公司與別家合併或退出競爭。

原先在1991 年設定的「成本抑減35%」目標，固然因為產量驟減而達不到，不過大家仍戮力以赴。再者，公司內部成本大為減少了，不過現在協力廠則佔成本50% 以上，所以必須就源頭加以變革、改善。在許多時候，這需要就整體產業重新思考，像第5 章的玻璃業一樣，才能在時間上、成本上、品質上有根本的改進。

## 成功的不歸路

1994 年春，普惠公司的精實轉型面臨了關鍵性轉捩點。在上游生產方面固然能持續改善，可是在交貨方面卻乏善可陳。由於舊管理心態作祟，有些人不願採行新系統，而上游生產也頻頻出錯，使得公司的準時交貨率只達到10% ，為有史以來最低。

柯藍回憶道：「那年春季的成績如此糟，而我卻能不被革職，真是奇妙。回想起來，道理很簡單：我的老闆們不像一般短視的美國主管，他們了解我的所作所為，並諒解我在向前邁進之前，會有些退步，而最重要的是，要能堅決而穩定地向前努力。」

1994 年夏季，最終裝配區換了新主管，而伊藤在品質上的努力效果也彰顯出來，全公司採用「後拉式」來取代原先的「MRP 制」，整體績效就快速地大幅提升。尤有進者，隨著各總經理要求「持續改善室」更多的協助，公司漸入佳境，並能保持每週「大作戰」的成果。不過，這得來不易，歷經三年持續改善的努力才能達成。

## 下一大躍進

克雷佩（K. Krapek）在1995 年開始把注意力放在公司其他部門，如動作慢吞吞、只顧自己的產品開發及工程系統，它們的變革極少。當時的組織圖如圖8.6 所示，包括所有各新產品中心，很像

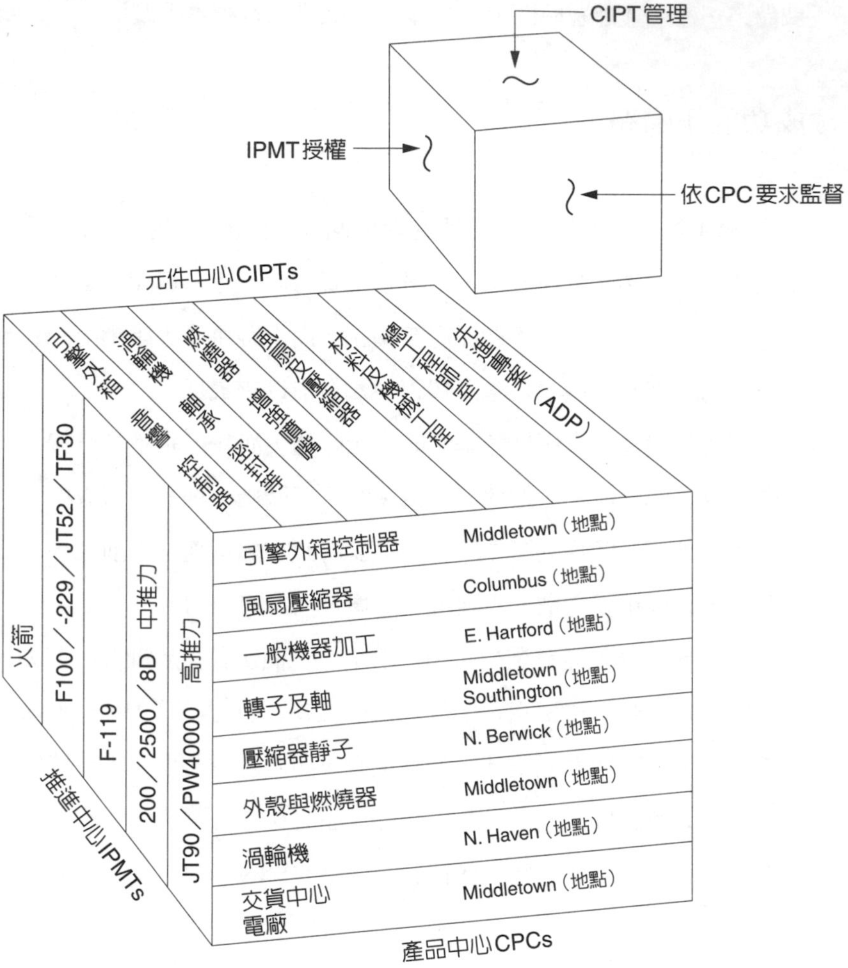


說明

IPT＝整合產品小組（Integrated Product Team）

CIPT＝元件整合產品小組（Component Integrated Product Team）

IPMT＝整合產品管理小組（Integrated Product Management Team）

CPC＝合格零組件委員會（Charter Part Council）

GESP＝政府用引擎及太空推進器（Government Engines & Space Propulsion）

LCE＝大型商用引擎（Large Commercial Engines）

圖8.6　普惠公司1994年的組織圖

一個魔術方塊（Rubik's Cube）。在此制度下，任何新產品計畫都得牽涉下述單位的多重而細緻的權、責鬥爭：各產品開發小組（名稱為「推進中心」）、七大元件中心之各核心技術、八大產品中心的細部工程及製造。

用簡單的話說，要開發一新產品，要在某一「推進中心」來界定全體要項（如推力、重量、耗油量、產品成本），並在個別的「元件中心」內做元件的工程及生產工作，然後在各「產品中心」把各零組件的元件整合。基本上，每一開發專案都要在一級的三大中心間交手二次。我們可以預期這樣運作，難免會造成混亂與高成本。

為解決上述問題，1996年初開始改組（預計需一年來落實）。主要是加強推進中心的各產品小組，包括專職的元件設計工程師。元件中心的非專職設計工程師，不是被分配到較小的「新設計方法—技術暨標準維護發展小組」，就是為了縮編而分派到由現行產品中心創立的單元（模組）中心，如圖8.7所示。

各單元中心早晚會自己形成一事業部，設有副總裁／總經理來負責製造及新產品開發的支援。每一單元中心能夠完整地製作噴射引擎的某一模組（如圖8.7中「營運」所示的範圍），並能在恰當時機交貨給裝配部、測試部和交貨單元（負責快速組裝完成並與最終客戶應對。）

在上述改革過程中（難免會碰到許多難題），公司也開始重新思考銷售與服務。隨著產品開發時間降為約二年，實質生產週期目標約為四個月，此時銷售及服務就沒理由仍是慢吞吞地，而令客戶（相對而言很穩定）大失所望。

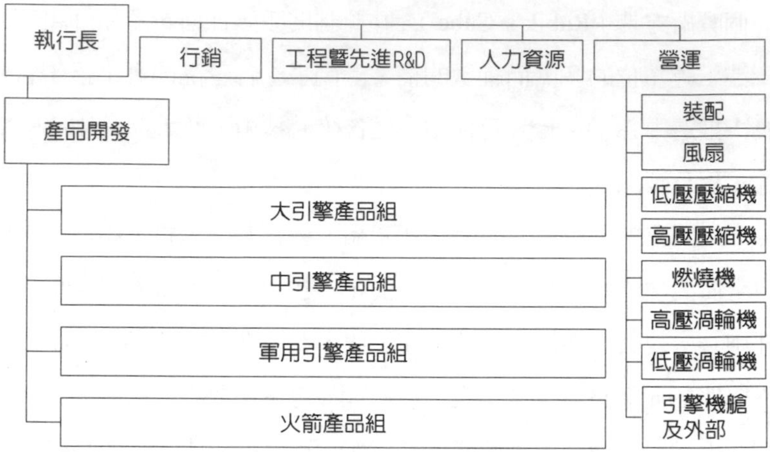


圖8.7　普惠公司1996年組織圖

## 教訓及展望

本章的「普惠公司個案」，對於有心想創造精實組織的主管有何啟示呢？最明顯的啟示是：要從現在所作所為出發。不要以為你的部屬不知情、教育不足、太年輕或太老邁。也不要為工會的阻力，或為每季的財務績效所左右。上述這些障礙，多半是自己設限。

該做的是把你的價值創造活動暢流化，以提升品質並降低成本。如果你具備專門知識的話，此事可加速完成——普惠公司的大型生產系統的轉型，足足花了三年，也為一極大的考驗——卻不必花大筆的錢。隨著因成本下降而釋出更多可用資源時，就會更容易看出該做哪些事，包括提升員工的技能等。的確，在成本結構有了根本上的改變時，通常就可以採取極不相同的策略。（譬如說，普惠公司如果仍在1992年的成本結構下，根本就不敢想投入引擎的維修業務。）

當然，在邁向完全精實化原理上，普惠公司還只是入了門而已。它在生產上進入狀況，產品開發才剛起步，而行銷、銷售系統尚待重整。

即使把上述企業內部該做的事都做了，公司還得面對一些策略性問題，例如航空器引擎的生意是否划得來，以及公司如何布署全球活動來支援業務。一種可行方式是：好好思考公司究竟是賣產品或賣服務。如上段所述，由於成本結構不同了，就可考慮投入引擎維修業務，從而與獨立維修公司甚或航空公司競爭。又譬如說，好好善用暢流思考，看看能否在隔夜就把引擎修好，如此，飛機就不必持有大量的服務備件及備用引擎？

總的說來，普惠公司已能大幅降低成本，而又能讓顧客高興，所以營收從1992年的虧2.83億，1993年虧2.62億，1994及1995年轉虧為盈，各賺3.8億及5.3億。雖然業績仍疲軟，普惠公司現在進可攻，退可守，大有可為。

## 其他產業如何應用精實系統思考法？

我們在以上三章，已就美國產業中不同的公司年齡、規模、複雜性各舉範例說明精實思考如何應用。如從Lantech公司有二十年歷史，四百名員工，年營業額七千萬，到普惠公司的複雜技術，公司有一百二十年，二萬九千名員工，年營業額五十八億。不過，他們所應用的原理都一樣，成果也都甚為可觀。

我們不禁要問，其他不同產業上的應用又會怎樣呢？我們上一本書《臨界生產方式》有許多德國讀者。不過，許多德國朋友都對精實系統是否適用於德國國情深表懷疑。這也許該怪我們當時未舉德國範例，以致大家有所誤解。其實，我們在下章會說明，這種想法是錯的。

第9章

# 精實系統vs. 德國優技：保時捷汽車

1994年7月27日，德國司圖佳的保時捷（Porsche）公司裝配廠中有場盛會，慶祝一輛全無瑕疵的Carrera從生產線出貨。調修區的一群身著藍衣的技師們可以稍微休息一下了，因為這是四十年來第一次可以無所事事。這是該公司所生產的第一輛無缺點跑車。（譯按：讀者稍後可了解該公司以前的品質形象一流，其實是不斷修補而成的。有關該公司歷史，請參考註解。）

這是第一輛堪稱完美的保時捷——以後會源源不絕地出貨——此為該公司董事長及同事引進「精實系統思考法」的里程碑。它足以「以小喻大」——精實化雖然推行不易，而且有待進一步全面推廣，然而此番成績，證明它大有可為。尤有進者，這也證明精實系統與德國傳統優點——即「優良技術（technik）」之概念，可以結合成一極富競爭力的混合體。

## 小成功

該公司是在1930年由費迪南・保時捷（Ferdinand Porsche）所創立，他是個傳奇性的工程師，祖籍奧國，為著名金龜車的設計者。保時捷先生曾擔任賓士汽車的技術總監，後來決定自行創業，於是設立了德國第一家獨立的汽車工程顧問公司。

從三〇年代到二戰期間，保時捷雖為一小型工程公司，卻是實力頂尖的。人們要求它處理最棘手的問題，或想出極有創意的解決方案。金龜車的設計，即為一著名例子，其他例子也不少。

二次大戰後，老保時捷（一世）交棒給小保時捷（二世，Ferry Porsche，1998年歿）。當時經濟狀況極惡劣，保時捷的大雇主的廠房都被夷為廢墟，經濟情況混亂，汽車需求不振。然而小保時捷不只計畫重整工程顧問業務，更決定以自己家族名字來生產車子。他即在奧國祖產上設立一小工廠，推出第一款車型為356的車子——在1948年用手工打造而成。之後三年，又由技工打造出三十六輛車。

很快的，大家就了解，如果公司想要玩真的，即成為一家道地的汽車商，就得遷到德國汽車業中心司圖佳，才能既善用附近的供應商，又可就近服務工程諮詢業務的雇主。所以公司就在司圖佳郊區設廠，於1950年春季推出356車型，新保時捷於焉誕生。

開始時公司的組織很簡單，只分為生產部及工程部。工程部有一機械廠，可用來修改基本的VW引擎，並將它用在356型車上。

車體由附近的陸特兒（Reutter）廠塗漆（它的祖業為一馬車廠），然後把它放在保時捷公司為VW所生產的金龜車底座上裝配。最後再做檢驗、試車，並做必要的調整和修正，然後再出貨。

很快地又加入一賽車小組，負責做「每款只做一輛」的賽車——有時得在比賽前一週內趕工完成；同時，工程諮詢業務也急速成長（最大的雇主為福斯〔VW〕汽車公司），所以儘管製造業務開始獲利，又能急速成長，產品工程師仍是公司的老大哥。

到六〇年代末，公司已逐漸把原屬VW公司的零組件及引擎換上自己生產的東西，並採用自己的設計。然而，356型的設計已逐漸過時，而且很難向顧客解釋，為何它不只是VW公司的「舊瓶新酒」——車體、避震系統等都不同。所以，公司決定採用全新的911型來取代356型。

新車可說是百分之百自製（車體仍由陸特兒製造），因此保時捷成為一更整合、複雜的公司，何況該公司在1969年決定與VW合作推出一較低價位的車系。1976年，公司用924型取代914型，它多由奧迪公司（Audi）工廠來裝配，並使用許多奧迪組件（連引擎也是由奧迪送到保時捷廠再加工而成）。

1977年，公司又推出第二高級車系928，而且在其朱芬毫森廠設連續裝配線。到了1991年，968取代924及944，並從奧迪廠遷回自製，朱芬毫森廠終於成為全系列產品的生產大本部。

從此，保時捷逐漸成長為一特殊專門車製造商。到八〇年代中期，公司獲利奇佳，因為保時捷車成為新興創業家及財界新貴的新寵（拜世界經濟景氣及日本泡沫經濟之賜）。公司在1987年共有八千三百名員工，本廠生產二萬二千輛911系及928系，而奧迪代產二萬六千輛944系。公司的銷售額及諮詢業務額總計為二十億美元。

## 保時捷為傳統典型德國公司

保時捷公司從創業到1980年代末的成功史，為典型的德國工業資本主義中的支柱——中型企業（Mittelstand）* 之範例。首先，它由創業家族所設的控股公司牢牢控制，正如老保時捷在其回憶錄中說的：「如果當初創設公司的目的是為了投機，我會給它取個較吸引人的名字，但我並不想賤賣我的姓氏。」

1972年，老保時捷發現其家族的下一代中，並無人適任總經理，於是就把經營權轉交專業人員。不過，他們仍像關心祖產般看待保時捷公司，把自己視為永續事業之服務人員。在公司的帳戶中，有許多錢是從短期利潤中提撥出來，做為預防未來不景氣的保留金，保證公司在多事之秋時仍可保持獨立。

另一項傳統德國公司的特色是，它極重視產品本身的優異性能。美國公司的高階主管多為擅長處理股、債市的財務人員，日本公司主管則多有各平行部門的歷練，而典型的德國公司的主管，多為聰慧的產品工程師，他們相信要是有設計優異的產品，長期而言公司就會有競爭力。的確，該公司的正式名稱可反映出這種心態：Dr. Ing. h.c. F. Porsche AG.（榮譽工學博士 保時捷公司）。

1969年產品工程部從工廠遷到二十三公里外的威殺（Weissah）

新居——所有的工程諮詢、新車設計、原型車作業，都在該地做。就投資額及它與工廠的距離而言，在在顯示「產品工程」為公司主流。

第三項傳統特色是，其組織圖完全採嚴格的職能式、科層式。所有重要的活動，都在自己的組織單位內擺平，而重大決策都要逐層送上級核示。每個人的升遷，也都是攀該部門的階層而上。

凡是需要別部門「投入」的活動（不管是設計、處理訂單或做產品），典型的做法是：把它從某一單位傳給下一單位，即採「分批—等待」方式。因此，難免會有延遲現象。

而保時捷公司的組織結構，又比一般德國公司僵硬，因為該公司的另一主流業務是工程顧問業務——它通常要解決的是極專門、小範圍的技術問題，需要靠各部門所累積的深入知識，如防震動力學、引擎振動學以及最輕車體結構學等。儘管公司從該事業獲利頗多，卻極可能因而忽視了內部跨部門的合作需求。

公司的供應商體系也為典型的德國式。到八〇年代末，它共有950家供應商——雖然該公司和其他中小型企業一樣，也自製很多零組件。平均每九位員工有一家供應商，更需一強而有力的採購單位來管理。他們多半為與公司一起合作打天下者，所以有時公司甚至要幫他們解決面臨破產等財務危機。

另一方面，公司與供應商的關係多為被動、各方「自以為是」。公司的採購決策以性能為主，而不重視零組件的成本、交貨頻率及可靠性、不良率等。保時捷公司為進料做百分之百的檢驗，並維持許多存量以防供應不足，這些似乎理所當然。話又說回來，保時捷公司也沒本事輔導供應商改善其生產作業，何況就大型供應商而言，保時捷公司的需求，只是其產量的一小部分。再者，長期以來買賣雙方關係良好，就產生「最好相安無事」的文化，所以要改革極為困難。

也許在八〇年代末，保時捷公司最獨特的特性是強調其「匠的文化」，這點遠遠超過賓士等也是以工程為主導的產業公司。保時捷公司從早期就強調「匠心」，所以許多身懷技藝的高手，就從大公司（彼時正走向量產、短週期的工作方式）來投效。所以，保時捷公司的現場高手如雲，與其他公司充斥著「外勞」不同。在八〇年代末，引擎廠的80% 及裝配廠的54% 員工，都完成德國獨特的三年學徒制訓練。這表示現場人員在解決各種技術問題時，能力上舉世無雙，而他們對材料及作業也有深入的知識：例如製作鋁材的方法，用哪類機器來剪鋼材，機器速度該開多快及餵料給機器的速率該多快等等。（以新鄉重夫的術語來說，他們對個別「作業」很在行，但是拙於把這些連接成「製程系統」。）

工匠的組織方式也採取科層化。即各組有小組長（gruppen meister），上頭有工頭（meister）*，各工頭再向各地區的總工頭（ober meister）報告。保時捷一世在其回憶錄上對此就深表讚許。到六〇年代，每五名製造工人中即有一人屬督導人員。這種科層組織方式，也表示現場很晚才採取德國式的自主團隊方式（通常稱為「以人為主的自動化團隊」）來運作——直至1991 年碰到大危機時才試行。

管理當局強調長工作週期（典型為十二分到十五分鐘）。工人可以從中看出產品是如何組合而成，從而較容易感到滿足。在早期，工人甚至可以自行裝配完成整台引擎並簽上名——現在這已不平常，不過還是所有工匠夢寐以求的境界。

不幸的是，這些所謂的「技藝」，絕大多數為「浪費」。從設計開始，工廠就很少參與其事，所以儘管產品的設計性能極佳，易製性卻極差。而生產部的工匠也不抗議，反而負起調整、修改零組件的任務。

同樣的，供應商所提供的，即使有不良品、遲交、甚至交錯貨品等情事，都不拒收。在八〇年代末期，交貨中20%遲到三天，30%交錯貨，不良品為千分之一。讀者可用下章（表10.1）的豐田公司數據來比較：豐田的不良率為百萬分之五，準時（正確）交貨率為99.96%。反之，保時捷得由採購人員及上百位檢驗員來找出不良，更有一大堆人負責催貨、尋找失蹤的零組件。

在烤漆房內，由於原本的不潔物，使得第一次就能完好上漆的比率奇低。不過，技術人員本事大，總可以把不良修正到可接受的水平。最後一點，自從1977年採用連續裝配線後，工廠的重點就在於迅速地把組件裝上，等裝配完成後，再由最後的「除錯及修正」高手，將它調整成顧客心目中「良質」的車子。因此，所謂的「技能高手」，是有能力操作某特定機器，及在長工作週期內可診斷出異常狀況，並且可採取矯正措施者。

在產品開發週期的末期，也採用這種方式，即製造工程師可就業已完成的設計，想出絕妙的工法，或乾脆加以改造。最糟的是

（保時捷車的車主都知道），維修服務很差，因為維修廠的心聲，公司根本就沒人聽。這使得世界上多了一行業，即「保時捷車技術工」。

然而，保時捷公司重視技藝的傳統，對很多工人倒很具吸引力，因為工作週期夠長到足以表現其精湛技能。這樣對於管理者也很方便，因為如此他們對於許多錯誤、問題，就不用到上游去據理力爭，可說皆大歡喜。

## 危機

由於公司整體技術精湛、深入，所以車子性能不錯，何況賽車也不是平常車種，所以公司自有其利基所在，即大車廠及小型專門車廠，都很難動搖其地位。對量產公司而言，保時捷公司的銷售量也太小兒科了：大量車型944的尖峰需求為每年三萬三千輛，而高級車911系列，則從未超過二萬一千輛。而對小量生產的公司而言，它們則缺乏保時捷公司多年來由經營工程顧問所累積的產品技術經驗。

然而，其實該公司的優點也很脆弱：譬如一旦要換車型時，局勢就有如要「把公司賭上」，所以當局每每不輕易為之。例如928系列，原來規畫來取代911系列，不過市場對928的「前引擎、後輪驅動」方式有所不滿，所以911就無限期地繼續生產。公司的另一弱點是：有錢而想買保時捷車的顧客，大多位在北美洲，可是生產地點卻遠在德國的司圖佳。

因為這些弱點，在1987年馬克升值（對美元）後，就使得業績滑落。1986年的銷售破紀錄，共賣出五萬輛車（62%在北美市場）；到1992年，全年全球只賣出一萬四千輛，北美只賣出四千輛（而1986年時超過三萬輛）。請參考表9.1的銷售史料。

起先，保時捷家族對銷售崩盤的反應為舉棋不定，但願這只是市場的一時現象而已。不過，到了1989年，情形仍持續惡化，所以家族就找了新管理團隊，想以行銷為焦點來復甦業務，即從Nixdorf電腦公司聘請其行銷處長波恩（A. Bohn）來當公司的董事長，由他好好重新思考車系的範圍。

波恩的新做法，使得大家對保時捷公司究竟應該何去何從，產生了強烈而又持久的衝突。各式各樣的建議案都有人提，例如再推出顧客「買得起」的914及924系列，或推出超高性能的四門豪華轎車等，甚至有人提議生產高性能仿法拉利（Ferrari）型雙人座車（因為1987年959車系成功，所以應該乘勝追擊）。然而，由於公司的開發流程採取順序式，所以任何新車的提案，都要等五年後才可能上市。

由於中價位的944車系之市場，在1987年後就垮了，而價位高一點的911及928車系，則直到1992年業績都一直相當穩定，所以波恩下結論說：中價位車該讓給日本，而該公司必須集中心力來開發市場最高價位之區隔。換句話說，保時捷公司得從某些區隔撤退，最後在1990年，公司決定要開發二門及四門車系（包含引擎放在前輪和後輪兩款），來取代現在的911、928及944系列（1996年推出），而把公司定位在更高價位的市場。

表9.1 保時捷車系的生產歷史（單位：千輛）

| 年度 | 本廠 | | | | | 廠外生產 | | 保時捷合計 |
|---|---|---|---|---|---|---|---|---|
| | 911 | 928 | 968 | OEM | 合計 | 912/914 | 924/944 | |
| 1965 | 3 | 0 | 0 | 0 | 3 | 6 | 0 | 9 |
| 1966 | 4 | 0 | 0 | 0 | 4 | 9 | 0 | 13 |
| 1967 | 5 | 0 | 0 | 0 | 5 | 6 | 0 | 11 |
| 1968 | 8 | 0 | 0 | 0 | 8 | 6 | 0 | 14 |
| 1969 | 13 | 0 | 0 | 0 | 13 | 4 | 0 | 17 |
| 1970 | 14 | 0 | 0 | 0 | 14 | 23 | 0 | 37 |
| 1971 | 14 | 0 | 0 | 0 | 14 | 16 | 0 | 30 |
| 1972 | 15 | 0 | 0 | 0 | 15 | 25 | 0 | 40 |
| 1973 | 15 | 0 | 0 | 0 | 15 | 28 | 0 | 43 |
| 1974 | 10 | 0 | 0 | 0 | 10 | 17 | 0 | 27 |
| 1975 | 9 | 0 | 0 | 0 | 9 | 9 | 0 | 18 |
| 1976 | 12 | 0 | 0 | 0 | 12 | 1 | 20 | 33 |
| 1977 | 13 | 2 | 0 | 0 | 15 | 0 | 22 | 37 |
| 1978 | 10 | 5 | 0 | 0 | 15 | 0 | 22 | 37 |
| 1979 | 11 | 5 | 0 | 0 | 16 | 0 | 21 | 37 |
| 1980 | 10 | 4 | 0 | 0 | 14 | 0 | 15 | 29 |
| 1981 | 10 | 4 | 0 | 0 | 14 | 0 | 18 | 32 |
| 1982 | 12 | 5 | 0 | 0 | 17 | 0 | 20 | 37 |
| 1983 | 13 | 4 | 0 | 0 | 17 | 0 | 31 | 48 |
| 1984 | 12 | 5 | 0 | 0 | 17 | 0 | 28 | 45 |
| 1985 | 16 | 5 | 0 | 0 | 21 | 0 | 33 | 54 |
| 1986 | 18 | 5 | 0 | 0 | 23 | 0 | 31 | 54 |
| 1987 | 17 | 5 | 0 | 0 | 22 | 0 | 26 | 48 |
| 1988 | 13 | 4 | 0 | 0 | 17 | 0 | 9 | 26 |
| 1989 | 14 | 3 | 0 | 0 | 17 | 0 | 10 | 27 |
| 1990 | 21 | 2 | 1 | 0 | 24 | 0 | 4 | 28 |
| 1991 | 17 | 1 | 3 | 5 | 26 | 0 | 0 | 26 |
| 1992 | 10 | 1 | 5 | 4 | 20 | 0 | 0 | 20 |
| 1993 | 8 | 1 | 3 | 2 | 14 | 0 | 0 | 14 |
| 1994 | 16 | 0 | 2 | 2 | 20 | 0 | 0 | 20 |
| 1995 | 18 | 0 | 0 | 1 | 19 | 0 | 0 | 19 |

此外，由於馬克對美元大幅升值，所以生產成本必須降低三成才行，可是公司內部沒有這方面的領導人才。公司很快地外聘零組件製造廠葛利柯（Glyco）的董事長維德金（W. Wiedeking，三十八歲）來擔綱。他對公司的問題及製程極為熟悉，因為十年前他原是塗裝及車體部主管，現在從外地衣錦歸來——他在外頭表現出能領導大破大立的變革。（譯按：維德金先生獲選1997年世界十大經理人獎。）

## 變革管理者

維德金1991年10月上任時，保時捷公司的業績，已從去年的一千萬美元薄利，轉為1991/1992年虧了四千萬美元（營業額十五億美元）。當時日本車開始對德國高級車反擊，而我們在《臨界生產方式》一書中揭示：德國在基本生產力上落後甚多。

不過，保時捷公司的主要問題並不在日本車，因為連豐田最帥的Supra及日產300ZX，比起保時捷公司的「駕駛者夢幻車」來，都還差一大截。保時捷公司的基本問題在於成本，即對九〇年代的人而言，它的車價太貴了。而且大家了解，有人能夠只花保時捷公司一小部分的投入（生產時間、努力、存貨、模具、空間等），就可做出幾可亂真的「仿保時捷」車。也就是說，只要方法得當，保時捷公司可大幅降低成本及週期時間。

因此維德金就要求下屬，全員要好好研究《臨界生產方式》，並安排小組到日本見習。據他回想，當時最令他驚訝的是，日本汽車公司願意對他們完全公開。「日本汽車業都認為我們不是對手，所以態度很開放，這很傷我們的自尊。」

該見習小組回廠後，感到極為沮喪。「我們了解自己落後甚多，而且大體上病因也知道了。不過，我們卻沒技術來處理『生產力』及『直行良率、品質』等問題，而且我們沒有優先序。在全盤落後時，你會不知道要如何追趕、從何處追趕起。」

當時是1992年初，世界性不景氣對公司的高級車生意打擊很大。公司的年產量從1991年的二萬六千輛降為二萬輛（跌幅23%），營業額只達十三億美元，虧了一億五千萬。

僅管危機日增，維德金仍然去日本觀摩多次（到1992年中一共去了四次）。訪日的成員中，除了主管外，也有現場工人及工會代表。他深切感覺到保時捷廠在思想上太封閉（其實，我們認為其他德國工程公司也差不多），必須另開新窗。

以前保時捷公司的製造經理很少有機會出國，即使有的話，也是去看新機器，而不是觀摩管理實務。因為他們假設：即使外頭的管理方法優異，也不適用於德國。在以前，現場人員及工會更沒機會出國見習，他們相信，公司的問題多半是因為市場疲弱以及產品決策錯誤所致。

## 反攻計畫

維德金一邊安排訪日見習，一邊下定決心斷然進行大改組，並請日本專家來指導，雖然公司員工對此舉深不以為然。他已請了一位顧問來規畫改組，並在日本與「改善顧問公司」的今井正明見過面——在1992年5月，並請他協助做全面性轉危為安。

該「大作戰」的第一步，是把工廠管理結構從六層簡化為四層（如圖9.1所示），並分出四成本中心及三支援職能，使責任更為分明（如圖9.2所示）。主管人員減了38%（1991年7月為362人，1992年7月為328人，1993年8月更減至226人）。在新組織架構下，支援部門的主要工作為發展供應基地、設定品質制度及規畫改善活動，而把日常營運工作交給各成本中心。

同時，維德金與工會商談工廠新團隊之結構。把原生產部的每廿五至五十人向各級師傅（Meister，德國制）報告的方式，改分成二、三組，由一位師傅帶八到十位員工。（如圖9.1所示，取消資深師傅及小組師傅的職位。）

維德金接著向大家說明，當前公司在品管上的做法很「浪費」，

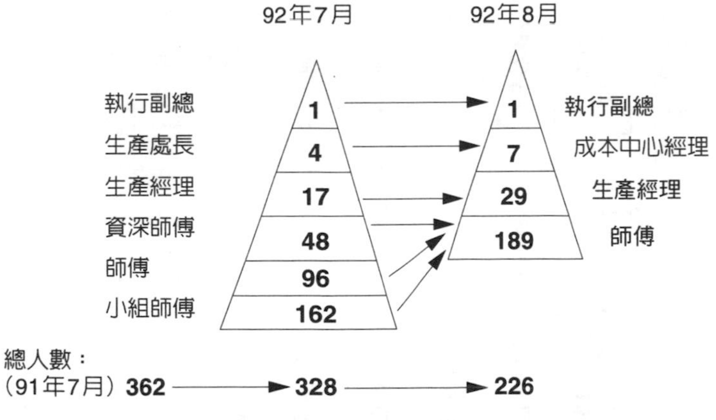


圖9.1　保時捷公司廠內扁平化

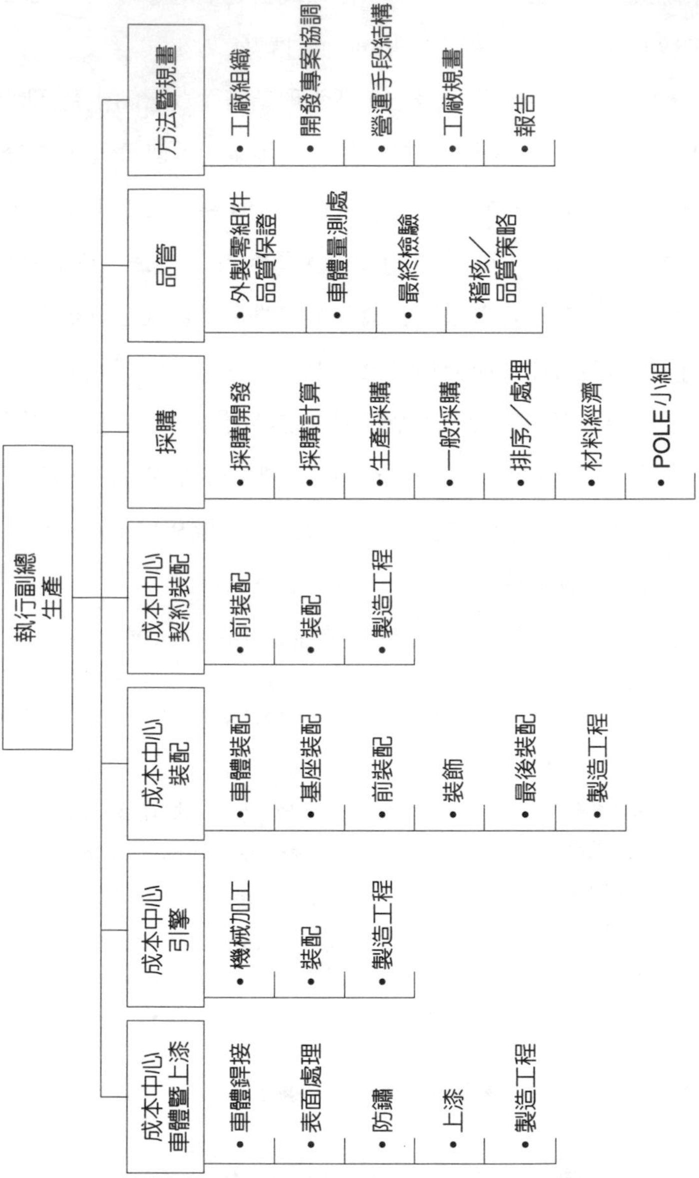
執行副總
生產
成本中心
車體暨上漆
車體銲接
表面處理
防鏽
上漆
製造工程
成本中心
引擎
機械加工
裝配
製造工程
成本中心
裝配
車體裝配
基座裝配
前裝配
裝飾
最後裝配
製造工程
成本中心
契約裝配
前裝配
裝配
製造工程
採購
採購開發
採購計算
生產採購
一般採購
排序／處理
材料經濟
POLE小組
品管
外製零組件品質保證
車體量測處
最終檢驗
稽核／品質策略
方法暨規畫
工廠組織
開發專案協調
營運手段結構
工廠規畫
報告

圖9.2 新生產組織架構

必須發展出新方法。他先用錯誤發生時就加以矯正的成本，來比較讓它流到修正區再修改，甚至是交到消費者手中再由保固人員來維修的成本，結果發現，在各階段再處理的成本為一（當場改）比十（在同一部門修改）比一百（在廠內維修區改）比一千（流到消費者手中改）。這對很少考慮到錯誤所引起下游損失的員工而言，簡直是一大震驚。（譯按：請參考拙著《品質成本管理》。）

因此，公司就設立缺點偵測及報告系統，使生產線上每人可以立即看到錯誤在何處發生，採取什麼矯正措施。

維德金下一步是設立新建議案制，凡對品質及生產力提升有功的建議，都有獎賞。一有建議，師傅們會立刻評估各建議案，並負責快速執行。以前則要先送給幕僚部門，而且實行起來極慢，所以員工反應冷淡，平均每人每年只有0.06件。

新建議制使得每人每年提十二件，領先歐洲各廠家。依作者的「精實企業體研究中心」的調查顯示，德國汽車零組件廠的員工建議案，平均每人每年一件以下，英國汽車零組件商平均每人每年二件。而相對的，日本則每人每年二十九件。

維德金的最後一招是設「方針展開」(policy deployment)* 及「目視管理系統」*，統稱為「保時捷改善過程」(簡稱為PVP)。每成本中心及各小組，在下述四方面都設定每月及每年的定量目標：

- 成本：在製造、裝配所省下的時間，以及在重修、報廢和停機上的減少量。
- 品質：用每一元件或每輛車的「直行不良率」，以及「每輛車最終路測所發現的缺點數」來衡量。

- 後勤：以「交貨給經銷商或給下一生產作業的準時率」，以及「存貨水平的減少」來衡量。
- 活力：以每位員工的建議案數、工作場所的整潔、缺勤率、事故率以及各小組在改善（PVP）上的研習時數來衡量。

在1993年中，此制度與新車種911 Carrera量產同步實施。每一小組的師傅同意訂出每月及年度目標，並負責做好，同時把成績公布到各地區，讓員工容易看到各小組的成績優劣。以前凡事保密、改善要由幕僚負責，現在做法上則大異其趣。

隨著訓練不斷地進展，各成本中心及小組也都採取措施努力邁向目標，維德金卻開始感到心虛。他的改革極為全面性，並要把原來所有以技術為主的流程及實務徹底改造，可是，他及下屬對於這種改善，也都只有理論知識而已，沒人曾在如此複雜的局面（不成功的代價奇高），有實際實施精實系統的經驗。維德金於是決定，請日本導師來一次親身調教式震撼教育。經過長時間談判，日方認為保時捷是認真的，岩田、中尾等人才決定承接此案。

## 導師蒞臨

日本新技術研究所的中尾千尋先生初履保時捷工廠時，也表現得戲劇感十足（他一貫如此）。他在1992年秋一到工廠，馬上要求維德金陪他去裝配廠。一進門，就看到成堆的存貨，他大聲斥道：

「工廠在哪兒呢？這裏不過是倉庫！」等他確定他正是在一間工廠裏時，他就宣稱，如果真是如此，那麼保時捷公司顯然無法賺錢。大家告訴他，公司的確每天在虧損。他即宣稱，必須馬上從引擎廠開始展開全面性的大幅改善活動。

這種當下改革的做法，當然與保時捷公司的傳統不合，因為以前所有的改變，都要在數月前加以精密計算、規畫，然後先與工會溝通、談判。任何工作內容的改變、機械的搬動等，都必須事先談判才行。在德國，不能「想幹就幹，來場大改善、大變革」。

由一位不懂德文（須靠翻譯）的外人領導，並在工人們面前斥責有工學博士學位的員工，做法上也極不平常，何況他又堅持一開始改善，所有高階主管及現場工人都要完全參與。

工廠的反應是既震驚又怨恨，工會對最初的改善方式，也很不願意同意。對於絕大多數員工而言，仍然無法接受「問題出在公司內部而非市場不景氣」。再者，這位日本人對運動車一竅不通，怎麼幫得上忙呢？

工會同意由日本顧問做實驗，同時也指定要自行辦理平行的討論會，看看變革能否由內部員工來做，而不必請外來和尚來唸經。

引擎裝配區的第一大改善目標很簡單：去除堆積如山的存貨，使大家每天不用像尋寶般費力去找出必要的零組件。然後，要使零組件能快速從進料流到裝配區，再到最終裝配區，而不必有因中斷而停工，又無報廢、重修等回流現象。

改善活動總得有個起點，所以第一週就把架子的高度，從2.5公尺改為1.3公尺，使存貨量從平均廿八天降為七天，這樣大家容易找東西，人人也看得到「對方」。（這猶如先降低水平面，使問題呈現，然後才可以進行改善，如消除存貨、加速暢流。）

小組做好計畫後，重要的時刻來臨了。中尾給維德金一把圓鋸（現在所有作業服上都有此裝飾），要求他沿著走道，把每一架子鋸成1.3米高。據當時的主管回憶：「這可是關鍵時刻，因為傳統上高階主管從不碰現場的任何東西，也沒人採取這麼激烈而快速的動作。」

到了週末，初步減少存量的作戰完成了（再也沒有地方可存放廿八天量的零組件了）。效果立竿見影，而且人人都看得到。同時，公司內部原本打算平行運作的小組則一事無成，所以他們決定，從下週起也加入顧問所領導的改善活動。

圖9.3 、9.4 和9.5 ，為引擎裝配廠從1992 年秋開始著手轉型，

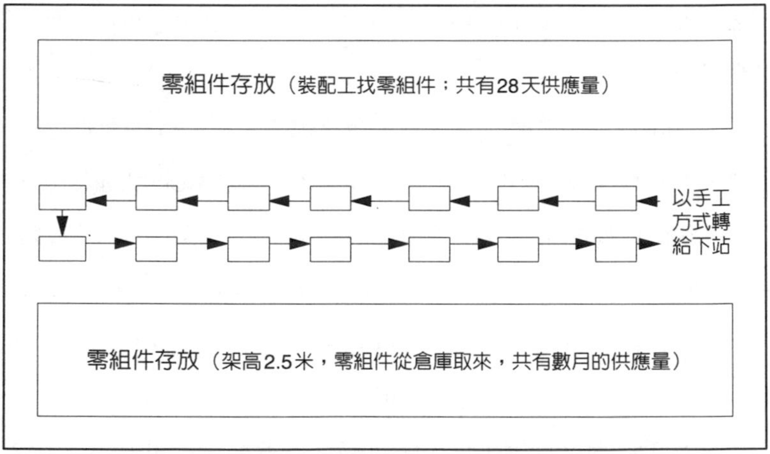


圖9.3　保時捷引擎裝配，1992 年10 月

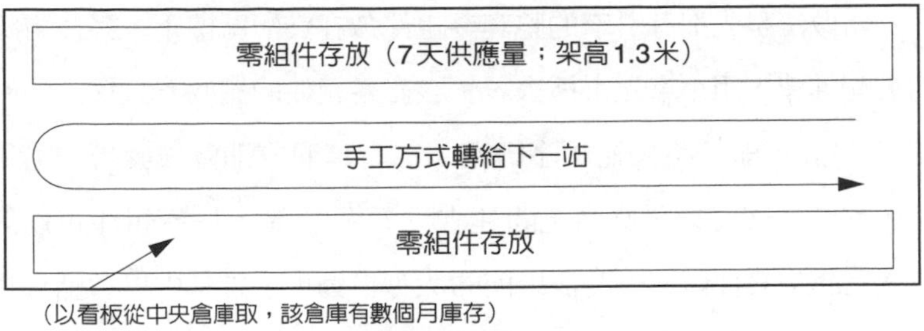


圖9.4　保時捷引擎裝配，1992年12月

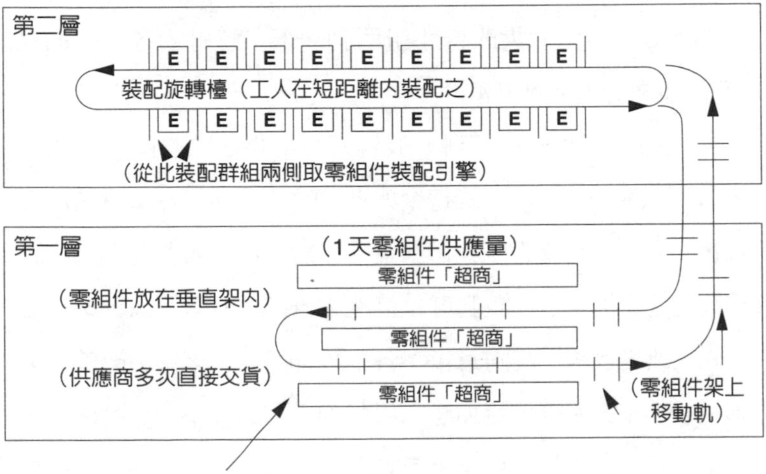


圖9.5　保時捷引擎裝配，1993年12月

到1993年底完成全面精實系統的一些改善活動示意圖。在這段期間，裝配區原本有四成地方是用來放存貨，後來完全清除，同時存貨從原來的廿八天水平降為幾近零；零組件從進工廠到完成裝配後，再送到最後裝配區，只停留廿八分鐘。

新做法是先把每引擎的整套零組件放在裝配區樓下，然後再隨著裝配速率，用小車送上樓去。（該套零組件的擺放方式採「防愚法」* 設計，即按照裝配順序排列，若有遺漏立即會被發現。）同時，保時捷與主要供應商之間建立「看板」* 制，使零組件可以經常送到置放套件區。保時捷以前的大型自動化、進料中央倉儲停用了，而把空間騰出來給維修保養單位運用。

同時，改善活動也實施於塗裝室、車體銲接廠、引擎加工廠、底座裝配和最終裝配區。日本顧問師們每月到廠指導一週。週一早上先開始分析全廠六大改善小組活動，下午會針對各小組的改善（攻擊問題之計畫）提出報告。

由於顧問師們經驗老到，很容易立刻指出哪些改善小組的計畫，還可以進一步發揮。維德金如此評述：「你得在真實情況下應用精實技術，才會學習到如何觀察、了解。中尾及其他顧問師已發展出高超的眼力，所以我們可以倍速來學習。成效令人驚訝。」

六大改善計畫一經同意後，各小組即可著手來協力改善，即由高階主管、工人、幕僚協力建立起任何必需的設備，移動機器、重新佈置、標準化工作、使全體活動穩定化等。由於可利用下班或中餐時間，所以搬動機械時並不會妨礙正常的作息。到了週五，顧問們就聽取各小組的改善報告、做摘要，以及要長期維持成果所必要的跟催活動清單。當然，這也是慶功的時候。

如此歷練二年，公司的負責規畫及跟催顧問們所主導的課程之改善（PVP）小組，即可與各工作小組協力自行改善，而不必借助外力。公司當時就立下一政策：所有的工作小組，每三個月都要花一週從事主要的改善案。當然，小型改善提案也要隨即處理。公司藉由此等活動，才可落實改善的具體目標。

## 處理飯碗的難題

維德金直到必須處理飯碗（工作）問題時，才算得上「不經一事，不長一智」。把968車型從奧迪處拿回來自己裝配，可解決一部分的問題。至於極少量的車種，也可由外包奧迪及賓士廠來解決。另外，部分有特殊技能而又閒著的人，可以長期協助改善活動。譬如說，塗裝一直有「異物」等不良，常常在烤完漆後，要再花大工夫來修整，現在則可指定某些上漆技師來從事此系統根本肇因之解決。等到產量需求又回升（這樣公司才有可能存活下去），這些技師又可以回歸原建制，做老本行工作。

然而，廠的產量仍從1991年的二萬六千輛降到1993年的一萬四千輛，而且趨勢很明顯——除非有新型車上市，否則需求不可能再回復到八〇年代的水平。另一方面，顯然廠內自行設計、製造的許多零組件，所生產的數量極低，而且是「不惜任何成本」做出來的。這些應該轉向能供應類似東西的廠商購買。因此，顯然廠內的員工是僧多粥少，所以必須縮減人數才足以圖存。

1992年中，公司針對二千五百名員工做了一次「下不為例」的人數調整，希望把人數控制到與長期需求一致。有的員工可拿專案退休金，有的則拿了優渥的資遣費。以保時捷公司的員工年齡分布來說，每年自然離職率為3%，因此，即使未來十年不裁員，也可再減少三成人數。

管理當局一面做這些精簡人數動作，一面向工會保證員工不會因採「精實系統革新」而丟掉工件，雖然工作性質可能會常常改變，或可能因公司業績不振而必須裁員。此種保證原來只適用於1991至1993年，後來再延三年到1996年。

## 員工及工會的反應

開始時，員工及工會對這些措施都覺得不悅，因為這對他們的專業能力及角色，無疑是一大打擊。精實化革新的信息是，傳統的工匠技藝的表現，多為浪費之舉：即所要修正的錯，原本就不該發生；去找零組件及工具，原本也該隨手可取得；由於未能先仔細分析工作方法，以致有許多浪費動作；機械在動時，不會教它自行控制，卻由人在一旁「看護」；等待不足的零組件；由於採取「分批—等待」方式作業，而使存貨到處都是。

另一信息是：工會應該直接參與當局的改善活動來解決問題。在當時德國經濟局勢下，工會已不可能像以往般，採取旁觀方式，只想用談判來確保工作及維持一定的生活水平。

幸運的是，精實系統思考也有其正面信息，也就是，處於此「後工藝（postcraft）時代」（譯按：工藝時代泛指十九世紀末開始的強調手工技藝），我們可以重新界定「工藝」。員工參加過一次接一次的改善活動後，就能體會出，另有一更高層次的工藝：即能在團隊脈絡下，主動預計哪些問題可能發生而加以預防，並且能夠不斷地重新思考工作的組織以及價值的流動，來消除各種浪費。（這也就是中尾所指的廿一世紀理想型「匠人」。）總而言之，在精實系統中，直接員工及工作小組的工作，可涵蓋許多原來屬於管理層次的活動，而且改善活動的成效，也遠比只憑管理者單方面的努力快得多。

像保時捷這樣的公司，在這方面有一獨到的優點——員工在製造活動的基本學科上，技能極為高強，所以他們對於諸如「多能工」的培育、職位輪調、根本肇因的分析、預防保養、以及改善活動等，都能很容易就駕輕就熟。中尾導師很快就開始恭維他們所想出的改善策略及手法，實在「青出於藍」（詳後文）。簡而言之，保時捷公司一向以技藝為主導，現在仍然如此，然而它的技藝形態轉型為「既快速又基本的持續改善」。

## 修正供應基盤

由於公司近八成的製造價值為外購，而且比例愈來愈重，這顯示供應商教育的重要性，實不亞於教導員工。近來某些供應商同意採取JIT方式供貨，不過經公司的專員調查，其實只是「從倉庫存貨中隨叫隨取貨」而已。也就是雖然採取「小批多次」交貨方式，可是對其生產方法並沒有影響，因為絕大多數的供應商，並不知道如何以小批量方式生產。

由於保時捷公司的資源有限，而且有些進貨的數量，只是該供應商產量的九牛一毛而已，因此不可能全數指導（近千家供應商）。所以第一步是先把供應商減為三百家，例如採取標準零組件，取消各種少量、備選的供應方式。在這三百家中，六十家選為關鍵系統（第一層次）供應商，並統整以前的許多小供應商。

保時捷公司於是成立供應商改善小組，取名為POLE（此意為「賽車時在起跑就取得領先」），希望能先馳得點取得優勢。該小組就把公司試過的那套改善過程，也在最重要的供應商上運作一次。先選某些對精實系統較能接受的供應商為試點，例如座椅廠商瑞卡羅（Keiper Recaro），然後再用該實績來鼓舞其他廠商見賢思齊。活動的目標是：保時捷在「拉需求」時，供貨可源源而來，而且不良率要大減（1991 年為1%），公司也不再需要百餘人來做進料檢驗。

POLE 小組的各供應商經驗，大抵相同。誠如其主管所回想：「我們到每家供應商，他們的主管總會堅持：已沒什麼空間可再改善了，因為其他顧客的輔導小組，已經把一切可能的合理化工作都做完了。實在不用勞駕你們。」此時POLE小組就要求他們的高階主管們，來玩一場保時捷式JIT 遊戲—— 由五人從事四階段生產（工作是折三色紙盒並包裝之），如圖9.6 及下文所述。

1 號先要捆一些未折好的三色紙盒，交給下兩個裝配準備站，數量依顧客訂單而定。裝配準備之一負責折大盒子，另一則是折小盒子，兩者都用橡皮筋捆好。把折好的盒子都交給下站（4 號），由他來打開大盒子，裝進小盒子，然後再用橡皮筋捆好交給5 號的品管／分發人員 —— 他要打開大盒子，確定內有標籤並且書寫完整。然後再合上大盒子，用橡皮筋捆好後送給顧客。

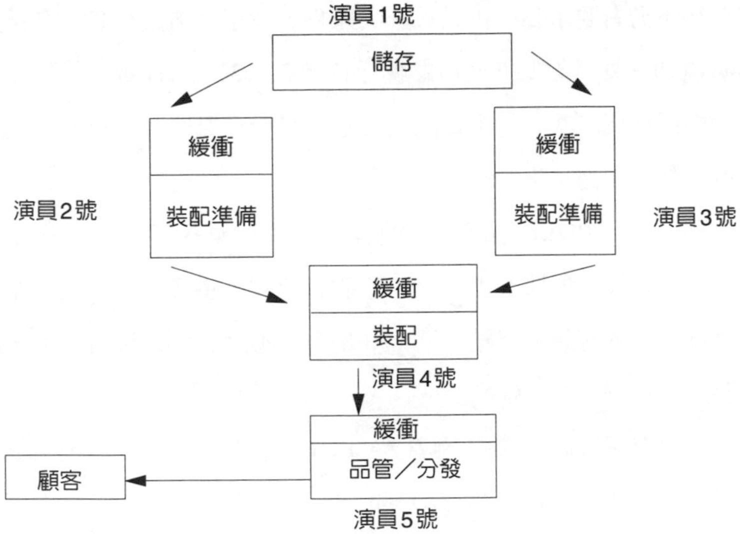


圖9.6　保時捷式JIT遊戲

各演員所接到的指示是：要依顧客對三色盒子之訂單量，以自己的速度生產。所以，各演員都努力要完成其任務。很快地，4號演員前就堆滿了各色紙盒子，他的工作可不輕鬆！此時，顧客決定要變更訂單，即把訂單都改成上次留下來的顏色盒子樣品。很快，4號那兒又堆了一大堆貨，因為他得把不對色的盒子堆到一旁，而使顧客所要的能夠暢通無阻。

這時候問五位演員，到底什麼地方出錯？有無解決妙方？所得到的回答總是：「4號為瓶頸，因此要加一人做裝配，而且在4號與5號及3號之間，要建立一儲存區。」

此時，POLE小組就建議他們，不妨試行「後拉式」，即每次只有在下游有要求時，再以「一次只做五盒子」方式交貨。結果大出演員們意外，因為進展既順暢，而且2、3號的存貨也少得多。然後再同樣玩二次，把批量減為三盒，最後減為一盒，終於，流程變得極為順暢而又毫無盒子存量。

接下來，POLE小組說，顧客的訂單如果採三色隨機分配方式，請問結果會怎樣？供應商主管們對此種最感頭痛的方式，早已司空見慣，就答說會混亂極了。可是事實不然，因為沒有存量，所以要換色不難，說換就換。

供應商主管們正大惑不解時，POLE小組言歸正傳，說明做給保時捷的零組件，應該採取同樣的方式（技術）。「為何今天不選一組活動來試試看呢？」然後POLE小組會再留下來一、二週，消除所有能找到的浪費，再把製程標準化，並發展出一些跟催活動，以確保成果能維持一定水平。在一開始，供應商主管就知道，所節省的成本要分三等份，一歸保時捷公司，一歸供應商，一歸保時捷的顧客。

有些特難的個案，是由中尾導師用來做震撼教育用的。不過，一般而言，保時捷小組都能自行運作而達一定的水平：生產力倍增，從原材料到零組件成品的週期時間減少九成，製程中的存貨完全消除，品質上大躍進。經POLE六位成員二週的持續努力後，而成果又可完全證實時，即指定所有的保時捷系統供應商務必發展出自己的POLE小組，並針對所有交給保時捷的零組件，消除所有的浪費。然後，當然也要就自己的下一層供應商要求其改善。

經二年的專職投入，到1995年末，公司已就前六十家大供應商中的半數，做了數週的「消除浪費」輔導，並協助了少數的第二層供應商。由於許多非供應商風聞此一神奇技術而多所垂詢，所以公司就開設「保時捷顧問小組」，來向外界傳播精實系統革新之福音。因此，保時捷希望它不只是世界級的產品—技術顧問公司，也能成為世界級的精實系統革新顧問公司。

## 管理團隊大整頓

隨著精實系統思想開始在生產上發揮轉型作用，組織上多會有所變化。保時捷公司內掌權的，一向是產品工程師，現在則逐漸轉為生產／營運主管。董事會突然注意到，改善成效最大的，竟是以前以為完全不重要的生產單位。他們降低了大量的存貨，使得公司能有資金來發展產品。

董事會於是做了一項破天荒的提拔，也就是把維德金從生產處長晉升為總經理，並賦予他全公司改造的重責。

維德金在1992年8月上任後，就調動了所有的高階主管，並勸告許多人退休。因為他們習於刻板想法，很難從頭開始，從而會成為改革的阻礙。

## 產品計畫大整頓

最關鍵性的第一步是修正「車型策略」。以前商業計畫的假設是：因為賣中價位車不會賺錢，所以就從此區隔撤退，轉而賣超高性能，例如比928型更大而先進的車子。然而，現在已知道成本可以大幅下降，何況若從原市場區隔撤退，會使公司與BMW、賓士、奧迪及日本車相敵對。

維德金於是決定，應該完全集中在公司開始就創造出的「利基」上——「只做創新產品而不抄襲」，接著又推出二款雙人座跑車（價格、性能各不相同）——可共用四成零組件（包括引擎次系統），因為如此才能達成目標成本。這些就是1996年秋推出的中價位Boxster車（用以取代968），以及預計在1997年推出的911車系。

由於這些都是少量的利基產品，所以產品策略的第二部分是：為德國大車廠開發、生產少量的二人雙門車（coupes）、篷式車（cabrios），甚至是高價位的有蓋貨車。（有幾個案子在洽商中。）

現在還無法預知這種全公司豪賭式決策是否正確。到本書出版時，大概可以知道真相。然而它在策略上至少極為清楚，一掃以前大家搞不清楚保時捷究竟是怎樣的公司的混亂形象。

## 產品開發制大整頓

新策略是否能成功，多少要靠維德金無法控制的運氣。他所能掌控的，只是公司開發新車的方法，即，能在最少時間內，以最低可行的工程、模具和生產成本，來給傳統產品加上一些不錯的另類選擇。

由於公司傳統的開發制做不到這些，因此必須「上下求索」來找好點子。維德金很快就下結論：BMW公司在八〇年代末所採取的新產品開發制最為可行——即指定一強人來做產品小組組長，直接向維德金報告，負責開發一車型（有二種車體可選）。

他仍保留既有的職能別工程組織結構，部分原因是，這種方式很適合提供各類工程諮詢服務。因此，大多數的開發小組的成員，還是來自各工程部。不過，負責開發的主管握有尚方寶劍，可以與各部門主管訂契約，決定哪些人必須外調多久，以防各單位為了自己業務需要而常常要讓開發人員走馬換將。小組成員都要遷到共同作業區，負責在三年內開發出第一種新保時捷車型（從1993年夏季開始，而上一專案至少花了五年以上）。

小組成員除了有開發人員外，更有負責製造的生產主管、負責選供應商及訂契約的採購員、設計製程機械的工具工程師、以及售後服務部的人員。該團隊要合作設計出一輛車及一套生產工具、一套「易製易修」的製造方法。這在保時捷公司是頭一遭。產品工程師當然仍是要角，因為良好的產品性能，乃是絕對必要的，不過，該小組現在更可從全盤角度來定位產品，因為組員人才濟濟，連以前想都想不到的服務人員也包括進來了。

## 成績單

在1991年夏季時，理性的觀察家會宣稱保時捷公司業已死亡。它要不是該退出其跑車事業，而專心於工程顧問公司業務，就得步上Jaguar、Ferrari、Aston-Martin、Lamborghini、Saab和

Lotus 等公司的後塵，被大汽車廠收編。不過，該公司雖然面臨危機，仍決心實施精實系統。

此番新生、轉型的各種指標，可參考表9.2 的成績單。

用最簡單的話說，公司在五年內，製造基本生產力提升一倍，

**表9.2　保時捷精實轉型的成績單**

| | 1991 | 1993 | 1995 | 1997[1] |
|---|---|---|---|---|
| 時間[2] | | | | |
| 從概念到上市 | 7 年 | – | – | 3 年 |
| 從銲接到成品車 | 6 週 | – | 5 天 | 3 天 |
| 存貨（天，平均）[3] | 17.0 | 4.2 | 4.2 | 3.2 |
| 裝配直接間接工[4] | 120 | 95 | 76 | 45 |
| 錯誤[5] | | | | |
| A. 供應商零組件 | 10,000 | 4,000 | 1,000 | 100 |
| B. 裝配成品（指標） | 100 | 60 | 45 | 25 |
| 銷售[6] | 3,102 | 1,913 | 2,607 | – |
| 利潤[6] | ＋17 | －239 | ＋2 | |

1. 本書作者根據設計、生產、改善等資料所作預測。
2. 從正式決定開發新車到成品車出售；從沖壓車體到完成車運出。
3. 平均零組件在手頭的供應日。
4. 裝配911 型或同類車所需之直接工及間接工。（譯註：911 型從1991 至1995 設計未改，所以所有的生產力改善，都是對工作流程的重新思考及降低錯誤之效果。新車設計上考慮了易製性，所以從1995 年到1997 年的改善多因新設計。）
5. A 為每百萬零組件之不良數；B 為在裝配線後端之不良數。
6. 保時捷公司年度報表上的數字（百萬馬克）。

供應商不良率減少90%，而廠內的直行錯誤（系統總不良）減少55%。到1997年，它就可在三年內就推出二款易製的新車種，所需的生產空間減半，並把從原材料到成品車的前置時間，從原來的六週降為三天，零組件存貨減少90%。

## 接下來的挑戰

上述的成績單非常亮麗，保時捷公司也是我們研究過的德國廠商中，在精實轉型績效上最深入的。不過，我們要指出，未來它仍有許多挑戰。它的產品開發制，仍是基於以前的結構而匆促成軍，所以我們預測該公司在危機過後，必須朝設立「專職開發人員制」走。正如福特汽車公司在金牛座Taurus車系成功後的反彈（譯按：此為業界有名的同步工程成功案例，可參考朱蘭《品質的設計》中之個案，及1997年Mary Walton所著《*Car*》一書，中國人民大學出版社有中譯本）。保時捷公司在1997年成功後，也可能因工程勢力的反彈而退步。

同樣的，實施「營運成本中心制」是一個好的開始。不過，公司現在才覺悟到，必須設一正式化的「改善室」（我們稱之為「精實職能」），用來吸收由於持續改善活動所釋放出來的人才。

最重要的也許是，在販賣、維修服務零組件的處理上，舉凡「準備總生產日程」之做法等全套方法，都要重新思考。它的銷售暨行銷單位，雖然座落在工廠附近，可是目前的產銷制度本身有些問題：行銷部每年只調整生產日程五次，並在實際生產前的四至五週，才會下正式生產訂單。到1997 年新產品上市時，如果仍採這方式，很可能因供不應求而再次顯露破綻。

最後一點，在與其第一層供應商合作無間上，保時捷公司是我們見過西方汽車公司中成績最佳的。不過，大多供應商都才開始自身的精實轉型而已，其原料供應商都還沒開始合理化。

因此，從維德金1991 年上任時開始掀起的精實革命，實在是永無休止的挑戰。依我們的經驗，要落實精實革命，起碼要花上五年時間及努力，才可能徹底將它制度化而不會開倒車，而也許又要再多五年，才可使全體人員都接受新思考方式——從價值溪流的原材料供應商到經銷商體系。

## 對德國產業的啟示

德國的產業有許多獨特優點，我們在本章開始就曾介紹：

- 德國公司仍然受惠於強調長期的產業財政之穩定制度，即使近來國際競爭壓力日強，又有中小型企業主及專業經理人相爭主權，情形稍微不同了。
- 高階主管相信「產品」本身就是競爭最重要的因素。現在德國各公司也極力想修正過去以「工程師所界定的價值」為主導的傳統，而想代之以「顧客眼中的價值」為主導。
- 與供應商的關係，既長期又能彼此支援。當然，最近有些大廠如VW 公司等，因發生危機而使雙方關係惡化為例外。

- 製造廠的工人及技師的技能水平領先世界。正如某位豐田高級主管多年前向我們說的：「我們真正最敬畏的是德國人，等他們學會彼此交談，那時就不得了。」

不能「彼此交談」正是德國的一大弱點。他們的各級教育制度，一向強調技術上專精，而非橫向的系統、整合思考。這在他們狹窄如煙囪式的升遷管道，以及他們充斥各小部門（其德語原義為「分隔」）的組織圖上，都可反映出來。凡有跨部門的衝突，都要在好幾層上級處才能化解。

另一方面，德國工廠的制度，是由一位師傅帶廿五位工人，由他直接向廠長報告，再由廠長向上級報告要求解答。這些都與日本小集團的橫向活動方式不同。德國工人應多多沿價值溪流活動，採橫向連結方式，並整合諸如品質保證、機械維修、切換模具、工作的標準化及持續改善等間接工作。

德國產業的第二弱點是：偏好可生產大批量的巨無霸式機械。譬如我們拜訪過一其大無比的塗裝室，它的工作架極大，要擺滿小零組件後才運作。如此建造的理由，只是為了追求彈性：「我們不知道什麼時候要做些更大的東西，所以就建大型的，以應萬變。」他們在分析成本時，忘了考慮開始時的成本上投資，以及以後要不斷地餵它東西的成本（為達善用產能之目的，必須在作業的前、後建存量）。德國人不以此為「浪費」，反而以它能應市場之萬變而沾沾自喜。

第三缺點是：德國人在權衡「產品精巧／多樣性」及「成本／

售價」的得失取捨時，多半以產品工程師的判斷為主，而非傾聽顧客的聲音。把品質做好也許不用額外花錢，不過，追求多樣性及產品精巧，則一定非花錢不可。特別是在產品的設計未能考慮易製性時，更是如此。重要的是傾聽顧客需要什麼，而不是自得其樂，做些自己喜歡的。

舉個例來說明。最近作者把汽車外面的後視鏡拆解做研究，發現日產汽車公司的Micra車型（在英國Sunderland裝配）上，有四種顏色選擇（設計上一樣），零組件數目為四件。而VW的Golf車則有四種完全不一樣的設計，每一種各有十八或十九件零組件，極盡精巧之能事，而它又有十七種顏色可供選擇。我們由此可知，日產的生產系統只要處理四種規格，而VW則要掙扎於六至八種規格（每種的零件數又比日產多四倍）。

德國人對「成本／多樣化」、「成本／精巧」上的權衡取捨方式，可說是美國近日風行的「大量客製化」（mass customization）的先聲。不過我們以為，許多花樣、選擇所需的判別、注意力，常常遠超顧客能力之外。一味追求精巧，也許可能有回報，不過最後要由顧客肯定、裁判它是否物超所值。另一方面，一廂情願地傾聽顧客之聲，從而完全忽略多樣化／精巧所隱藏的代價，也可能是不智之舉。

儘管德國產業有這些缺點，不過直到最近，他們都可以用下述優點來「化險為夷」：

- 由於生產現場的技藝高明，有些問題就以「兵來將擋」的方式權宜地解決。結果成本昂貴極了，何況又不會溯自系統源頭來解決，儘管通常顧客拿到手的產品之品質極好。

- 由於產品開發工程師的技能水平很高，所以能就設計好的東西做第二次的修正，而不必與原設計專家討論它所發生的問題。所以儘管最終產品的性能好，但成本也極高。
- 由於公司各職能的技術水平深入，所以即使開發、製造的成本極高，總可以用「提升性能」的方式來彌補。這樣做，有時候只好快速棄守某一區隔市場（如工具機零組件），不過由於高檔市場仍在成長，所以獲利尚可，而德國各公司也忙得不亦樂乎。
- 由於德國的機械業極為先進，所以多年來大家誤以為，儘管工資高昂，如能採整合式電腦製造系統及自動搬運、倉儲系統等方式，就可以用極少人力來做事。由於資方著眼於減少人工，而工會也就以牙還牙，不斷縮短工作時間，來避免工作機會的流失。不過，這些都只是過渡階段的問題。德國的優勢為：現場能以極高技能做出性能上無以倫比的產品。

然而，在九〇年代新世界局勢下，這些輔助優點也沒什麼用了。馬克堅挺、工資日高、亞洲新興國家蠶食市場，而德國的工廠採取自動化系統所產生的限制，也日益彰顯出來。總的說來，對外國人及本國人，「德國貨」都變成過分昂貴。

結果，雖然造成一陣恐慌，可最後大家竟認命了。譬如說德國大財團賓士（Daimler-Benz）的董事長最近就嘆息說：「德國永無希望製造飛機了。」許多公司也快速地把零組件的製造及最後裝配作業遷移到工資較低的外國。同時，工會為了保住工作機會，同意公司可以凍結調薪。

這些反應固然合情合理，但方向錯誤。真正的問題癥結是：德國公司不能再以傳統方式來製造飛機或汽車。德國公司應該教導員工如何合作、溝通，了解如何適當地確定價值、確認出價值溪流，以及透過「暢流方式」及「拉式生產方式」等，來消除各種浪費。只有在德國工人及工程師學會「看」、學會「聽」之後，德國公司才能以持續改善及突破方式來追求完善，如此才能立於不敗之地，落實前述豐田朋友的諍言。這樣做，才會促進德國的績效，因為對顧客來說，真正成本下降了（以定值貨幣計算），從而又可刺激外銷機會。

Opel 在1993年新設在東德愛森那赫（Eisenach）的工廠，也許可算第一家試圖導入精實系統的德國廠，然而也只是侷限在廠內執行而已。何況它又是家新廠（greenfield）*，員工都是精挑細選出來的，業主是美國公司（通用汽車）。它就像八〇年代日本在美、英所設立的新車廠，因而，我們不能由此來證明傳統公司可以採用新理念、實務。本書前面的個案集中，顯示美、英公司也能善用精實系統革新。本章保時捷公司的案例也顯示出，傳統的德國公司，可以在思想、行為上革命，融合日、德優點而創造出新局。

其他公司若能效法保時捷公司做法的話，就會產生另一好處：大家學會清楚地分析價值所在，以及特定產品的價值溪流，就不會再為「誰該為高工資及生活標準下降負責」而彼此吵得面紅耳赤。

其次，隨著浪費排除、營運作業透明化，每個人就可以看出公司是否真能以合理價格，為顧客創造出價值。

如果「浪費」多已消除，結果成本仍高於創造出的價值，那麼德國就要檢討它在製造上，是否太「寬以待己」。不過到那時候，問題會更為清楚，而不致於勞資雙方相互怪罪對方，因為「成本vs.價值」關係已透明化了。我們的直覺是（正如我們在八〇年代對美國汽車業的診斷）：問題出在浪費太多，而不是工資太高。精實化的德國企業應可維持高工資，即使售價大幅降低；德國務必要扭轉現在「高工資、低生產量、失業高」的惡性循環。

## 日本與德國的對比

我們預測，「精實系統革新」適用於所有德國企業，而且也是大勢所趨。不過，這需要一番努力，更要有本書第13章所討論的一些組織創新來配套才行。我們下章要談日本的產業。大家常誤以為，過去三十年來，「精實系統」在日本應該已爐火純青、如火如荼地展開了。事實上不然。我們接著要談日本的情形，以及它在當今的新紀元中所面臨的兩難困局。

## 第10章

# 日本精實化：大豐田、小Showa

1984年，大野耐一拜訪Showa製造公司位於古賀的工廠時，倒像是大使般一板一眼。他很快地走過全廠，然後要總經理山本先生叫廠長來。川邊廠長報到後，大野先生問：「此廠你負責的？」對方點頭答是。大野就發野，道：「這工廠簡直令人蒙羞，你完全無能。山本先生，這傢伙該馬上解雇！」

山本先生注意到，其實川邊廠長採取「蕭規曹隨」、承上啟下方式來管理工廠。他沒犯大錯，跟所有員工一樣，也沒什麼特別事蹟或事件。所以他就向大野求情：「先生息怒，不如請您來當我廠的導師，教大家改善。」

大野當年七十二歲，已從豐田汽車公司退休，不過仍是兩家豐田關係企業的董事長。他因此一「不打不相識」因緣，而與Showa公司結了緣，協助該公司做大型轉型，死（1990年）而後已。Showa公司的個案，真令人嘆為觀止。一來它可說明「精實系統革命」如何在日本擴散，二來可由它來見證，即使日本公司要擁抱精實系統，也會如同歐美企業般困難。當然，只要肯做，世界各地的精實化成果都會一樣豐盛。它也明示，即使在日本，「精實革命尚未成功」，連豐田汽車公司也是如此。

## Showa 的危機

Showa 為一冷卻器及汽鍋製造商，到 1983 年，它已是百年老店了。該公司的業績穩定地成長，六〇年代甚至被東京皇宮選為新暖氣系統的供應商。然而，第二次石油危機（1979 年）後局勢丕變，公司業績頓挫。由於日本各公司多中止擴充計畫，並想用新方法來節約能源，所以對其產品需求驟減。而該公司一向採終身雇用制，所以背負七百五十名核心員工，成本負擔極重。

Showa 面臨此困局時，最初處理方式很「日本式」。為了避免資遣員工，公司把城中的辦公室及大廠房，都遷到較便宜而方便的地方，希望開銷少而效率高。它也力求多角化，介入鐵路裝飾鑄造業，並打算利用日圓貶值優勢，出口鑄鐵鍋爐到美國。

Showa 的辦公處及各工廠，原先都在九州的福岡市，在1983 年全搬到郊區的宇美及古賀去，當局預期如此會有一番新氣象。然而天不從人願，業績依然不振。生產系統仍是原來那一套，舉凡鑄造、清理、沖壓、銲接、上漆及裝配等作業方式，都仍採用分批量產，換模時間極長。採用這種方式，一製作起來就會有如山般的半成品，還要先將其運到中央倉庫去，然後再擇期運出交給下一作業。完成訂單的週期時間要花幾個月，許多項目要用人來跟催才行（這是我們以前經常碰到的情形）。再者，初期外銷成本不菲，而多角化也不好運作，因為有許多知名的競爭對手，它們在建設業上都是老字號。

此時，山本總經理決心實施大變革以求生存，就請大野先生來協助。

這可不是個平常的決定，因為大野先生素以嚴厲著稱。他聰慧過人，即使別人犯了許多不自知的錯誤，他也會不假「言」色，斥責一番。（中尾千尋是他的得意弟子，他事師二十餘年，從未聞師父讚美過。不過，他倒是記得天天挨罵。）何況，大野先生可能也忙不過來。截至目前，他一直只協助豐田的關係企業。

另一方面，大野肯定是天縱英才——廿世紀傑出的產業思想家——他成功使豐田集團轉變為優良的世界級廠商。山本權衡得失：只要能使公司轉危為安，「斥責」自然值得。再者，他身為福岡區的高爾夫會會長，又擅長麻將，有把握請得動大野先生，因為要文要武，他都會盡力奉陪。他心想，也許在談笑間，大野不會對Showa公司員工太苛責吧！

1983年大野接受福岡商業司的演講邀請時，山本就乘機邀他，新年來一番球敘，並請蒞廠指導。恰巧當時大野正為了不知如何安排其弟子們（豐田的岩田及大鵬工業的中尾）的出路傷腦筋，因為他年紀已大，弟子們怕等他過世後，會因為他得罪過許多豐田圈內人而倒楣。

大野在五〇、六〇年代就開始推行豐田生產方式，1965年後，將它推廣到協力廠商時，常易與人衝突。到了1978年，大野已經把第一層及第二層的協力廠轉型了，所以對豐田而言，他可以

「功成身退」了。他就被派到關係企業豐田合成及豐田紡織去當執行副總，這表面上風光，其實是要他遠離豐田集團核心，去做酬佣的閒差事。

所以Showa的邀約，看來他可以一舉數得。一來大野有機會到非豐田集團的公司試試身手，他的一些得意門生又可以離職開設「新技術顧問公司」。（我們後文會提到，他多年前也曾鼓舞其他門生成立「NPS（新生產系統）」組織。）因此，大野欣然前往古賀的鑄造廠，並發出他聞名的「獅吼」，然後答應Showa製造公司當其首席顧問。

## 開始上路的掙扎

許多歐美人士常會誤會，以為「精實系統思考」是日本的自然產物。（他們也會誤以為這一套在所有日本廠商，都已適用數十年了。）其實不然，我們不妨用大野及其弟子在Showa鑄造廠初期的改善活動為例來說明。

大野很快就指出，如能以小批方式，並只生產下一步驟所需的，那麼一般料號的存量，就可以從三個月量降為數天量，而上市所需時間，也可以遠低於現在的。他也確信，如此一來，人工的生產力可倍增，廠房空間可大幅節省，而這些措施，都不需額外的投資。（有些讀者知道，這是精實系統的「正常」情形。）

雖然如此，Showa的員工卻完全質疑，並且抗拒變革。畢竟，他們大多是鑄造老手，所以認為要達到這些成果，大概非要他們賣老命工作不可。現場主管的看法也類似。廠長上次被大野來一次下馬威，餘悸猶存，他不相信這些汽車業用的大量生產玩意兒，能夠適用於「多樣少量」的鍋爐業。

不過，由於大野師生持有尚方寶劍，上面又全力支持，所以不動也不行。第一項改善專案如圖10.1及圖10.2所示，為把製裝線圈的批量製程，改為經剪管、壓散熱片、擴展、清潔、硬銲、測漏及最後組裝的精實製造群組（cell）* 單件暢流方式。所有快速而不易換模的機械，都改用由內部自行設計、製作的工具（最後全廠有三百套「新」設備），以利整個群組能在數分鐘內換好模來生產，再把產出直接送到一個經簡化、縮短的最後裝配軌道上。

儘管員工存疑，而每步驟又都有人堅決反對，可是在一週內，

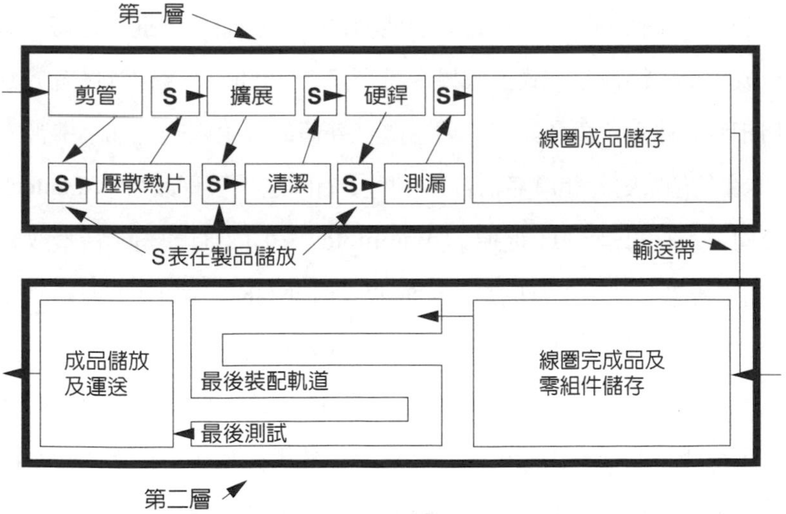


圖10.1　Showa 的線圈製造（1984年春）

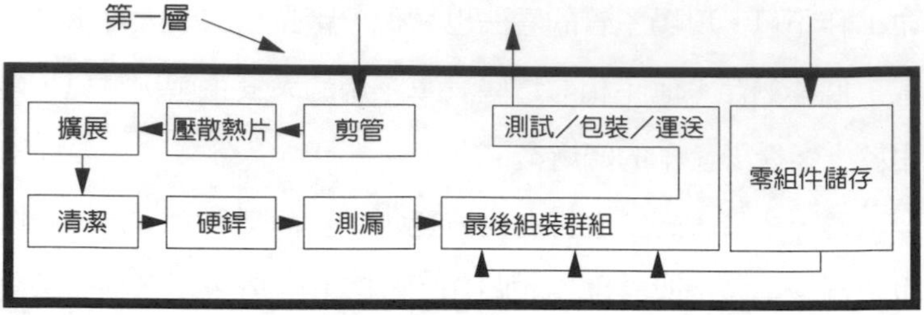


圖10.2　Showa 的線圈製造（1984 年夏）

就整頓出一半的廠房，減少了95% 的在製品存量及一半的人力，線圈的生產週期時間也減少一半（品質大幅提升）。至於資本和時間上的投資，比起此巨大利益可說極小。

這樣亮麗的成績，對老組織（如Showa公司）而言，簡直是震撼人心，因為它們數十年來都乏善可陳。大野真的說得到做得到。隨著「大作戰」活動一項接一項地展開，終於把「分批—等待」式改成「單件暢流」方式，成果令所有員工（即使持保留意見者）刮目相看。廠長不再多疑了，願意擔任新設的「生產研究部」主管。（本書的個案對此組織名稱各不相同：有的是「製程改善」〔Lantech公司〕；有的是「JIT 促進」〔Wiremold公司〕；有的是「持續改善室」〔普惠公司〕；有的是「大成長」〔F-NOK 公司〕。）他負責全公司的改善業務，也逐漸成為公司內的大野先生。

接下來的三年，正如川邊廠長所表現出來的轉變，所有的活動，至少都歷經一次的再檢討及改善。然後，至少再經十次的小改善，精益求精。結果生產力大躍進，存貨值減為原來四分之一，生產每單位產品所需的空間，也降了75% ，如圖10.3 所示。

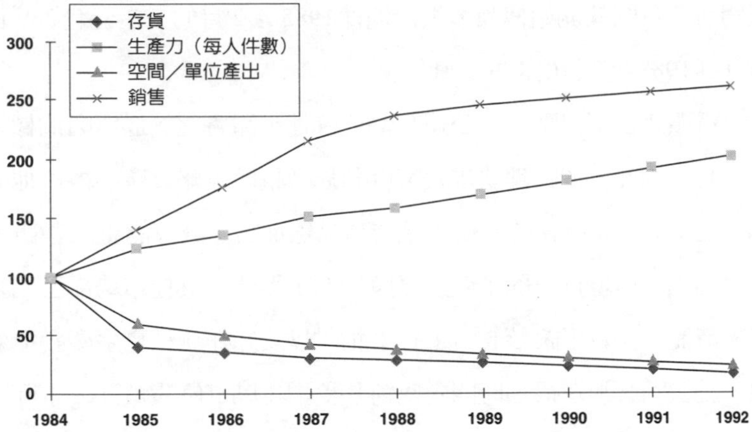


圖10.3　Showa的銷售、生產力、空間運用及存貨（1984-92）

因此，Showa得以從巨虧轉為薄利。不過，由於市場停滯，產品售價仍一路滑落。公司雖然得以喘息，但顯然光靠降低成本，仍不足以產生足夠的利潤。

## 思想上的矛盾

此處有一關鍵性問題——也是今天許多日本公司所面臨的——即Showa的市場策略與新生產方法如何配合。Showa如今已知道在四天內（而非原先的十六至二十週），以平常方式做出一完整的訂製鍋爐，可是公司竟然為了國內需求不振，而要去美國賣標準產品，而那兒（太平洋外）的配銷週期長達三個月，所以根本就不可能依客戶的要求來訂製或快速反應市場。何況在外銷活動還未大力展開前，日圓就開始轉強，很快地從1985年2月的一美元兌260日圓升到1988年2月的129日圓。

這顯然很不對勁——公司有高度彈性，卻寄望於遙遠處的標準化市場。因此，總經理要求大家重新思考整體策略及產品線。他的結論是：就Showa傳統的鑄鐵鍋爐產品線而言，就算能把某些競爭對手逐出，但現實是除了產品更換用的市場外，其他市場都已飽和了。請記住，為了讓核心員工有事忙，以及好好讓精實生產發揮效果，該公司必須在很短時間內使銷售倍增（以定值貨幣計）才行。他的另一結論是：不可能靠外銷海外來賺錢。

山本先生因此決定，Showa必須回歸業務原點，並檢討自己有哪些核心技術及能力，以及這些如何與國內顧客的需求配合。他審視日本逐漸興盛的市場時，發現它顯然支出不足——在公共及私人方面都如此。因此，最有獲利潛力的市場，就是為國內顧客新興而高品質的生活方式，提供訂製品支援。不過，Showa現在依職能別的組織方式，並不適合此新任務。

## 為支持精實轉型的新組織

1987年，山本打破公司百餘年來沿用的中央極權化組織方式，為每一產品線各設一新的、水平向的產品小組——它們的發展極多樣，從客戶委製而極富創意的裝飾用鑄鐵橋（例如公立公園內所用的），到特殊應用的少量空調單元。其他的事業單位，還有像是為建設業客戶設計的卡車車體、公共建築物的特殊鑄鋁雕塑、飛機引擎及核電廠用的特殊合金鑄品。另有一重要的創新「環保產品」單位，即家用空氣濾清系統，以及浴室專用的加熱和過濾系統，它可使熱水廿四小時都保持適溫、潔淨。（公司也曾設立公寓用自動停車棚事業單位，可惜失敗了。）

每一產品團隊都有自己的行銷、產品設計／工程及生產系統，分別向公司及工廠租地方使用。如此，很快地就把中央化、分批式營運，轉化成以各產品族為專業、連續暢流式小組。其成員囊括了大部分的員工，只留少數人負責全公司的中央部門，如生產排程、財務、協力廠商開發及後勤、人力資源、品質保證（負責處理顧客抱怨）、以及負責全公司持續改善的「生產研究室」。

在此新制度下，大部分的成本都可分攤給個別產品，小部分則採用間接成本分攤方式。因此，要了解各產品的盈虧情形就很簡單，而它又可做為各產品族領導人的考績根據。公司更要求各產品領導人，要不斷地更新其產品，凡是虧本的，就要割捨。

從1984年到1995年，該公司的產品範圍已完全更新一次，而在此持續改善的過程中，更廢棄三分之二的舊產品及生產方式。新任的總經理說，公司現在能快速進入市場，並可判斷是否要「轉進」等，這都不是以往中央化的組織所做得到的，更何況在以前，大家都搞不清楚哪些產品賺錢、哪些虧錢！

## 從硬體改善邁向軟體改善

每一產品小組的目標，都是要在設計及產銷上，引入單件暢流制，如前文許多個案所示。由於每一生產步驟，都歷經無數次的改善與再改善，所以「生產研究室」的人，逐漸能分一些時間出來，重新思考產品開發及業務的運作。

1991 年開始邁出第一步，即重新思考原已相當流線型化的產品開發過程，以落實「顧客為主」的承諾。顯然，上述的鍋爐、橋軌以及大百貨中心的頂架等訂製業務，必須從一開始就要求顧客參與，然而Showa公司遠在九州的福岡，地理上極不方便。因此，廠長（七年前他還是滿腦子舊思想）就投資一套歷時三年才完成的互動式設計軟體，使得設計人員能即時與顧客做規格上的決策，並了解各訂單的進度。此套在1994 年引進。

同時，Showa 再次反思其鍋爐技術及材料，改採不銹鋼及內部設計的生產工具，如此工人就不用在爐內銲接。這些方面的改善，使得該公司在最成熟、問題也最大的產品族上，能夠再降三成的成本。

## 最後再省思接訂單及排程

1993 年山本退休並榮升董事長時，Showa 的「精實企業體」改善，業已接近完成。新總經理為水口先生，出身住友商社（負責Showa 公司產品的配銷）。他再次重新思考訂單及排程做法。這方面，他固然受到美國再造運動的啟發，不過，他走得更深入、徹底。

當時Showa 大體能在一週內製出訂貨，不過仍要在數月前就接到單（建設業通常如此，為配合其他量產公司的製造）。問題有時出在顧客，他們會不斷地變更訂單，直到最後一刻。更麻煩的是，Showa採用由中央化的生產排程部，先分批處理所有訂單及變更，然後再傳送到各事業單位的生產及設計小組。由於此方式費時，從而造成時間的壓力，而且各部門在交接上不協調、合作，使得有些訂單直到要生產時，才發現出了大問題——例如不可能做到的規格——以致要花大筆錢來修改。

有一簡單的解決方式，即創立精簡的訂單排程部，並由多能工來處理全程作業。這樣做雖然是好，不過仍屬中央化排程方式，應該可以再精實下去，例如訂單的排程，可由各產品團隊的行銷小組來做。

公司給產品團隊的指示是：排程要依拍子時間，由後向前做，精準地在需要出貨前的四天插入生產。這方法完全與我們在第6章介紹的Lantech一樣。

在此新制度下，設計師及工程師絕不可把不正確的訂單放出去。（他們也發展出許多「防愚（保佳有計）」* 法來自動抓出錯誤。）同時，它也要教顧客了解，他們在出貨四天前下訂單即可，而不必急著確定（然後不斷修改）。顧客對公司能否準時交貨，也要有信心。

公司新訂單及排程系統上還有最後一要點。它對所有價值溪流上的人，即對顧客、經銷商、內部產品團隊、協力廠商等，都要完全公開。只有該產品團隊能更改電腦上的資訊，而所有利害關係人則在任何時候，都可以看、查。這也是一種發揮「人人看得到」方式的威力。

由於新任總經理出身貿易商，他深知世界各地的市場差異很大，有些市場機會挺好，所以公司該用不同的策略來服務。他下定決心，新策略不能重蹈覆轍。1995 年公司踏出新策略的第一步，就是在中國大陸設分公司，其目的與一般的歐、日、美分公司極不相同。

該分公司在中國接訂製訂單，並在當地生產，而且絕大部分作業多在同一廠內，以精實生產方式快速交貨。該分公司的目標是要善用精實生產的優勢，來快速交貨、滿足個別訂貨，從而能與本地顧客發展出良好的關係。它完整而自足，不想只與母公司通商。未來，只要當地市場有潛力，該分公司就會有設計及製造能力來服務，而全球各分公司所共同分享的，則是一套技術能力，以及在生產、產品開發、銷售上的精實訣竅。

## 利潤：精實化的成就

到1995 年，Showa 公司經十年努力，終於以精實策略及原則轉型成功。如圖10.4 所示，從1984 年起，生產力逐漸提升，存貨漸減，空間效率漸改善。這使得公司轉虧為盈，並有時間來思考下一步如何走（因為市場衰退，所以獲利仍不足）。

不過，1991 年後，Showa 各事業單位的開發、行銷漸入佳境，而其他日本外銷產業，則陷入長期不振。如圖10.4 所示，在其他日本一千大製造商衰退70% 時，Showa 的100% 內銷做法，利潤

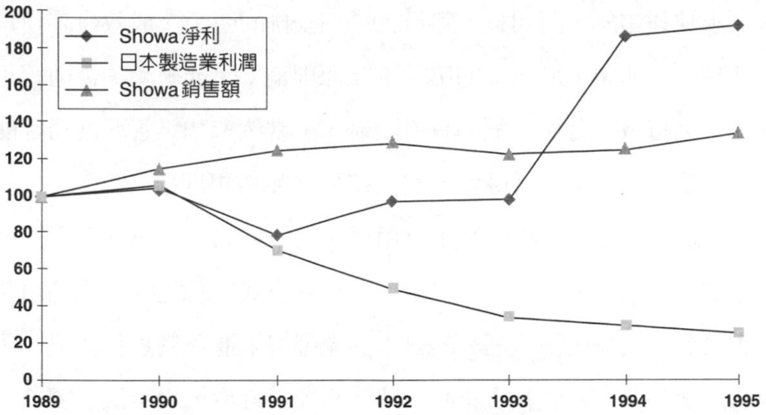


圖10.4　Showa的銷售及利潤（1989-95）

反比1989年倍增。

在不景氣中前五年，銷售仍增加三成多，不過水口總經理又設立新目標，即到2000年時，業績要提升50%，因為日本的經濟漸有起色，而且公司又會推出新產品。這些都要善用既有資源及價值溪流（審視之、檢討之、改善之）。同時，Showa也要在中國及其他適當地區測試其「全球精實化策略」。

## 其他日本廠商又如何？

讀者常會誤以為，只憑企管書中的忠告，就可以如魔術般瞬間成效斐然。其實不然，Showa的轉型，速度有如蝸牛一般，幸虧它趕上最後一班轉型的列車。

沒錯，Showa的所作所為以及所用的技術，都是已公開的。這在要求快速報酬，而可以不管員工如何安排的西方，成效也許可以更快點。（切記，Showa 的第一事業原則是：除非破產，否則絕不裁員，而這會對財務報酬率有所限制。）當然，如果管理當局都能加速轉型的話，這就辦得到，我們在第11 章會再談這一點。

不過，在日本中小企業中應用精實化策略的，Showa 可不算是慢半拍，它在九州是第一家完全採行精實方式的急先鋒。我們很快就會談到，其實，絕大部分的日本企業都還未進入精實化狀況。下文會討論到，在擴散精實化觀念時，可並不容易，也可以了解為什麼會這樣。

## 豐田的精實化

1984 年大野開始指導Showa 時，豐田公司才完成全日本豐田集團的精實化（共花了三十五年），它正要開始將它遠播全世界，如在加州的NUMMI 廠（與通用合資）推行。

生產活動的兩個基本精實化概念為：在自動機或生產線一有不良品，就要停機，以防止它流入下游（所謂「自働化」〔jidoka〕*），及只做需要的零組件之「後拉式系統」。這些概念，在二〇、三〇年代由豐田集團創始人豐田喜一郎及豐田汽車公司首位總經理豐田英二所發明，在四〇年代末，由大野加以連結、落實。同時，豐田汽車發展出自己的產品開發、供應鏈管理、由顧客啟動訂單等制度——這些措施在五〇年代公司面臨大危機時，才陸續加入並完全實施，從而突飛猛進。

## 「背水一戰態度的優勢」

大野在回顧八〇年代時說：「獲利微薄的公司絕不會推行豐田生產制，因為他們辦不到。而瀕臨破產的公司則會大力落實它，因為就算失敗了，損失也不大……這就是『背水一戰態度』之優勢。」

的確不錯，戰後豐田正面臨此種情勢。大野1948年升為引擎製造部主管時，發現自己突然可以做多項變革。他所管的工廠，採「同類機械放在一處」的「分批—等待」作業方式，而且材料常不準時或大批地送來，所以工廠的效率極差。因此，引擎廠的運作方式是：前半月等料，後半月拼命趕工。

大野上任時，前述的洞識力大部分都具備了。首先，工人大半時間花在看著機械工作，而且等品管部檢驗員發現產品不良時，不良品可能已製出一大堆了。他想到豐田自動織布機製造廠的自行監控織布機（他稱之為「擺在你眼前的實驗室」），機上有量測紗線張力裝置，一旦線斷了就會停機，以防製出不良布。因此，他很快就為工廠各機器設了一套簡單的限制開關及「通過／不通過量規」，使得機械一開機後就可自行運作，直到偵測出有錯誤時再停機。有了這種裝置，一位工人就可以看管許多機台，又可兼做品管，即工人只需管上機（如普惠公司的上載—上載〔chaku-chaku〕* 系統）的監視工作及處理問題即可。

大野的第二項洞識力是：「存量一大堆時，你總會缺某一項。」

他認為要解決這問題，唯有由後一站的人經常到前一站去，要求必需的東西及數量。他並加上一條鐵則：每一站只能做後站要取走的定量東西，這樣，就構成簡單的及時生產體系（JIT）*。豐田有名的「看板（Kanban）*」制，就是在1953年正式引進的，旨在使資訊能向前站流通順暢。各機械為了能夠只做後站所要求的，必須能夠快速換模，這在四〇年代就試驗了，不過，要等到六〇年代時，才能全面推廣，應用到大型機器並日臻完善。

大野的第三項洞識力是：機器佈置該由「製程村落」* 式改成「群組（cell）*」式，並按馬蹄型（U型）製程順序排列。他的重點是價值溪流，最後演變成「單件暢流」，即，只重視生產體系下真正的物之需求，而不重視機器的維修需要、傳統的技能和工作方法、或是經濟規模的考量。另外請注意，採用「單件暢流」做法，可使工廠幾乎不用做廠內各部門及各「製程村落」的連接。再者，豐田可善用「在群組內加人或減人」方式，來與後拉式市場需求同步運作，保持彈性。

大野的洞識力及行動力，使得豐田公司在日本的發展與眾不同（也與勁敵日產汽車迥異）。

許多公司的著眼點，多為愈來愈大、愈快的機械群所組成的「製程村落」，然後再用MRP*（物料需求規畫軟體）或複雜的自動連結機及裝配線，來把各製造步驟連接起來，而且應用更多的機械人來取代人工——這些高科技，或許極適用於大量化、標準化、外銷為主之產品。然而，這種形態的產品，幾乎會頻臨「消失」，因它與本書所提倡的精實系統比起來，簡直是既無彈性又無競爭力。

## 創造性危機

大野喜歡說：「常識總老是不對。」而他的人生觀就是要扭轉常識。例如說，他不相信「分批來生產較有效率」，而想代之以更佳的方法。然而，他的個性以及他視「常識（眾人之見）」如仇的觀點，使他免不了會與同事及工人起衝突。打從他發現一位工人可看管十五台機器，並進一步主張「機械的擺設方式，必須依製造程序，而非以特定技能為主」，他就極可能與工人失和。再者，如果你相信每一步（站）都只能做下一步（站）所真正需要的確切數量時，那麼，所有沿價值溪流的管理者之工作性質及方式，也都會有革命性的改變。

由於豐田公司在1949年業績崩潰，使得大野的「生產力大作戰」面臨挑戰。雖然生產力大幅提升了，用人又可持續減少，不過由於美國佔領單位為打擊通貨膨脹而發表了匯率「道奇政策（Dodge Line，譯按：美日圓匯率設定為一：三六〇）」，從而引發不景氣，使得銷售降至谷底。當時豐田因為資金不足，幾乎發不出薪資。尤有進者，許多第一線人員（含主管，為同一工會成員）認為，大野所倡導的生產方式，很令人不爽快。因工人們以前的特定專長（技能），如銲工、機工，以及許多支援部人員，如品管、檢驗及維修等，在此新生產方法下，很可能要被「多能工化」而消失；而管理者則發現，生產各流程的完全同步化，固然可使得緩衝庫存愈來愈少，可是它卻很難做得好。

五〇年代初，豐田宣布要裁三分之一員工（約二千餘名），從而引發危機。留下來的員工也罷工了二個月，直到總經理豐田喜一郎站出來，針對「經營者無力保護員工」而謝罪、辭職。儘管如此，公司繼續採用精實化技術，大野獲留任，而且新的勞資合約（宣言）中，明文說明大野的生產方式為標準做法。公司為了贏得工作實務上的彈性，保證終身雇用，並承諾以後不會因製程改善而裁員。

## 在豐田內部慢慢推行

幸運的是，罷工結束後，韓戰就爆發。從此為美軍製卡車的訂單源源而來，使得公司財務轉危為安。當然，豐田各高階主管在痛定思痛之餘，絕不想再碰到裁員風波，所以當務之急是要增產，可是又不能大增人手。這正是大野的專長。

然而，大野的教導方式是親自教導、「體驗式」，許多觀念也很「反常識」，所以除非你自己試過，否則很難接受它們（現在情形依然如此，我們屢見不鮮）。所以，不在大野統治下的同事，對他的「脫（超）常識」會深表懷疑，因為它是世界上唯一的。因此，即使在豐田內，豐田生產方式的推廣也極慢。

1953 年大野晉升為引擎、傳動、裝配部總經理（譯按：應為 1954 年升為「取締役」，推行平準化生產），他就使這些製程完全同步化，同時更為裝配部引進原引擎部從1950 年就開始實施的 andon* 式（警戒燈）停線系統。到了1960 年他就任元町廠後，才開始要求協力廠實施JIT方式（譯按：另一說為他1962年任廠長時才大力推行）。所以說，直到他1978年退休，他的事業可說與豐田生產系統並進。他不只發明了許多可具體化、可落實的「知識」，本身也是極勇往直前的「變革管理人」。更何況公司總經理豐田英二強力支持，如此可讓整個團隊持續改善，並能與其他高級主管週旋、說明，尤其能化解初期推行時的摩擦。

## 平行的革命

豐田生產系統的開創及完善化，的確是一項了不起的成就。不過在四〇年代末大野重新思考工廠本質的同時，豐田喜一郎總經理也推行新總工程師（shusa）* 產品開發體系、豐田協力商（中心／衛星體系）、配銷體系等有關實質生產之配套新邏輯。

由於豐田從創業開始就決心自創品牌（其他日本車廠到五〇年代才跟進），所以它需要絕佳的產品開發制，由優秀人才領導。因此，公司就選中村為戰後第一輛完全自行開發、自製汽車的總工程師。該產品「皇冠（Crown）」在1955年推出。在1953年，中村及其他三人成立「主任工程師室」，在技術能力相對地弱的環境中，建立起快速反應部隊。皇冠牌汽車很受歡迎，而且豐田決定每四年就要推出一款新車，這些政策使得開發制的角色更為重要。

五〇年代的大危機還對豐田產生另一效應，即，各後援銀行責怪公司的銷售預測過分樂觀，從而造成生產過量。所以就要求獨立成立販賣公司（稱為豐田汽車販賣，簡稱「自販」），負責統包所有豐田汽車廠（簡稱「自工」）之出品，並配銷給顧客。理論上，「自販」會抗拒過分生產，因為存貨會顯示在服務報表上。其實，這種理論不無破綻，因為實質是「自工」控制「自販」。不過，這種方式也給經銷長才神谷正太郎大顯身手的機會（他任「自販」社長達廿五年），使他得以推行「終身顧客」的行銷理念及策略，並能進而思考如何縮短訂單週期，以利及時化生產。

在導入「新產品開發制」及「平準化銷售（level selling）*」的同時，豐田做出重大決定，即不走業界一般的垂直整合方式，而在1949年分別創立諸如日本電裝、愛新精機、豐田合成等獨立的公司，重組陣容。如此成立了集團關係企業，使得豐田汽車的廠內附加價值，從1937年佔75%到五〇年代晚期的25%，甚至把半數的裝配作業也外包出去。

公司為何採取這種急進的方針？外人很不容易了解，也許是當初美軍佔領政府要求（1947年正式認定豐田公司必須在數年內分解，可是實際上一直沒有執行，甚至最後放棄此認定）。不過豐田仍一直分治下去，直至第一層的協力商。如此經營的主要原因，也許是主管們想分散經營風險，並取得外包的成本優勢。

不管理由為何，大概連豐田喜一郎自己都沒料到，這種集團化方式可產生絕妙的效果：可使員工及主管依個別的績效而敘薪，而不致吃大鍋飯。這種方式更進而擴展到一九〇餘家的協力廠商，從而發展出極有特色的中心衛星集團體系。

這種集團組織方式，對大野獨特的目標成本法（target costing）*的幫助更大——即先由豐田高階主管訂出某元件在顧客眼中之價值，再倒推回去，與供應商協調如何減少浪費，來達成該目標成本（有合理的利潤）。我們很快就會談到，要想降低成本，最好的方法是實施豐田式生產制（TPS）。

隨著豐田集團協力商的成本下降，協力商很快就發現，如能把東西賣給集團外，反而會更有賺頭，因為對方還不知道精實生產的邏輯與威力。很快的，許多汽車廠要求豐田能互惠。（日產汽車公司除外，即到1994年時，才允許豐田的核心協力商與日產做生意。）

## 生產革命完成

到六〇年代中期，大野的理念，業已推廣到豐田所有生產設施中。所以下一合理步驟是，要求所有協力廠商及時（JIT）供應零組件。然而，隨著豐田的看板要求交貨頻率增加，豐田發現，供應商其實依靠成品存貨倉來應付，即事先以小堆方式排好後，再每隔幾小時或每小時送貨給豐田。這些都是由大批量方式生產的，因為協力廠不知道如何小批生產、每天數次來及時供應。

1969年大野就成立「生產研究室」（譯按：日文為「生產調查室」，現在已更名為「營運管理諮詢處〔OMCD〕」），指揮他親自帶出來的弟子，來協助豐田最重要的四十二家協力廠商——廠商每七家成一小組，由豐田派出的組長帶領，大家每月做一改善案。此種活動之成果，再由其他六家公司的高階主管評審、建議進一步改善。接下來並要求各協力廠商成立他們自己的OMCD，來促進凡事精實化。豐田藉著每年要求各廠降價方式來給各廠壓力，以利持續改善，完成轉型。

1973年後，雖然業務成長速度驟然停止，然而豐田公司仍持續要求降價，這使得第一層的協力廠商體認到，必須教導自己的協力廠（第二層）豐田生產方式才行。豐田生產方式這樣逐層擴展下去，直到七〇年代末才完成。

## 各平行革命完成

想要完全將精實原理擴散到生產上，固然極為困難，可是，在其他事業上的推廣還更難。譬如「豐田自販」已逐漸能在下訂單十天後就可取車，可它仍備有大量成品車存貨。等到1981年神谷正太郎以八十一高齡退休後，豐田才能將「銷售（TMS）」及「製造（TMC）」合併為「豐田汽車公司（TMC）」。1982年後，日本內銷的成品車存貨，實際上降為零了（到1991年業績不振前才稍增），絕大多數可在一週內交貨。

零組件配銷系統則一向排斥精實系統革命，所以豐田在內銷上，要到八〇年代早期才勵行精實化（如第4章所述）。之前，他們我行我素地以「分批—等待」倉儲方式運作，儘管生產單位已躋身世界級水準的精實系統了。

最後，再談談豐田五〇年代為開發皇冠車種導入的總工程師（shusa）* 制。它的績效隨著車種漸增而褪色。（直至1966年推出冠樂拉〔Corolla〕車系前，豐田只有三車系，皇冠、Corona及短命的國民車Publica。）到了1991年，豐田依十九種「平台（指車體結構）」，提供三十九種車系的轎車及卡車。

總工程師制之所以失靈，原因出在豐田的人事、科層日漸繁重。何況隨著各職能單位逐漸累積其深入的知識，而主任工程師則因身處公司內部，漸漸聽不到顧客的聲音，與世隔絕，要開發出好產品也就更難。另外，內部溝通也出了問題，許多零組件常常在不同部門重複開發，這樣使得成本居高不下，而且十年來，新產品的上市時間都只能停留在四十二個月。再加上公司對於泡沫經濟下的消費者需求解讀錯誤，終於導致1991年業績不振。

因此，豐田在1992年就將產品線重組成三平台組（前輪驅動車、後輪驅動車、輕型卡車），而由真正重量級的專案經理主持，其背後更有強而有力的工程資源來支持。（此種組織方式極像北美克萊斯勒公司，可是豐田不願承認此說。）此番改組的目標，是要把焦點放在產品族，使彼此能共用元件（而非組件；各組件／系統仍有其主任工程師），工程資源能更為各平台小組所用，並要使設計流程流線型化——希望從概念開發到新車上市，只需二十七個月——這是我們常見的精實系統之產品開發水平，豐田在這方面反而是落後。（譯按：精實系統之產品開發，大多以本田汽車為主要標竿。）

## 今日豐田

我們1990年出版《臨界生產方式》時，豐田在生產上是世界一流公司。我們當時依約定，不能指名哪些資料屬於某家公司，不過豐田在提供各種生產、開發、配銷的標竿績效評估資料時，在速度上總是遙遙領先其他日本公司。表10.1為最新的調查資料，顯示世界各地在品質及生產力上逐漸逼近，不過豐田及其日本零組件協力廠仍領先。

八〇年代末，大野及其門生離開公司。豐田開始考慮採用自動化的可能性，也就是想藉助高科技、大量生產方式的某些優點。豐

表10.1　汽車裝配及零組件製造的相對績效（1993-94）

| | 豐田*（日本） | 日本（平均） | 美國（平均） | 歐洲（平均） |
|---|---|---|---|---|
| 生產力（豐田＝100） | | | | |
| 裝配 | 100 | 83 | 65 | 54 |
| 第一層協力廠 | 100 | 85 | 71 | 62 |
| 品質（交貨缺陷） | | | | |
| 裝配（每100輛車） | 30 | 55 | 61 | 61 |
| 第一層協力廠（ppm） | 5† | 193 | 263 | 1,373 |
| 第二層協力廠（ppm） | 400† | 900 | 6,100 | 4,723 |
| 交貨（延誤百分比） | | | | |
| 第一層協力廠 | 0.04† | 0.2 | 0.6 | 1.9 |
| 第二層協力廠 | 0.5† | 2.6 | 13.4 | 5.4 |
| 存貨（第一層協力廠） | | | | |
| 小時 | 缺 | 37 | 135 | 138 |
| 週轉率（每年） | 248† | 81 | 69 | 45 |

*† 表示資料多由作者等估算的。

田市附近的田原廠被選為試點，它在1989年推出新車種時，裝配中加入許多高層次的自動化作業。然而，豐田開始嘗到美國通用汽車大力投資於自動化設備的後果：它只有在工廠能百分之百運轉時，而且間接技術的支援，以及高科技工具成本低於省下的直接人工成本時才划得來，而田原廠這兩方面都過不了關。

豐田1991年在九州的宮田設新廠時，就記取上述教訓。最後裝配的自動化程度較低，並加以重新佈置，使得相關的活動——例如電氣系統——能在一專業區安裝並加以測試，這使得工人凡事能立即有「是否正確」之回饋，而這是創造心理上形成「工作順暢」的一個重要因素。

最近元町廠又重新改造一下，在1994年再次啟用。豐田乘機處理一項生產系統的弱點，即它只顧及工作能不能在週期時間內做完，而不顧工人是否承受得了。他們針對每一動作所承受的壓力及所造成的疲勞，加總成每一工作的負荷，如此，豐田第一次能客觀地談每工作所必需的努力。如此，各工作可比較（或調整一下來給資深員工做），同時也可回答外界對於其生產系統不合人性及人體工學的質疑。如果發現工作壓力太大及太易疲勞，就可加以改善，重新設計該工作，並開發出簡單的工作輔助器材。

這樣做要花上很多的研究工夫，它所隱含的意義是：在可見的未來，生產系統仍會有相當於今日的直接人工，所謂「完全無人化的工廠」，仍相當遙不可及。

元町廠製的新RAV4車也記取下述教訓：車子的零件數減少及製造的簡化，遠比自動化及加速工作更能降低成本。譬如車體的窗格，最多只要在沖床上沖三下即成，而其他車種一般要沖五下。從五下減為三下，自然可節省模具費用四成，並大大增加產量。RAV4的許多元件也經簡化。因此，豐田公司估計裝配RAV4的人工至少可降二成——即使裝配較不自動化、生產工具成本減少、工作速度調慢。

就豐田的整個價值溪流而言，它的第一層、第二層協力廠都在七〇年代末採用了豐田生產系統。不過第三層的小零件製造商，品質仍不夠一致，好、壞相雜。最近日圓升值引發的危機，不知會不會逼得這些價值溪流的源頭單位，也得利用豐田生產方式，這有待觀察。

最重要的是，大多數原材料供應商（鋼鐵、鋁、玻璃、和塑膠料）仍停留在批量生產方式。這些公司的產出值，約佔一輛車成本的五分之二（豐田集團無法掌控），他們對豐田要求精實化一事，也極力抗拒。譬如說，日本國內僅有三家玻璃公司，直到1994年，日本政府都允許他們在價格上壟斷，並刻意排拒新進廠商，因此，他們常一次就做一個月的產量給某汽車廠。其他鋼鐵業、鋁業、塑料業的做法也類似。

「精實企業體研究中心」的希尼士（Peter Hines）簡單地估算過，豐田在這方面成本的大小如下（1994年秋季）：豐田公司佔22%；第一層協力廠22%；第二層協力廠10%；第三、四層協力廠3%；原材料廠（送豐田及其協力廠）43%。在歐美，原材料只佔總製造成本的25%。由於豐田過去就協力廠商方面的成本抑減，已極有成效，所以今日若要有實質的成本抑減，多要從改變原材料廠商的思想出發。

最後，五〇年代豐田採用的積極銷售方式，毋寧是一大突破，可惜它進步極微。他們採取挨家挨戶式拜訪來滿足顧客，這固然很得顧客歡心，可惜成本不貲，因此豐田必須改為能以低成本令顧客滿意的經銷方法。另一項豐田必須做的是，讓銷售精實化，我們在第13章會再討論它。

因此，即使豐田公司為世界上最精實的組織，可是仍未達成本書所定義的精實企業體（即，去除所有產品族從原料到成品，從訂單到交貨，從概念到新產品上市過程中的時間、精力的「浪費」及差錯）。我們在第三部會建議豐田如何來做這最後的躍進。

## 豐田集團外的精實系統思想之傳播

豐田開風氣之先，開發完成一系列的精實技術。因此，日本廠商似乎可以在此基礎上，百尺竿頭，進步更快。事實上不然。在五〇年代，日本電子廠商也獨立地發展出強而有力的專案管理方法及短產品週期法，又懂得把量產的消費性電子產品加以漂亮包裝，並以多樣、快速的新產品上市為其重點策略。然而，只有三菱（總部近京都，為大野曾任副理事長的「中部工業工程學會」之成員）投入豐田式生產管理的實踐。

其他的日本公司，在這時期也有長足的進步，不過多從TQC（它與JIT互補而不同）出發。他們把戰後美國人所教的統計品管加以發揚光大，進而發展出由現場基層人員參與的品管圈，善用品管七大手法及戴明的PDCA（計畫—執行—檢討—改善）解決問題循環。然後他們又試驗推行方針展開（policy deployment）* 管理法，並就各管理職能的過程做品質改善。在幾年內，全面品管（TQC，後來稱為TQM）就成為日本產業的主流。

由於日產汽車在1960年得到戴明獎，這使得豐田汽車飽受刺激從而急起直追，終於在1965年也獲戴明獎。當時，品管及連續暢流化，都是由最高階層直接管理的跨部門／職能負責。豐田的最大優勢是能融合TQC及TPS（豐田生產系統）。

在第一次能源危機（1973）前，日本國內無人（連汽車業亦然）注意到豐田的獨特生產方式。大多數公司在成長暫緩後就會開始虧錢，可是豐田仍能穩定地有賺頭——因為它能不生產不需要的產品，而又能持續降低成本——終於使大家對TPS刮目相看。

三菱汽車對TPS已熟悉，所以就很快地全盤引進、實施。馬自達在1974年「重組」後，就把TPS做為經營主軸。（福特汽車1979年起因擁有該公司24%股份，所以從那兒學到TPS。）至於日產汽車及本田汽車，他們也很用功學習，可是成果不一。日產汽車最為明顯，它發現無法放棄「逐漸把作業自動化來消除人為錯誤」之策略，而這與「由TPS做緊密的協調」相矛盾。因此，日產公司就逐漸落後給豐田，雖然它在六〇年代領先豐田。

大野認識到TPS之所以未能廣泛推廣，有一主要原因，即它需要由親自體驗來調教。然而，這方面有深入經驗的人，都只在豐田集團內（名顧問新鄉重夫先生為一特例，他做過豐田顧問，也協助過多家公司）。所以大野在1978年退休後，就想把一些最有才能的忠實弟子送到外頭去傳教。

首先出去的，是由鈴村喜九郎先生（及中尾千尋先生）所帶領的「新生產系統技術研究室（NPS）」。大野的構想是，組織一不含汽車業的高階經營者俱樂部（含零售業），會員都是直接向大眾銷售，而且彼此之間無競爭。他們都同意採取豐田在1969年協助第一層協力廠商所用的實習方式，由大野做總督頭，而由鈴村做日常運作的領導者。我們在前文說過，大野在八〇年代也把這種新技術轉成一般的顧問業務。

我們可以這麼說：到了九〇年代中，絕大多數的日本製造廠及其第一層協力廠，都完全知道「精實化」概念，大多數也有改善個案。然而，我們訪日的經驗是各家的實施程度不一，許多大公司仍採取不同理念，即走「高科技大量生產」這條路。

譬如我們最近訪問某大高新技術公司。由於他們飽受日圓升值及人工成本高昂之苦，所以公司內的零組件成型、剪切、噴漆等「製造村落」，都極為自動化，並採用機械手來排列、堆疊，再連接到自動導引車輛及自動倉儲中心。再由自動存取設備把零組件送到某處，並與由協力廠送來的貨，自動地（採「取、放式」機械手）做最後裝配——它可立即調整適應上百種基本產品的夾具。該工廠仍然雇用三千六百人，不過沒有直接生產工人。此工廠的產出有七百五十萬件，一半外銷（佔世界需求的六分之一）。該公司未來的著眼點在於利用中國大陸的便宜元件來取代日本貨。

其實，要結合精實技術與高科技大量生產，顯然可行。譬如說，上述公司實行全面生產力保養（TPM*，此為豐田集團的日本電裝公司創始）及自主團隊（全由技術人員組成），來支援全自動化的設備、設施。然而在實際應用上，「自動化策略」多會有一潛在危機，即多半會流於只限一小部分價值溪流的最佳化，而忘了它在別處對顧客造成的代價及不方便（譯按：此即「局部最佳化及轉嫁負擔」)。

為了要使這種自動化投資划得來，通常要由單一廠商來供應全世界的需求。可是，顧客多半希望在需要時，能在當地取得所要的確切東西。也就是說，「精實生產」與「遠渡重洋」做法上不相容。我們相信，在當地採用較小型、較不自動化的生產系統，總成本會比完全自動化低——因為要考慮其後勤成本，以及貨品運到後才發現不合需求，從而必須報廢的成本。這樣做，也比較能使顧客滿意。

就較小型的公司（如前述Showa）來看，日本的成績更是好壞參差不齊。（Showa 在八〇年代曾在福岡區組自助學習會，許多會員都學到TPS 並加以應用。然而，許多公司仍我行我素，繼續採用傳統方式。）

你若對參觀日本分立式產品製造商等行業的經驗愈豐富，愈會發現他們的做法，其實與世界各地沒兩樣（甚至更差)。舉個例來說，物流運輸業仍沿用第4 章所談的多層次「分批—等待」方式運作，極無效率。（歐美談日本的物流業時，多只著重在它們不可滲透、排外，其實該行業極無效率，是日本整個經濟體中一個退步行業。）

最後，看看服務業。顯然許多日本公司——例如國內班機——的品質高，而顧客也很滿意，不過他們所採用的仍是「分批—等待」方式，成本注定會極高。

總的說來，日本製造廠經四十年的努力後，進步甚多，不過仍不夠精實——它最強的製造活動，甚至可以說還未精實化。我們要從世界趨勢與日本未來的角度來看，它才會更清楚。

## 日本今日的挑戰

我們相信世界已起了根本的變革：精實化技術已廣泛傳播到各處；美元已無法雄霸世界，所以各地幣值也跟著自由化。

因此，本章的小型Showa公司個案，對大家都有參考、學習價值，即使對豐田公司亦然。Showa把重點轉到「內需」，並注意國內的新興（公共或私人）需求。它的新商業系統、客製化產品設計，再配合上精實製造系統，更能適時地給顧客所要的東西。它的直接製造成本，固然遠比斯里藍卡國的高，然而總成本（加上運費等）不見得高，若再加上優質、客製化的訂製服務及送貨時效，對該公司更是有利。同時，Showa在每一主要市場上，都投資成立全套的生產系統。

當然，上述只是一種調整的方式。另有一種超越世界經濟變局的方式，即日本公司要能變成世界級技術創新公司，並能先開發出一些別人無法複製的產品（使世人只好忍痛付高價買它，或根本不買）。如能這樣做，就可以由日本某廠來服務（或掌控）全世界市場，而不用管高昂的後勤成本及客製化。然而，我們在第12章會稍微詳細解釋，日本之所以比較容易採行精實系統思考，主要是基於「企業活動多以公司而非專業職能為主，同時，技術部門相對弱勢」——而這些優點卻是創新的障礙，它使日本公司很難成為技術領導者。少數公司固然做得到，但大多數不行。

另一種方式是「空洞化」，即大部分零組件都靠進口貨，然後在日本用自動化方式大量裝配後再外銷。然而，歐美各國很快就懂得如何在地區市場中精實化（事實上，豐田大力投資美歐，本身就是當地最好的老師）。我們要再說一次，「精實系統」與「遠渡重洋」是不相容的，所以此策略常會失敗。

第三種方式是在日本本地找新產品做，而在世界各地大力引進、複製其全面精實產品開發、訂單處理及生產系統。這是一種絕佳的組合，也是Showa所採取的，值得豐田等公司學習。

日本的另一重要步驟就是：必須開始在配送及服務業上應用精實系統思考法。不然，要從以前賴以生存的外銷獲利之利基，轉而服務國內新需求（其成本極高），可能會造成生活品質大降。我們認為，這是日本政府之所以不想實施「開放」政策的最根本原因。可是，我們認為這條路非走不可，所以日本的配送及服務業必須合理化。

## 步驟上總是一樣

我們繞世界轉了一圈，從北美經歐洲再到日本。我們在每一處都發現，各地的公司（包括豐田）在採取「精實系統思考法」上，都面臨相同的挑戰。所以我們要在下一章告訴各位，如何快速地採取必要的落實步驟。

第11章

# 精實革命行動計畫

我們希望讀者已能區分價值與浪費，而又有心想用「精實系統」來轉化你的事業。不過，你如何才能「盡管放手做」呢？我們研究過世界上許多精實轉化成功的公司，發現若能遵守一系列特定步驟及計畫，效果會最佳。要訣在於能找到適當的領導者——他具備真知識，先從價值溪流開始，能很快地在日常例行事務中，創造出戲劇性的變革。變革的範圍，必須穩健地擴充，直到包含整體組織及所有的事業流程。改革一旦能站穩，就可進一步打破組織界限，並把上、下游都包括進來，做全體最佳化的轉型。

## 開始行動

在任何成熟的組織中，要想推行精實革命時，最大障礙在於惰性。你既需要變革管理人，又要有人具備精實系統的核心知識（不見得能由一人兼備上述兩者），然後藉某種危機做為轉型變革的槓桿，作出價值溪流圖，並決心在價值創造活動中快速突破，以使貴組織改革有成。

## 找一位變革管理人

如果你是中小企業的經營者，我們希望你就是變革管理人。然而，如果你是大公司的高階主管，可能沒有時間或機會親自來領導革新，那你可委託適任的高階人物來導入必要的變革。有時候公司內部會有適當人選，不過你可能更需要外聘專人來領導，例如第9章的維德金那樣的人。

能夠在組織內成就一番變革的人，可不是隨意可得的。不過我們研究過五十家公司的經驗是，只要用心找，很快就可找到合適的人。通常，不能轉型成功的總會為自己編理由，例如「沒人領導」。我們認為這是託詞、藉口，真正原因是最高經營者內心懼怕引入根本變革。

## 取得知識

開始時，變革管理人還不需要詳細的精實系統知識。最重要的是，他要「有心」應用。從什麼地方可取得關於精實化的知識呢？

在日本、美國、歐洲都可找到學習的資源（譯按：台灣更豐富）。精實化的公司會不斷地改善，通常也樂於與人交流，對其顧客和供應商更是如此。例如本書第5章的F-NOK公司，過去四年來，在每年三天的改善活動發表中，就邀了近五百名高階主管與會。請多利用各種交流機會。

如果變革管理人是精實系統的新手，由於他得花一些工夫才能融會貫通，所以必須有人很快地協助他，特別要就各不同產品，評估其價值溪流，並能提出改善與突破的落實計畫。我們在研究過程中，碰到不少精實系統技術上的高手，他們在其組織內卻無法一展長才，也許你可善用這些懷才不遇的人。

即使貴公司內部有人具備必要的知識，他們仍可能需要外人來協助，以加速推行精實化。有些精實顧問、專家的功力的確不錯，不過有些事你可要當心。有許多顧問與「精實系統思想」並無淵源、關係，而只想靠上課、研習會等來「紙上談兵」，或利用一些助手來做，而未能解釋其所作所為之邏輯。對於這些「專家」、「顧問」們，你大可不予考慮。另一方面，有的顧問會吹噓他可以就某些特定活動，作出魔術般改善成果，可是卻未能協助你建立一可長可久的精實化組織，從而也不可能對你有長遠的好處。某些人則會藉「改造」、「再造」之名，吹噓他們可快速精簡人事，結果通常是「人走政息」。

再說，你大概很不可能找到全知全能型的人——如在產品開發上能應用QFD（品質機能展開），在現場上能落實精實技術，以及能營造出自助式的協力廠商俱樂部等。由於上述各項所需的知識各不相同，所以貴公司可能要有「智囊團」或「智庫」。

大家常常忽略了下述人才寶藏——即許多在五、六〇年代日本創立精實系統的先驅者。他們現在雖然多已退休，可是人老心未老，因他們養成了不斷試著去除浪費的習慣。他們就像上一代的大野耐一或新鄉重夫一般，很願意「樂在改善，死而後已」。

西方公司可以有許多藉口不聘請這些人。一來他們多半不懂英文，而且這些先驅者在做事上都要求甚高（如大野等人以叱責方式來教人），不好侍候——在業主進度跟不上時，他們也不會給面子的。

這些都只是藉口而已。我們碰過許多變革管理人，他們經過一陣相互學習期後，就能與日本導師們（先生）關係很好，彼此合作無間。日本導師常要三請四請或三顧茅廬才願出馬，這也難怪，因為對日本導師而言，變革管理人持之以恆的貢獻心願，才最為重要。

其實，聘請不懂貴國語言（而需要翻譯）的導師也另有好處，因為彼此交流的互動性質會很不一樣：真正的導師可不止是賣膏藥的一般顧問，而是會改變你整個事業經營思想的人物。同樣的，在學生無法達成目標時，導師若不會「愛之深責之切」，大概表示他對顧問費更關心。

最後還有一要點（關於精實知識）。即變革管理人及公司內所有高階主管，也都要能深入體會精實知識，使它成為第二本性。更重要的是，愈快進入此狀況愈好。因為如果變革管理人不能完全了解精實系統思想，在第一次運動低潮時（此為必然），就會使整體停頓下來。所以全體當事者務必徹底了解本書第一部分的原理，如暢流化、後拉式、追求完善（持續改善）等技術。而要想真正了解這些，唯有親身、親手參與改善活動，從做中學習，直至你有信心教別人（教、學可相長）。變革管理人在做這些改善時，也務必要讓公司內其他高階主管參與，所以大家要真能忘掉以前的一些假知識，才能掌握精實系統思想的威力。

## 利用危機（或造一個危機來演習）以找出轉型的槓桿

我們發現，只有面臨危機的公司，才願意在短期內全盤採取精實系統思想。因此，如果貴公司已面臨危機，就該抓住此千載難逢良機。切記，你可在半年至一年內，使成本及存貨降低一半，然而你得花上五年時間，才能建立一可長可久，又不以專門人員為主導的精實化企業。

到了九〇年代，世界各地的高階主管都發現，即使大公司也遠比想像中更脆弱、更容易有危機。然而，從某一時刻來看，絕大多數公司都看似處境不錯，此時做為變革管理人的你，又如何在此時居安思危，並導入精實系統呢？

你可先針對有危機的單位，集中心力來推行精實系統。理想上，該「單位」為一事業部，本身有一組產品族，不過，它也可以是一工廠、或一產品開發小組、或甚至是某廠內的某一產品線。它是變革管理人（非最高經營者）的精實化突破區，即先在有麻煩或危機的單位上重點突破，然後再推廣至其他地方，最後，要邀別單位的領導者來親身體會、取經、觀摩。

即使貴組織尚未有危機，然而如果有個精實的競爭對手，那麼它也可能激發你做出大幅變革。（我們在做顧問時，總夢想豐田汽車公司能多角化，來做我們的對手！）譬如某公司的對手一向表現平平，可是最近某主要對手的某一事業單位，勵行精實革命成功，成績可觀，那你就可以好好研究它，並在相對應的單位（試點）內從事大幅精實化改善，再將它推廣到全公司。

另一種做法是找精實化的顧客。英國優尼帕特（Unipart）公司在八〇年代末開始轉型時，就是因為要交貨給英國的豐田及本田。該公司知道，日本顧客的要求，遠比一般歐洲顧客嚴格得多，所以就自行設法升級——有些顧客不只可能激發你的危機意識，也可能提供親臨指導及落實上的協助呢！

對於藝高膽大的高級主管而言，他也可刻意營造出「除非實施精實革命，否則無法生存」的變革槓桿。譬如某大複雜機器設備製造商的交貨期，一般而言很長，最近該公司決定做一筆大案子。雖然幾年後才需交貨，不過該公司知道，要想賺錢，就得馬上全盤引進精實系統、大幅降低成本才行。這種背水一戰式做法的風險固然高，不過也不失為一總動員、發揮潛能的好策略。

### 忘記大而無當的策略

我們碰過有些公司已處於真正危機，卻仍拼命進行所謂的「策略分析」——我們從事的事業是否最適合？我們該不該出售某些單位（假設買主不知道困局所在）？該不該買些新單位（假設賣方不知其真價值）？該不該多投資於研發來創造別人無法抄襲的產品？該不該與某公司策略聯盟，來達成綜合的奇效？是否該與別人合併或收購，來達成規模經濟並減少競爭？

也許這些公司所處的行業，真的已無機可乘了，可是採取這種「責怪產業而不反躬自省」的方式，最容易了。如果你能在產品開發、銷售、排程、製造上消除浪費的話，你就會發現，成本可大幅改善，生產前置時間可大為縮短，新產品上市時間可大幅減少，彈性可大增，事業前景驟然明亮起來。由於精實化變革並不需大筆投資，所以你「進可攻，退可守」。總之，即使產業結構不良，而你的成本能下降，表示你有更多空間及時間來調整、來「轉危為安」。上章的Showa公司，就是個好例子：「窮則變，變則通」。

## 作價值溪流圖

領導人、精實知識和危機感等三者都具備後，你就可著手確認現行的價值溪流，並將它作成圖表——依產品族一步接一步，一活動接一活動地做。

有些公司因曾做過商業流程改善、再造，就自以為這些都做過了。其實不然，因為一般的流程分析，只不過是第一步而已。一般公司為了方便，通常也只做資訊流程分析而已，而很少做生產上及產品開發方面的分析。在「企業再造」中，也很少會要求審視供應商及配銷廠的作業／營運，其實，它們對成本及前置時間的影響力極大。而且，「企業再造」的做法，也多半只重視總體活動上的精簡化，而未能針對每一產品族的需求來考量。

我們在研究訪談時，有些公司會自詡他們已是精實化企業了。可不是嗎？該等公司已採用群組方式來裝配，又有專職的產品開發小組。用保時捷汽車公司供應商的話來說，就是：「真的沒什麼能再改善了！」不過，他們後來會發現，他們只不過是做到排除浪費之大事業的表層而已。譬如我們最近造訪某家電腦裝配廠，他們已不採用長距離、混品種式裝配線，而是為每一產品族分別設連續暢流群組式裝配區——這種方式，既能節省時間、精力，又可更具彈性。然而，由於受限於其內部及上游的材料供應，它只能以預測的方式（而非真正顧客需求），每次準備平均可用八小時的材料來做（可是預測常常不準）。所以說，該廠的問題出在只會就狹範圍、容易處理的價值溪流來應用精實化技術，而不敢驚動內、外部供應者。

因此，我們再強調一次，你必須要「看」個別產品的完整價值溪流。你的顧客只會關心自己的好處，他們對價值的界定，通常是整套的產品及服務。他們才不關心貴公司內部及供應商、配銷廠的關係，更不想去管你的績效、飯碗。而在這個市場經濟掛帥的社會，只有能照顧顧客需求的，才能生存、繁榮。

## 從重要而能見度高的活動盡快著手

做為變革管理人，要是你能下令馬上實行新方法：「我們要使所有的價值創造活動暢流化，就從今天早上開始。明天就要引進後拉式生產方法。」這該會多美妙呀！可惜，這只是白日夢而已。你必須盡快從某特定活動著手——如從某產品的製造及裝配；你必須直接參與，並說服、教育高階主管同意將它轉型為精實系統；你要與導師對話、協調，還得處理自己的事。你通常要先從實際生產作業著手，才比較容易看得到成果。

我們建議：你要先從對公司重要而績效不彰的作業開始。這樣，你才會全心全力以赴，也才會令人刮目相看，並能使你的資源和潛能發揮到極限。同時，你要戒慎恐懼，惟恐不能一鳴驚人。

## 要求立即見效

精實化技術有一關鍵特性，即要能立即回饋，也就是改善團隊及全體同事，都要能親眼看到變革成效才算數。這是在職場上創造出心理上暢快、舒暢感，以及組織革新動力所不可或缺的。

所以不要瞻前顧後，工於算計而拖泥帶水。你只要花上一、二週，就可以把價值溪流畫出來，也不必玩些電腦模擬遊戲，以了解「萬一……怎麼辦？」。我們甚至碰過某家公司想開發出極複雜的電腦軟體，來預測「假若在其生產系統中搬移一台機械的話，會有什麼後果？」由於預測的假定很難確定下來，該公司因而舉棋不定，不敢妄動！

最後，如果你能讓公司「知己知彼」而向前邁進，就不必浪費時間在所謂的「標竿績效研究」上——雖然我們的上本書樹立了世界汽車業的標竿比較和楷模，不過，我們現在則以為，它只對沉睡方醒的公司有用。凡是能深入了解精實系統及其技術的人，很快就能從價值溪流圖中，了解哪些為浪費，從而可立即改善。「標竿績效比較法」常太繁瑣，又不能即知即行，所以它本身也是一種浪費。如果你投入精實化後，而無法在第一週解決問題，並取得輝煌成果——典型成果為生產力倍增、製程中存量減九成、空間減半、生產前置時間減九成等——這可能表示，你不是一位勝任的變革管理者，或是你找錯了導師。此時，你要弄清楚問題出在哪裏，並要能及時對症下藥並採取行動！

發表成果時，要邀公司各部門來觀摩，而且最好是帶到改善現場去，讓大家了解確切的革新事項。

## 有衝力後就可擴大範圍

精實化一炮而紅之後，你即可開始擴大改善活動的範圍。首先，要把某產品族的價值溪流整體連接起來。

舉個簡單的例子，你一旦把甲產品的製造及裝配作業，從批量式改成暢流式，就要進而學後拉式，並把上游製程也轉變成暢流式，同時要建立起平準（安定）式排程及正式後拉式系統。這樣做，一定會發生「後退現象（backward steps）」，因為這些技術的目的，就是要使浪費曝光，從而可以消除之。因為只有在不能暢流化時，你才會了解下一步該解決哪些問題。

工廠實施了暢流化及後拉式技術後，你就可進而改善訂單處理系統。辦公室的改革活動，固然不像現場一般，能具體搬移機器，但也同樣重要。你可先從與生產活動有關的活動著手。同樣，你也可要求辦公室人員做自主／小集團式活動。他們在開會時，可以問些根本問題：「為何你要這樣做？」這種不斷追根究柢的方式，才是改善的根本精神。一旦你在某一方面建立了橋頭堡之後，就可改善其他所有相關的活動，如銷售、接訂單和排程。

在你為生產及訂單處理引入「後拉式做法」時，就該開始思考在每一產品族的開發活動中，如何才能暢流化及採「後拉式」。因為生產資源上浪費減少了，此時要想善用釋放出來的資源來增加收入，最快速、有效的方式，就是讓產品能加速流通。我們看過不少公司在精實化後，在開發速度上能加快四倍、製造成本下降、顧客更滿意、業績大振（不增加任何成本）、人才又可善加利用。

你在非製造環境下推行精實系統轉型時，常要依不同顧客之心智模式及環境，來「因材施教」。譬如說，不管大家多積極，在一開始時，倉庫及零售業的人都會覺得：「暢流化」及「後拉式」，並不適用於他們的作業，因為畢竟他們並沒「製造」任何東西呀，而且過去多年來，他們都是在責怪生產不準時呢！

譬如說，多年來，英國優尼帕特（Unipart）已從豐田汽車公司的協力廠商輔導小組處，學習了精實系統，可是他們發現，要想把它應用在倉儲及配銷作業上，仍是一籌莫展。最近他們參觀了第4章中所說的豐田零組件配銷中心（PDC）後，才恍然大悟，懂得如何應用。

舉個例子來說。他們了解所謂的「生產過剩的浪費」，它在倉儲上的意思為「比必要的速度更快」，以及「進料訂單平準化」乃是創造暢流化所不可或缺的先決條件後，他們的進步就可一日千里了。他們在第一週的「精實化大作戰」活動中，就騰出足夠的空間，來安置新加入的某大雷射印表機製造廠的維修零組件配銷作業。

## 設立組織來疏通價值溪流

由於許多領導人對精實系統的了解不夠深入，所以在專案開始有所突破時，容易誤以為：「好的開始即是成功的一半，現在我們已有小成，所以凡事只要依樣來做，幾個月以後就可精實化了。」事實上這只算剛起步而已。要想有下一躍進，就要創設新組織來疏導價值溪流、防止淤塞。同時，你也必須有合乎實際的策略，才能完全善用所有因精實化而自由釋出的資源。

你要依產品族別來重組事業，即，每一產品都要清楚地有人負責，並要創設一真正強而有力的精實化促進機能，做為由各項努力中所獲得的技術之寶庫。在用人方面，大家在價值觀上要能一致，凡不願接受新理念、方式的人，也該走人。此外，你也要有雅量，能容忍邁向目標途中的暫時失敗，並要有「止於至善」的修養。

## 依產品族及價值溪流重組

我們在導言時已說過，商業組織的適當目的，乃是確認各產品族的價值溪流，並加以疏導，使得價值能平穩順暢地流向顧客。你在生產系統上（含產品開發、銷售及服務）精實化後，就會發現，要想長治久安的話，最好是依產品族別及價值溪流來重組。你在從事各種工具、模具的合理化時，會發現組織內有許多人才及工具，都適用於特定的產品族上。

這意謂著你要能先確認出產品族，並重新思考在行銷／銷售、產品開發、排程、生產、採購等機能上，如何與各產品族一致、配合。確切的組織方式，要依事業性質、各產品的銷售額，以及顧客的種類及數目而定。不過我們可建議一些基本架構供參考，如圖11.1所示。

圖中的盒子大小，大約與其人數成比例。我們可以看出，各產品小組是主力，而其他機能及間接支援單位，則大幅縮編。

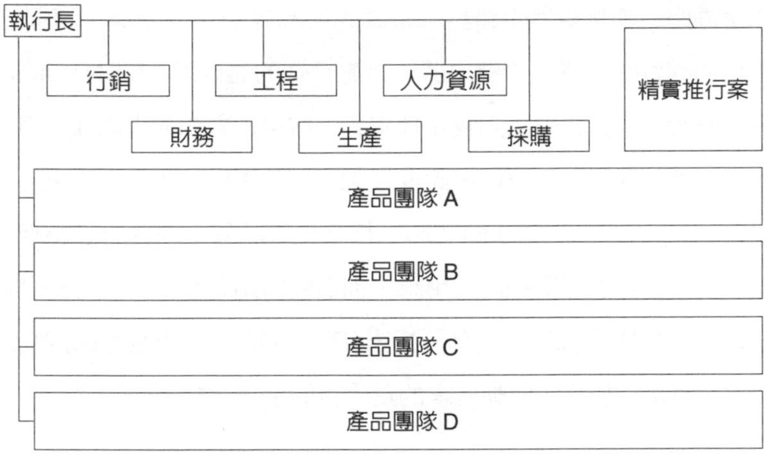


圖 11.1　精實組織的基本形態

## 設立精實化的推進機能

你要有地方讓導師們能坐下來（雖然好的導師席不暇暖）。負責畫流程圖的人，也要有地方可以打電話、聯絡原單位。新加入者也要有地方可以坐（上圖表示，會有許多人轉任此新單位）。改善小組也要有後勤支援。生產經理們需要在精實方法上不斷精進，而且要定時加以診斷，看看他們是否退步。簡單地說，你需要一永久性的精實化推進小組，而它要向變革管理人報告。

你最好能把提升品質、改進生產力、縮短前置時間、節省空間等活動，與此精實化機能結合，使組織在各種績效尺度上能同時並進。

剛開始時，生產主管們也許會認為，品管專家們及精實化專家們，他們在傳達不同的道理。事實上，他們的用語雖然不同，可是殊途同歸，都是要消除錯誤所造成的「浪費」，以及消除因不能暢流化而導致的等待。（譬如說，普惠公司的諾蘭恩〔Ed Northern〕就這麼說：「伊藤先生向我左耳交代一些事，岩田先生向我右耳又說了一堆，我原以為它們彼此會打架，好生困擾。可是，後來才覺悟他們是一致的。」）我們認為，精實化與品管上的用語必須標準化，大家才可以採用相同的用語，而若能將兩者整合，會是絕佳的投資。（譯按：八〇年代有人提出JIT / TQC，這也是豐田成功的根本，可是由於品質運動追求的是「目的」，聲勢更強。）

## 處理多餘的人員

我們有一粗略的估計準則可供你參考：你把「分批—等待」活動精實化之後，最後可以不多花錢而省下四分之三的人力。一旦你將「流水」式生產設施——例如保時捷汽車公司的亨利・福特式裝配線——精實化，你就可少用一半人員（大半來自消除間接工作、重做以及生產線上不平衡）。何況，你仍會再重新檢討每一產品，因此必然可節省人力。同時，在產品開發和訂單處理方面，把原先的「分批—等待」式改為暢流式，可以事半功倍。

所以，如果銷售不增加，人力就會多出來，此時你該怎麼辦呢？多出來的人力，一定要釋放出來，以免礙事。不過如何安置他們？

我們提過，許多組織非到危機當頭才會考慮精實化。如果你的船快沉了（像第8章的普惠公司），有些船員就要準備救生艇，這是很明白的事實。正確的做法是面對它，先估計要用多少人來做危急之秋的工作，並快速實施來達成此水平。你並要保證，不會因精實革新而解雇任何人，並要信守承諾。

你可不能採取「千刀萬剮（drip torture）」方式，即對各活動逐一加以苦刑，並要他們自行了結而不知何時了結。我們一再解釋，在精實化的世界中，改善是無止境的，所以總會有些職位會因改善而用不著了。你要是不能有效處理人事，員工也會「上有政策，下有對策」而因應，使得改善無法持久。

如果你有幸可從容改革，可能會碰到另一難題：改革很難推動。此時正確的做法是，先要集中心力於特別麻煩、有問題的地方，等改善有成後，再大規模推行，並把節省下來的人，調到「精實化推進處」或其他適合地方。這些做法大家看在眼裏後，知道可以安心從事改善，就會更積極、合作。另一方面，如果你一旦失信，可能在多年後仍無法再贏得同事的信任。

## 設計成長策略

我們偶爾也會碰到有些最高主管，他們的事業獲利不差，不過仍誤以為本書所談的精實化技術，乃是「快速大量減人、快速獲利」的妙方。他們所用的名詞是「擁抱新典範」和「世界級競爭力」等。對於心存這種偏見的人，我們都會說：如此做的話，你初期或許會省一些錢，不過不可能維持精實化體質。

更為健全的做法是要採用「成長策略」，來吸收所釋出的資源。實際上該怎麼做，則要依公司的情勢而定，本書提供了不少範例供參考。有的公司會把省下來的成本，轉投入銷售量的擴增（如

F-NOK用同樣人力在五年內成長三倍）；有些則用它來加速新產品開發，從而擴增業務（Wiremold的做法）；有的則集中努力於現有的產品，縮短生產前置時間、準時交貨、依客戶要求的形態、規格、需求交貨（如Lantech例）；有的則把賣點從貨品轉為服務，再發展下游的配送及售後服務（如普惠例）；有的則採取整合上游的零星生產活動，使它成為一單件暢流式（如第3章所述的玻璃業）。而絕大多數的精實化企業，都想從既有的產品線，發揮出上述各策略的綜合成果。

然而，這樣可能還不夠，你也許還要採取其他策略。不過，這最好能在你已改變經營、管理的思考方法後再來，而不要事先窮忙。一旦你能對精實系統的技術融會貫通，並檢討過每一產品的整體價值溪流，你就會知道該做些什麼。

在我們研究過的精實企業中，通常會發現凡能堅守本業，再加上併購一些相關事業，就可以獲取適當的成長及利潤。（Showa是唯一例外。）尤其難能可貴的是，他們的併購資金，通常出自削減存貨（因「分批—等待」而造成）所得的現金。

至於必須往不熟悉的業務發展的公司，也可以採「就每一新產品族，分別任命一位產品經理」的方式，來持續評估其成效是否符合預期。此方式的優點為各產品族能視需要增、減，而又不致改變公司的基本結構。

## 送走不合作的人

我們的經驗是，在每家公司中，通常會有十分之一不到的主管，根本無法接受新觀念。特別是那些只會依科層交代下來的清楚命令來做事，而且掌控權力慾很強的主管們，最令人傷腦筋。

根據我們的研究，而且也是所有負責變革的主管之經驗，都希望在改革初期就能快速把不能合作者「請走路」。這樣做，也許有點不近人情，但為經驗之談。公司內會有少部分的先知先覺者，他們會很快地擁抱精實化觀念，不過大多數是猶豫、觀望，也有少數人會唱反調、幸災樂禍，想看變革出差錯——這些人既會影響多數人的士氣，也可能會危及整個精實化大作戰。

再說一次：隨著變革推行進展，只要你能保證雇用，大多數的主管及人員會轉而追隨、積極做事。而對那些不願意試行新觀念的人，最快能早點了斷。

## 改善之後要再接再厲

在第一回改善活動結束時，要告訴現場管理者及員工團隊，三個月後他們又得再改善一次。開始時，務必讓所有員工了解，凡事總有改善的餘地，必須「止於至善」。這通常表示：所有機器都有待移動，所有的職位都會變化。

在精實轉化的初期，一波波的大作戰，多由「精實推進單位」來策畫。然而，隨著時間的進展，「改善」要成為各產品團隊領導者及多數人最要緊的工作。你必須讓大家了解，「管理」不再只是承上啟下，在穩定中做事，並竭力避免差異（譯按：實績與標準之差距）發生而已，而是要進一步消除差異的根本原因（如此，才不致於斬草不除根，春風吹又生，從而可長治久安），而且也要持續以一專案接一專案方式不斷改善。各主管的改善績效，要成為其最重要的考績項目。

**「進二步，退一步，尚可接受；不進步就不行。」**

請回想普惠公司在轉型時，渦輪葉片廠的總經理精力充沛，很想有一番大作為，可惜因為好大喜功而失敗。柯藍（M. Coran）把他及部屬調職（而不像一般西方做法叫他走路），這樣就送出一重要訊息：追求正確目標而犯了錯，並不算失敗。

而另一位元件中心的總經理，則因為反對精實化（他的績效並未退步）而被柯藍遣散。這樣，他又送出另一重要訊息：不允許藉口改革失敗的代價太高而不改革。

把上述兩互補訊息送出去，實為變革管理者的要務。

## 建立制度來鼓舞精實系統思想

開始轉化的前六個月，由於動力足夠，而且對組織的未來，也會有所反思、檢討，可以說是邁向精實轉化目標的第一步。然而，更重要的是要進一步努力，才可使新「政」維持下去。公司一旦破除了舊習惰性，改善提案就會如滾雪球般驟然增多，此時，你要有機制來決定何者對於現狀最重要，何者要等資源充足後再談。你也需要新的考績方式及獎勵辦法來激勵員工，要他們繼續把事情做對，並要使組織完全透明化，使大家知道進退以及如何落實。此外，你也要有系統、有方法地教導全體員工（包括該價值溪流的顧客及供應商之員工）精實系統革新。最後，你也要有系統地反思你的工具（從大型機器到排程電腦系統）是否適用——即它們要可以直接用在個別產品族的價值溪流上。

## 運用方針展開*

我們一直想強調，即使是一家老廠（brownfield）*，想要精實化，先要「盡量做」，即要先上陣，做出一番好成績再說。第6章Lantech在進入狀況後，就雄心勃勃地投入許多活動。通常，為了要有焦點而採用方針展開管理法，來使得全組織的人，對全年要達成的最重要三、四件任務有所共識。舉例來說，今年要做三樣：重組產品族、引進精實化會計系統、每一主要生產活動要有四件改善專案，以及在處理訂單及排程上要有所突破。

實施「方針展開」的另一更重要的工作是：某些單位的人會認為某些事緊急，可是由於資源不足，而必須有所取捨，即必須決定將其延後一、二年。這些都必須公開化，才能讓大家知道優先順序。

## 建立精實會計制

許多公司至今仍採用標準成本制——儘管某些公司已採用作業基準成本法（ABC, Activity-Based Costing）*——這已算進步，但可以更進一步。你真正需要的，是根據每產品的價值溪流會計法，即你要使所有參與者（包括產品發展及銷售），都能清楚地看出，哪些共同的活動會產生怎樣的利弊。

一旦你依產品族來重組、精簡傳統職能及其所分攤的成本，就容易依實績（assign）而不是分攤（allocate）方式來算成本，從而讓產品團隊的每個人都知道他們自己的成本。你的會計人員知道怎麼做——用不著請顧問——不過我們建議，先從會計主管開始，要他（她）親自參與幾個月的改善活動。然後再問些簡單的問題：什麼樣的管理會計制度，會讓各產品組長的決策正確（精實化）呢？

你仍然需要損益表等財務會計制（雖然它們竟然把可能必須報廢的存貨列出價值），不過，這些報表用不著交給各產品組長看。另外，你要記住，從現行制度轉為精實會計制度，必須逐步為之，大約要花一年的工夫，才不致造成混亂。

## 依對公司績效的貢獻而敘薪

最理想的薪資制，乃是依人人所增加的價值來給酬勞，因為價值是由顧客所決定的。然而，在實際執行上，這會有許多技術性難題，徒然增加許多無價值的爭論、工作。

我們發現，精實化公司的薪資制，要簡單方便才好——即要依據員工的一般資格來給市場行情薪資，譬如各種裝配工及新進產品工程師的薪資，都要包括所在地區的平均薪資水平和紅利（依公司獲利而定）。由於精實化公司的獲利應會高於平均，所以紅利會佔全部收入中一重要比例。（例如Wiremold公司的紅利目標是基本薪資的二成，其假設是公司的績效，應該比該地區的平均製造獲利率高出二成。）

你依紅利分放辦法計算一下，很快就可以知道此金額固然不少，但也不會是天文數字。再次強調，在精實化系統下工作的人，其主要的激勵，乃是來自工作本身的正向回饋及心理上的暢流感覺。

常常有人會提起，製造人員要有「獎工制」，並要依產品族來調整酬勞。我們認為這雖有道理，不過權衡細思後，就會認為這不可取。「獎工制」是舊式「計件制」所留下來的，而近日有人說，由於在精實系統下的工作速度較快，所以要給點補償。其實不然，速度與從前一樣，只是把所有的浪費和無生產力的寬鬆去除而已。因此，開始或許會覺得有點難，可是經一段時間調適，隨著大家把毫無浪費視為平常後，人們反而會感到，速度上較前輕鬆。想用錢來買員工的忠心，實在是走錯方向，應該強調新工作環境的積極面才對。

至於「針對各產品族，分別計算紅利」的提議，固然可行，但我們仍認為不宜。在精實系統中，工作任務是由工作小組很細心地評價，以求速度上平穩而無浪費，因此，全公司各產品族的工作速率應相似。而且，各產品族之間互派員工支援，乃是很平常的事，何況有時更會隨業務改變而調職。如果各產品族的紅利，因市場競爭情勢不同而異，就可能會使工作之再分派的衝突不斷。

## 凡事「透明化」

一般說來，要與別人做績效標竿比較，頗為浪費時間，所以不如把時間花在從事正確的事上。話又說回來，內部績效（特別是改善速率）的標竿分析很重要。再者，創立一「考績（分數）板」，來給價值溪流的所有相關人員即時的訊息，也很重要。這些並不需要很複雜的工作，也不用大額投資。以保時捷為例，由簡單的表格及製程現況板，就可以告訴你現況及預計的改善，既簡單、易懂又清楚。

## 教導全員精實系統思考法及技能

現在大家都會說，高階主管要聽聽現場工作人員的心聲，因為他們最內行。其實，這只是一面之辭，因為現場的人員也許知道個別工作的技術細節（包括如何抄捷徑辦好事，因為規章陳舊不堪），然而他們不容易了解整體價值流的橫向界面，以及如何應用後拉式方法。他們通常採救火方式，而不知道如何根本地解決問題。所以在推行精實化制度時，常常會湧進許多建議，可是效果常令人大失所望。

員工要想取得關鍵性的精實化技術，必須接受特別的培訓。作者Jones 最近幫英國優尼帕特集團籌設企業內部大學，得以全盤重新思考「技術獲得（學習）」這件事。他最後決定，該大學應緊臨價值溪流，而不要像其他企業內大學方式（以美國摩托羅拉最著名），採用離開現場的專用設施。該大學的教員都是現場主管（這表示，他們都得有營運或生產之技能，這是西方公司高階主管很少有的修養），而所教的，也正是下一階段精實轉化所必須具備的技能。

因此，「精實學習」及「方針展開」兩者可以精心地同步化，如此既可使知識能適時供應，並可加深所有員工做對事情的承諾。

不管大家從學校畢業多久，人人都可學習適用的解決問題方法，並可體會持續學習的樂趣。經一段時間後，企業可以把培訓之投資與改善之績效做對照、研究。

## 適度規模工具（right-sized tool）*

我們所指的工具，並不只是生產設備，舉凡資訊管理系統、測試設備、製造原始模型系統、甚至組織上的分組都算。譬如說，試想專為某一特定活動——例如應收帳款——而設的部門，就是一種工具。

你在第一次做突破性變革時，可以重新檢討工具。此時，你的「紀念碑式」（monument）* 的大型工具，一定會讓你很傷腦筋。首先，你得克服大家習以為常的錯誤——以為大型、快速、複雜、專用而又中央化的工具會比較有效率，其實，這是以前「分批—等待」式想法的遺毒。每一工作都要從下一站的觀點出發，看看利用什麼樣的工具，才能使產品在該系統中暢流，而不致造成延遲或回流之現象；哪一類的工具能允許我們快速切換生產線，而不必採取批量式來生產。

你思考後，可能會發現，只要稍微有點創意，就能使既有的工具變得更具彈性。通常二台小型而具備基本、適用功能的機器，會遠比一台大而複雜的機器便宜得多，何況許多工具更可利用既有的人力、人才自製。（你不妨丟掉所有一般的產業機器目錄，好好在廠內「廢物利用」吧！）

你愈用心想，愈會了解，你能夠提供專用設備給大多數價值溪流，來克服「紀念碑式」大型設備的瓶頸，以及因切換線而造成的停線損失。當需求一有變動時，你可以快速地利用適度規模工具，重新展開來滿足新要求。不過，你得花些真工夫，一步一步全盤調整才行。

## 完成轉型

你的進度快速，組織也經重整過了，同時適當的商務系統也已就位（這也許要三至四年的努力奮鬥），此時你可以說已邁向完全轉型。最後，你應該進一步確定你的供應商及配銷商們，都能追隨你來完成全面轉型。你該做的是把「價值」盡可能接近顧客，使精實系統思考法變成由員工自動自發，由下而上，全面推廣、拓展。

### 讓供應商及顧客信服而轉化

當今各公司的內部活動，份量上很少超過全部成本及前置時間的三分之一。豐田汽車在1949年被「解體」，使公司內的活動份量，從原本佔總成本的75% ，降為25%以下，現在這已成為市場上的常態。所以，這也是你努力精實化所能達成的最上限，你要能結合供應商及配銷商，才可能有更大的作為。

耍弄、威脅你的供應商或顧客都無濟於事。你可以整他們，壓迫他們的獲利空間，可是這些戰術終究只是徒勞，因為他們不知道該做些什麼才好，所以為求應付，只能轉嫁或壓迫他的上游，或另結新歡，或少做研究開發，甚或偷工減料。

唯一的解決之道是讓你的「精實化指導小組」去協助他們。（這也可以使你們的見識更廣，而且又可以教學相長。）不過，你要先把與他們交界的那段做好，才能名正言順地要求別人：「我們很快就大有改善了，相信你也能。這是精實化的辦法和方法，一起來做吧！」

這種方式要行得通，就得精選上、下游的夥伴，準備長期合作。你協助他們時，不要算工錢，而要事先訂好如何分配在成本上的節餘。（保時捷汽車的做法是與供應商及顧客平分好處。）這投資很容易就回收，而且可以有其他好處：品質會較好，供貨前置時間可較短。

你也要告訴他們，精實化除了能使彼此雙贏外，更可擴展事業，而這也是豐田汽車及其日本供應商，在七〇、八〇年代大發利市的主要原因，因為他們的成本極具競爭力，而且利潤空間大。也就是說，除了豐田享受了低價好處外，供應商賣給別家顧客（日產汽車因政策關係而未賣）時，獲利也頗豐，因為該供應商的競爭對手採取「分批－等待」式，成本不菲。

供應商及顧客們開始改善績效時，他們也得成立自己的改善輔導小組去協助其供應商及顧客（他們通常較不先進）。你要為他們設定富挑戰性的成本、品質、可靠性目標，使他們必須不斷努力才行。如果能把第一層供應商組織成學習俱樂部的話，成效會更好，這也是豐田汽車一向的做法。同樣的，第一層者也可精選其供應商組織俱樂部（克萊斯勒汽車最近在北美也這樣做）。同理，裝配廠也可向原料廠傳教，指導他們邁向精實革命。（你固然可低價向原料廠大批進貨，但這只是壓低他們的獲利空間，不如教他們如何以不同方式來經營、改善成本。）

## 發展全球精實化策略

有些公司可在某一地方設計、生產來供應全世界。例如保持捷在德國西南一隅，Ferrari 在北義大利，它們都生產風格特殊的車子賣給全世界。由於他們的產品有魅力，公司生意得以不墜，而且全球的需求大體穩定（雖然某些國家的需求，會因匯率、流行而稍有波動。）

有些公司為服務本國市場，就忙得不亦樂乎，如Wiremold 認為，歐亞市場都還尚未成熟呢。反之，Lantech 則是外銷多多益善，反正是多賺的（因為外銷並非其核心事業)。由於這些公司的國內市場夠大，可以讓他們持續成長，何況他們也可以向相關的事業擴展！

然而，其他許多公司，像各大汽車公司、電子公司、航太公司、及其第一層供應商，都得立足於全球市場才行。他們想採取精實系統思考的話，必須採取新策略才行。

許多人原以為，「精實化技術」不過是成本抑減的技術而已。其實遠不止於此，它除了可降低成本外，同時也可縮短生產前置時間及產品上市時間、改善品質、適時交貨給顧客等。它既可以用少量多樣、低成本方式來設計、生產、銷售，而又不必大量投資。

根據上述特性，有全球市場潛力者，其正確策略應該是：在各目標市場內設立自足的設計、生產、供銷單位，這樣才可以就近快速地滿足當地市場的需求和要求。這無法以高科技大量生產方式，或由中央來統籌（如第10章所述），因為中央化只能算是局部最佳化，也就是對其他市場的反應，只會鞭長莫及、或者太浪費。

## 「由上而下」式領導轉變為「主動由下而上」

開始時，流程改善小組會採「由上而下」方式，因為當務之急是示範給員工看，要大家必須改變想法。然而，隨著大家漸入佳境後，改善小組的目的，則是要使每一位現場主管都能成為「導師」，以及每位員工都成為主動而積極的「流程工程師」。而改善小組則要變成能處理現場主管之「疑難雜症」的專家，這也是目前豐田「生產／營運顧問處」的主要工作。

精實系統思考有一奧妙（或弔詭）處：它的概念本身，極為反科層（官僚）而接近民主。例如員工都要能自主檢驗、成為多能工、並透過有系統的改善活動，定期重新設計工作——不需要層層的管理，凡事要透明化，並使大家能一目了然。不過，為了避免大多數員工只顧自行其是，仍要有方向上的導引。

因此，到了組織轉型關鍵期，主管就必須從「專政」改為「教練」式，員工也必須變得主動、積極，此為轉型成功所必須的。請切記，如果你身為變革管理者，很可能你本身就是最大的問題。我們碰過有些人在其組織已經成熟時，仍然想大權在握，想從高處指揮，殊不知這樣很容易演變為大家皆輸的局面。

解決方法之一為改變你的行為——你可以繼續投入改革，而在幾年後把一些資深主管納為夥伴，調一些到「革命尚未成功」、而人們仍冥頑不靈的公司去做精實化革命。

## 五年的承諾

對有志於成為轉型變革管理者的人，我們會問：「你願意苦幹實幹，百折不撓，而且投入五年的時間嗎？」我們認為，一般公司要花上五年才能轉型成功，如下面表11.1的摘要所示。

少數公司的變革主管很投入、堅定不移，而且公司已有類似經驗（如Wiremold）。通常，多數員工（包括高階主管）要有足夠時間，來學會分辨什麼是有價值的，而什麼是浪費的。一般主管也要長時間來實驗、學習精實系統思想——包括對挫折的反省——才能消化、善用之，使公司能力升級。到了這時候（我們認為這時是轉折點），變革主管才能說公司上了路，而且財務績效才會完全發揮出來，公司的改革是不歸路，大多數的人會投入新一回合的挑戰。

最近大家對所謂的「企業再造」等「急就章」式計畫深表疑慮。許多主管知道，轉型需要時間來打基礎。我們與許多主管談過，也相信凡擇善固執的，終必有收穫，而這正是本書的主要目標，要告訴大家精實革命的前景燦爛。

如果你決心成為變革管理者，而又有好的導師（你也可以努力學習而成為導師），我們保證你會有非凡的成就。本書所介紹的技術，全世界各產業都有實例可說明它們有效。

當然，即使公司的成績亮麗，也可能因不可控制因素而失敗——如產品帶來未能預期的環保問題、或顧客口味驟變、或新興科

### 表11.1　精實大躍進的時間框架

| 階段 | 特定步驟 | 時間框架 |
| --- | --- | --- |
| 開始 | 尋找變革管理者 | 前六個月 |
| | 獲取精實系統知識 | |
| | 找出槓桿 | |
| | 畫價值溪流 | |
| | 開始突破式改善 | |
| | 擴充範圍 | |
| 成立新組織 | 以產品族重組 | 六個月後到第二年 |
| | 創立精實系統職能 | |
| | 設定人員安置辦法 | |
| | 訂定成長策略 | |
| | 移除障礙 | |
| | 建立「止於至善」心態 | |
| 設置商業系統 | 引入精實系統會計 | 第三年、第四年 |
| | 薪酬與公司獲利成正比 | |
| | 實施透明化 | |
| | 開始方針展開 | |
| | 引入精實系統學習 | |
| | 找出適度規模工具 | |
| 完成轉型 | 將上述步驟應用到供應商／顧客 | 第五年末驗收 |
| | 發展全球策略 | |
| | 改善從「由上而下」轉為「主動由下而上」 | |

技使產品變成完全無用武之地等等。不過，精實化工具寶庫，一定能讓你的成功勝算大為增加。

## 下一大躍進

引進精實系統思考法，會使得問題及浪費必須浮上檯面。你在應用這些觀點時，也一定會使一些組織問題浮現。精實革命會使傳統職能縮編，從而摧毀員工的生涯規畫——這會使他們若有所失，不知前景如何。而且，隨著你要求研發及生產人員更重視「此時此地」的實效，大家進修機會少了，此時必須擔心這些人的技術是否落伍，是否只是不斷地重複運用他們已知道的。

更重要的是，隨著內部存貨及浪費的削除，你會對上游（供應商等）及下游（配銷零售商等）公司的成本及績效問題更有警覺性。你可以提供他們技術上的協助，可是這遠遠不夠，而是大家必須成為一體，以新方式進一步完成精實化革新。

我們認為，要想適當地處理這些問題，需要有組織上的大躍進來配套——即使豐田汽車目前也還做不到。我們稱此為「精實企業體」，它是本書第三部分要談的。

第三部

# 精實企業體

LEAN THINKING

第12章

# 導通溪流：落實之挑戰

有時，人們會問：「這些有什麼新意？你說的哪些我們沒聽過？」問得好，答案也很簡單：我們要把某特定產品的整條價值溪流畫出來，讓大家好好「看」，並毫不留情地重新思考「由顧客主導來拉動，要求完善，確認價值溪流，並使整條溪流連續暢流化」，以及精實化如何會影響到工作、職業、機能的每一層面。

走這條路會極富創造力，收穫也多，然而它並不會自然發生，必須全力以赴才行。一般人通常會先考慮如何確保工作，再進而思考如何發展（或升遷）——這常須沿部門或職能管道，所以大家都會以此為著眼點。另外，絕大多數高階主管的酬勞，都會與公司績效（尤其是獲利）掛鈎。所以請注意，在公司從上到下都沒人注意到，最重要的是「整體價值溪流的績效」——而這是唯一能讓顧客覺得休戚相關的。

我們曾提出一種能確保工作、解決失業問題的提議：一開始就要把公司生存所不可容忍的「浪費」、職位消除掉，然後保證留下來者的工作。落實這並不容易，因為很多主管不見棺材不落淚，最後使得大量裁員變成不可避免。不過，最起碼它既簡單又容易理解。而且，隨著愈來愈多的主管擁抱精實系統思考，更可以在有危機之前採取矯正措施，從而保障大多數人的工作。我們確信，一旦精實系統思考法成為主流時，社會上的總工作數目會增加。而關於生涯、職能及公司的各種問題，就極為複雜，一時很難說清楚。

## 精實企業體

我們認為，要解決這些難題，第一步要先創造出「能觀看全體，也就是能導通價值溪流」的新機構。我們稱此為「精實企業體（lean enterprise）」，前文多次提及。現在我們要詳細說明。

精實企業體的目標很簡單：正確地確定出對顧客最有價值的，而不是由各路人馬以其各自方便的方式來認定（譬如生產者認為實質的「東西」最重要，而獨立的銷售組織則認為顧客「關係」最重要等）。然後，再確認從產品概念到上市，從接訂單到交貨，從原材料到交到顧客手中，直到產品消亡為止的過程中，需要做哪些事。其次，把凡是不能產生價值的都除去，而留下有價值的，則要由顧客來拉求，並以暢流方式提供。最後，要分析上述精實化的結果，並重新再做上述的評價（即PDCA 循環）。針對各產品或產品族，持續地做此種全生命週期的PDCA 循環研究，才是「管理當局」的核心工作。

精實企業體的機制也極簡單：沿溪流所有公司的會議，要由各參與公司的精實技術職能人員協助，定期做出快速分析，並迅速採取改善措施。這些會議顯然要有領導者，而在組件及元件上集大成的，自然就是領導者。（譬如第1章的威爾森建設公司，第8章的普惠公司，第9章的保時捷汽車，第10章的Showa公司）。不過，參與者都要能彼此平等相待，把各種浪費視為頭號敵人。

## 結束工業冷戰

上述精實企業體的說法，看來是如此簡單、明顯，以致許多讀者會以為，這樣的分析，一定是平常得很（即使其名稱上不統一）。其實不然。部分的原因是，主管們多不了解在整體價值溪流中，應用「暢流化」及「後拉式」做法，對於「消除浪費」上的潛力。另外，更有下述基本上的心理障礙。即，大家協力來分析某產品或服務在研發、接單、生產時所需的每一活動時，每家公司的成本都必須透明化，也就沒有所謂的「私密性」可言，甚至免不了要討論每人（家）在某一產品要賺多少。

不過，在歐美的工業史上，各公司上、下游的關係，猶如冷戰時代的美蘇關係，只能維持最起碼的合作，以免爆發大戰。實際上，它更像是：只要不玉石俱焚，能佔對方便宜的話，愈多愈好。價值溪流的各參與者之行為，也常常如此。即，只要合作到能把產品做得出來就可，雙方各保持機密，希望對方不知道己方賺一大票，或把供給方的成本、價格壓得喘不過氣來，而能占便宜的，絕不放棄。己方有改善時，好處要全包，不要讓對方知道、分享。沒有人建議雙方建立「互信」，來結束此地理政治上的冷戰。不過，我們常聽到供需雙方要彼此互信——這個詞缺乏可運作的定義（譯按：此為戴明學派的重要術語）——來結束工業上的冷戰。（讀者不妨試問：產業上的「互信」，究竟能維持多久？一旦市場行情有了變化，以前有利潤的產品，一旦變成無利可圖時，此時最靠近顧客的一方，馬上會要求降價，而不管誰在抑減成本上做得較好。所以說，最近通用汽車公司及VW汽車公司處於危機時，對待供應商的「薄情寡義，趕盡殺絕」式做法，也就情有可原了，因為雙方並沒有可運作的「公平遊戲規則」可言。）

我們建議，想要結束戰爭狀況，只有在參與的各方都願意談出一套原則，來指引未來的共同行為，並訂出一可相互證實任何人是否遵守原則的機制。就精實企業體的「上下文」而言，此等原則或許可以訂為：

- 每一產品族的「價值」，必須依據顧客對價值的認知來共同決定，同時要訂出其目標成本。
- 所有相關公司對於精實化的投資，必須有適當的報酬、回收。
- 各公司必須協力來確認出各種浪費，並消除之，以達成總體目標成本及各公司的投資報酬率。
- 成本目標達成後，沿溪流的各公司必須馬上做新分析，來確認出剩下的浪費，並訂出新的目標成本。
- 各參與的公司都有權來檢視每家公司的全部相關精實化活動，以利共同找出浪費。

精實企業體本身就是一證實機制，適用於產品的全生命週期。這期間可能很短，如在變化快速的娛樂業中，一年期的電影制作；也可以長達十年，如克萊斯勒公司所領導的汽車「平台（platform）」小組，它會定期推出由共用零組件組成的新型小貨車。

我們最近也試著與本書所提的幾家公司，沿著其漫長價值溪流來確認每一活動，來創造精實企業體。我們知道，即使每家公司都信誓旦旦要全力以赴，這仍不是簡單的事。（試舉一簡單例子：如何說服價值溪流上游公司投資新科技，來做小批量生產呢？因為小批量生產的好處，大部分歸下游各公司，而成本則要由上游公司分攤，所以一定要有辦法補償上游廠商。）不過我們也知道，這對所有的參與企業及下游顧客，都會有很大的好處，因此，我們有信心使這一機制日益精良。

## 交替的職業生涯

試看某精實化組織圖（第11章的圖11.1）。它顯示出，隨著公司創設精實企業體來導通價值溪流，大半的員工都可直接從事與價值之創造有關的工作，而以前需要的間接工作及其相關的人員都會消失。

許多人並不喜歡這樣，因為他們習以為常的升遷管道，乃是沿這些「職能」活動——如工程、銷售、採購、排程、品質稽核、中央化資訊系統和會計等步步高升，取得更大的權力、更好的待遇。

在此種情形下，如果員工被派到某一產品小組去，可能會覺得

「前途茫茫」，搞不清「自己是誰」。（如「我是電子工程師科班出身，現在所做的整合性工作，很少有機會發揮所學。」）雖然，實際上它會遠比以前的分部門、分批作業等方式（容易使人有疏離感）更有收穫，但是，有時當事者會感到沒進步，而且學非所用，頗令人喪氣。

尤有進者，如果員工逐漸落伍，淪為只會一直應用他們熟知的標準問題處理法，這樣對公司也不利。日本人稱這種現象為「『通才工程師』問題」——它和德國保時捷等公司比起來，的確是一項弱點，因為德國的技術職能很強。

這就暗示我們必須設計出新型的員工生涯規畫，即一種「交替式生涯」——在產品小組和專業之間交替。它的基本想法是：員工全程參加某產品的開發或生產，等到該專案結束後或不需要時，再送回其專業本壘（原本職能），接受新技能的再教育，或是參與更高級的專案。如此，員工可以充分發揮技能，或是投入精實企業體當顧問，來確認並消除各種浪費。

傳統上認為，一般管理者要沿組織階梯攀爬，統管愈來愈多的部屬。其實，這種想法要揚棄了，因為這對價值溪流並沒好處。新職業生涯的看法則是：要把技能應用於愈來愈有挑戰性的專案，這對員工及價值流都有好處。說服員工，來認同此為「仕途」新徑，也是企業體精實化所不可或缺的。「企業再造運動」就因為在這方面未能善體人意而失敗，即，等「人頭砍完，整頓間接單位都完成」後，大家又會迅速地回到原系統。這是人性，情有可原。我們認為，問題出在囿於傳統事業階梯之成見未能有創新思想。

## 未來各職能

除了得重新思考工作升遷制外，也要檢討部門及職能何去何從。由於精實企業體是為導通價值溪流而創設的，因此傳統的職能工作顯然就得改觀：工程（部）已不做例行產品工程工作；採購（部）不再像以前只做購買、跟催工作；生產部不再像以前般指揮大家趕工追產量；品管（部）不該再做詳細的產品稽核，或做某一產品品質問題的救火隊。這些工作，由該專職的產品小組來處理即可。

各職能所該做的，是要好好思考未來。如產品工程師該引進新技術，使產品能有新功能來服務顧客，另外，也該開發出新材料及方法，以利製造步驟合理化並降低成本。工具工程師要做出「適度規模」的工具——從電腦到生產設施——以利暢流式生產及快速切換產品。採購人員要結合一組供應商當成一家公司，使其成為長期共同發展的夥伴，並確保他們有新技術、設計及生產能力，可以確保高品質供應。品管人員應發展出標準的方法，使產品小組能應用，確保生產不會有重做，不良品不會流到顧客手中。我們在第11章已說過，「品質職能」要與「精實（生產力）職能」或「改善職能」結合，來消除各種浪費。

每一專業職能都提供其專業者一可歸宿的「本家」，包括生產工人都可成為偵測、消除浪費的專家。各職能的主要工作，是要把現行的知識及程序系統化，以利對後進專業人員的教導（培訓後最好能及時應用，不然，知識很快就會忘掉）。另外，專業職能要尋找新知識，並摘要、儲備之，以利需要時可應用。

## 公司的角色

我們可以把各專業職能，想像成由群山所形成的谷地，它們有利於價值溪流（知識）流向岸邊工作者，來創造價值並加速暢流。這種比喻，更提醒我們要做最末一道的心態調整：如果各職能是溪流，那麼各公司的目的又是什麼呢？傳統的經濟學、組織學認為，公司除「賺錢」外，似乎別無其他目的。其實，沿價值溪流各公司的關係，如果是處於冷戰狀態，彼此就會轉嫁成本、爭利，對創造價值並沒有真正貢獻。

我們認為，公司是提供各溪流之間的連結。它的意思是說，公司連接各山谷，以利技術及各職能所累積的能力得以發揮出最大的功用。公司也要提供善用資源（人、空間和工具）之手段，以利價值溪流移動到需要的地方。基於上述比喻，大多數公司會參與多條溪流，其中每條各有其不同的上、下游夥伴，如圖12.1 所示。

## 美、德、日產業傳統下的精實企業體

這些觀念實際上可放諸四海皆準嗎？我們前文所描述的美、德、日產業傳統，它們的差異極大。大野耐一應用福特生產方式之特定觀念，發展出一般性「暢流」及「後拉式」思考法（它可應用

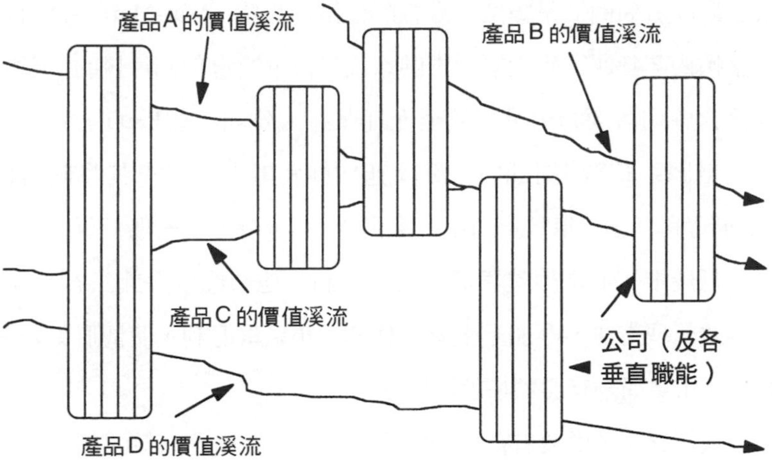


圖12.1　公司與各價值溪流

於所有種類的經濟活動)。我們由本書第二部的個案集知道，這些觀念適用於各地。不過，我們進而提出利用精實系統思考法，來做為創造價值的「通用」組織規則，這真的合理嗎？

我們確信如此，而且也認為嘗試及實作極為重要。世界各地的顧客，都會要求產品要合乎規格、品質最佳，並能在最短時間內以最有利的成本來提供。現在各國的貿易障礙很低，所以凡是只求價值創造上次佳化的做法，終將失敗。不過，正如本書之精實轉型個案集所示，各地方的過渡期問題各不相同。

## 美國的挑戰

美國最大的挑戰是要克服其個體主義（各公司各為各的），即，沿價值溪流的各公司只自顧自的好處，全體反而無法最佳化。

最近最顯著的例子是績優、當紅的沃爾瑪百貨（Wal-Mart）公司大力整頓內部營運，並大幅減少供應商數目，要求他們每日的交貨，要符合確切需要的數量（甚至允許某些大公司〔如P&G〕直接進入其電腦系統看需求量），然後施加極大壓力，要求其降低售價（要求薄利多銷，每類貨只由一家供貨）。可惜，沃爾瑪百貨只是為了降低成本，並未做整體價值溪流分析（他們應該對此三思）。此種美式管理方法，再加上產業的財務系統只重近利，使情形更為惡化。（市場尚未有整體價值流觀念。）

我們認為，解鈴者在經營管理當局而非在財務系統。如果主管們真的相信長期績效極為重要，就不會但求短利、小利，也就可以根據清楚的原則，協力想出能符合投資者要求的做法。

尤有進者，我們相信隨著各行各業的領導者都體認到：「成本」為下一世代最大的挑戰（這有賴科技突破），大家都會知道上中下游必須協力合作才行。一旦大家能共體時艱，本著美國人務實之本性，即可藉團隊合作來追求「止於至善」的優勢。

### 德國的挑戰

在許多方面，德國的挑戰正好與美國相反。因為德國上下游可以合作無間，且公司的財務系統也能了解、鼓舞這種需求。（近來德國金融界飽受壓力，根本的原因是德國企業生產力低落。）不過，工人們則對實施精實企業體所需的横向合作方式深感不安。

德國產業在八〇年代受到電腦輔助整合製造系統（CIM，或稱「高科技大量生產」）觀念的影響，以為它既會使工人失業，同時工作技能也會不再重要，所以工會就提倡減少工作時間，以及採「自主工作小組」方式來分擔一些原來生產系統的工作。

我們已說過，CIM會威脅工作的假設已證實為純屬虛構，真正對德國工作機會的威脅，大多來自組織的無效率。然而，許多德國工人仍鍾情於「自主工作小組」——我們則認為，此方式充其量只能創造一些技優而未能連接的流程，因為它的設計方式，使得無人能掌握全局，從而無法最佳化。更糟的是，「自主工作小組」排斥精實系統思想所提倡的「標準化、透明化管理、持續改善」等（怕它們會削弱其「技藝」，使他們失業），因此各小組的績效自然會大打折扣。

基於此，我們發現德國公司在導入精實生產方式時，現場常會有觀點衝突的事情發生。因為精實方式會取代原來的師傅科層制，並把高技能工人（包括產品及工具技師）轉為專業的產品小組，來負責更寬廣、更有前瞻性的責任。

因此，在確保工作及創造另一種生涯選擇上，德國企業會有調整上的難題。要使員工保持忠誠，並能以特殊技能為榮（這很重要），而又要使現場的師傅及技術員不排斥跨部門、跨技能的解決方式的話，上述各項新建設就很重要。如果這些都能做到，那麼德國可以整合其絕佳的生產技能及對產品的強力認同，從而發揮出極大的潛力。

## 日本的挑戰

日本的挑戰與美、德兩國情形極不相同。在日本，業界上、下游可以用「平常心」一起談成本，雖然尚未能深入到與原材料及配銷商談。大家也不會受到各專業太大的限制。（在日本，重要的是公司的要求，例如你問某NEC員工，他或她「是」誰，他／她會答「NEC人」，而如果問美國AEG或微軟公司的員工，則會回答「機械工程師」或「軟體工程師」等。）

日本的問題大多出在垂直職能——它們要負責知識的累積、教導、推進，可是社會上則要求以水平穩定化為主。另一問題為大多日本人太依戀故土，不容易把他們調職到靠近顧客的地方。

德國病在很難讓員工成為通才，而日本情形則反過來，即通才太多。日本人忘了，要由專業機能來充電、更新其專業技能至世界一流水平才行。同時，許多日本公司務必要體認，基本上，精實系統思考要求員工必須就近服務顧客，所以，目前許多人想「在國內生產而行銷全球」的做法並不切實際。日本的集團企業（keiretsu）* 在縱向整合有餘（所以個別公司的產品線極深入，難以在其營運單位內互調工作），卻未能發揮橫向合作（從一山谷把人員移到另一山谷）這一重要機制。

大多數人誤以為，精實系統思考在日本已普遍實施。其實不然，在這方面，日本的挑戰反而比美德兩國更大。因為在日本實際上只有某些製造公司採用它，更談不上在配銷及服務業應用。日本人又喜歡在本國製造，所以這樣只有量產、外銷產品才會有利潤，而未來則屬於小量依訂單生產的方式，如Showa公司的形態（不是大量、外銷，如豐田汽車的形態）。日本人要一段時間後，才會了解、熟悉我們的看法。

另一方面，精實系統思考法為日本人所創、開發，而且日本社會一向很能適應新情勢，因此，我們相信日本人能完全貫徹精實系統思想法之原則，並可再造其國力，這些都指日可待。

## 革命尚未成功

我們在第二部舉例說明精實系統革命在美、德、日的應用，並指出從簡單的情況到極複雜的公司它都適用。可是，我們舉的例，無法涵蓋整個價值溪流的精實企業體──它們是能以顧客為主導來適當地確定價值，確認價值溪流，善用暢流及後拉式做法，並把所有的浪費都排除掉的公司。為什麼我們舉不出例子呢？因為還沒有這種夢幻公司出現。因此，我們在最後一章要談一些精實革命的務實夢想及理想情況，看看在精實系統思想大行其道時，某些主要的經濟活動會達到怎樣的境界。

第13章

# 夢想完善

為了能邁向完善境界（即由一完美企業體導通價值溪流，並使各特定價值能暢流化），我們不妨好好發揮想像力，看看可能的理想情勢會怎樣，以利形成我們對理想的憧憬。因此，本章要看看某些個案在理想情形下會怎樣。我們要以精實原理來審視諸如「長途旅行」、醫療業的「例行治療」、食品業的產銷、建築營造業、「短範圍個人移動（汽車）業」等。我們可以發現，仍然有許多可改善的空間，而它們又佔先進國家的經濟體中極大份量呢！

## 長途旅行

人們長途旅行時，真正想要的是什麼呢？又如何界定其價值？有些人把「旅行」本身就當成目的（包括去名勝地點的火車、觀光巴士、或遊艇），可是大多數人從甲地到乙地，只圖省時、省事、便宜、一帆風順（在美國大多喜歡搭飛機）。我們在第1章說過，大多數人旅行時，會與多家獨立的公司打交道，而我們前述的個人

「苦難」經歷個案，實在很平常，許多人都有過同樣的遭遇。旅客必須打交道的每一組織，都各有其部門結構及自利工具，而通常不過問其他單位所扮演的角色，即對於旅客所能得到的總體「服務」，並不常掛在心裏。而某些特定活動的做法，則都採取無效率的「分批—等待」方式。因此，如何利用精實系統思考法來改善此情境呢？

首先，要以旅客為優先。談「系統」績效時，一定要考慮全旅程時間、舒適、安全和成本，而不是個別點或站（如機場及飛機）本身的最佳化、方便。全程中的各單位，都要通盤思考、確認出價值溪流，並消除所有不必要的等待、混淆、和浪費步驟，並創造出顧客一有需求時，即能連續順暢運作的系統。系統的每一步驟都要問：為何這是必需的？並要想想如何才能做得更好。

誰可以做到這些？誰能領導「精實企業體」？譬如旅行社，它是綜理者，協助旅行者排出最好的行程、取得統一的旅行文件（這也可能只是虛擬的）、集中付款處。另一種可能是由航空公司來整合所有相關單位。可惜，目前北美的趨勢正好與此道相反，即大家相互殺價或降低成本，例如航空公司削減給旅行業的票價回扣。對旅客而言，這些並不相干，因為總成本不變，只不過是哪一段分得較多而已。

其他單位也可做整合者，例如租車公司、大飯店連鎖商和信用卡公司等。它們都有透過航空公司來給顧客在旅程、住房時間等方面累計優惠辦法，或透過旅行社給訂票折扣等。我們認為最切合實際的，可能是此行業的某新參加者，我們稱其為「服務者」——它願意給全系統引入新的精實運作邏輯。

該「服務者」可從美國中小型城市著手，以小噴射機直飛其他小型城市，不受限於現行制度（如轉運中心）。為達此一目的，航空公司及機場要協力來思考：如何使旅客的車子盡可能開近登機閘門，然後快速走向（一邊捲自己的行李）登機（口）。所有的機票、車票等之預約，都由電子處理，而不採用傳統的票——在計程車上、登機處、旅館等處，都可刷信用卡（它又可做為房間的鑰匙）。你在旅途中，就可傳送相關資訊給計畫中的旅途各站（點）。

如果旅客可以在上機數步之遙，用經特殊設計之方式來捲起自己的行李，那麼現行的「寄送行李處理」即可取消；另外，登機服務、查核人員也可廢除，假如能用電子媒體做「票」，及用andon（顯示）板來通知旅客有關航運情報，對中小型城市而言，上機、下機的乘車時間很短（現行大機場動輒要一、二十分），飛機又可直飛，所以現在的餐飲、娛樂節目等，大可簡化——這些原來只為吸引旅客或增加點收入而設。

如前所述，如果機場的業務能改善，那麼大部分地勤人員就用不著了，同時登機服務員、行李處理員、搬運員等，及旅館的「進、出」服務人員等，也可簡化或取消（因為你的信用卡就可當住房鑰匙）。飛機的設計，可改成在五分鐘內就可起飛。如此，每天每員工及每架飛機的收入都會極高，而成本也會大幅降低。

如果能以這種方式思考，就沒有理由不能把「從出門到抵達目的地」的時間減半（因少了許多等待、停頓），成本又可大幅降低，並消除所有麻煩。可是，……這些可行嗎？沒錯，如果能重新設計較小型飛機（比現行五十人座更小），使其維護成本低廉而機動性又強，可以馬上「上路」，不用地勤人員，而接泊旅客、行李方便。機場及安全檢查制度也都要重新設計。這些必須所有提供服務的相關組織，都一起來做全盤考慮、合作。

還有沒有其他備選方案呢？目前的陸、海交通工具中，沒有比飛機更快的。由於在短、中程旅行中，一半時間花在等待及停頓上，所以只單獨提高飛航速度並沒用。現行的轉運中心制或可以稍微改良，不過它們已達經濟極限，難怪最近空中旅行的成本減低方式，多採將航空人員減薪，以及用舊飛機來運作。這些做法，都不能切合實際，只是轉嫁成本負擔而已。

美國西南航空公司（Southwest）倒是做了些精實革命措施，例如直飛、簡化登機過程、十五分鐘內就可起飛（業界平均為半小時）。結果，它是北美獲利最高的航空公司。該公司實在應該精益求精，把精實革命發揮到極致才好。

重新思考長途旅行之安排方式，還會有一項好處。目前各轉運中心、樞紐，白天用來載客，夜間當可用來載貨。其實，為何不能在夜間使用較小型飛機及新設計的旅客中心，來發展更專業、更機動的旅遊配套服務呢？只要我們用心應用精實系統思考原則，就可以發現可改善、創新的機會極多。

## 醫療保健

你在看醫生時所碰到的，是一個充斥等待，而由各分離過程所組成的世界。為什麼會如此呢？因為你的醫生及其醫療機構（或夥伴），是從組織圖、機能上方便和「效率」為出發點來思考各項醫療服務的。由於醫療系統的各專科中心（醫生、診斷工具、中央化實驗室）極昂貴，因此要求效率化，重視充分利用率。

為了充分運用醫療投資，你就得先看專科醫師，再去遷就醫療機器，又去實驗室……而且為求效率，每處的「產能」都超載，以求不浪費醫療資源。（何況隨著醫療成本盤旋上升，等待就醫的隊伍愈排愈長，其實這是一種偽裝的「配給」方式。）為了確保你知道該排哪一隊伍，以及從中央儲存處將你的醫療檔案傳送到就診或治療處，你必須有精密的電腦資訊系統來協助才行。

如果醫療系統能「擁抱」精實革命的話，結果會怎樣呢？首先，病人會成為主人，而看病所花的時間及舒適感，會成為系統績效的主要考量。這些，只有讓病人能夠在系統中「暢流」才能完成。（與此相對照的是傳統的方式：病人不是主角，一切以管理上的效率為重，使病人不得不迷失在各專門單位之叢林中。）

其次，醫療系統也該重新思考其部門結構，並要重新組織，把大部分專長轉成多技能小組。此種組織方式之構想，道理很簡單：即病人一踏入醫療系統，就可在同一處所（如生產線之「群組」），由一有多技能工之小組完全負責，從看護、開處方、治療，直到病人沒問題為止。

為達此目的，護士與醫生的技能必須擴展（現行制度是鼓勵專門化），更要讓具備多技能之小組，可以自行解決大多數的病症、問題。同時，必須重新審視醫療工具──機器、實驗室、紀錄設備等——其大小要適中、更有彈性、更快，以利各小組可以有完整而又可及時使用的工具。（隨著它的規模及成本下降，要求完全使用率的壓力就會減輕。）

最後，「病人」（譯按：英文為patient，也有「忍耐」之意）也必須積極涉入療程，並提升技能——讓自己成為小組一員——如此，許多問題才可加以預防，或更容易預測。（我們對美、英的所謂「健康維護單位」大惑不解，因為民眾很少受過訓練，不能自己做簡單的診斷及安排就醫日程，以致大家只會照章行事，從而無知地過分使用醫療資源，所以大家全輸了，結果大家只好大排長龍等待。）我們認為，過些時候，有些設備可移至病人家中，透過電訊會診、遠端感測甚至私人家庭自用化驗室，而可以在家中自行完成現在到醫療單位所要求的大多數服務。

如果「精實系統革命」成為醫療業的基本原則時，又會怎樣呢？此時，解決「問題」的時間會大減，步驟會大為簡化，而醫療品質會大幅提升（因為各項資訊都在各專科中，所以由傳遞造成的遺失、錯誤會大幅減少）。同時，精密的追蹤、排程（醫療業內的MRP制）會大為簡化，回流或重做的案子也會更少。所以，每一療程及整體系統的成本可大幅降低。

精實系統思考之革新，固然無法增進吾人對疾病本身的知識，不過它卻可使許多資源釋放出來，用於新治療方法的基礎研究上。在目前制度下，因有許多資源浪費，使得大家只能顧「急功近利」的專案。而目前歐美政壇上的醫療大論戰，多半花在轉嫁成本上，以及取消某些服務項目上——各方人馬都只為了防衛自己的好處而不管別人，甚至犧牲他人。

## 食品的生產及配銷

光顧食品店的人所要的是什麼？食品的生產及配銷系統有什麼價值呢？就像旅行一樣，有些人也會純為逛街、購物之樂而樂——為了商店的氣氛、體貼的服務。然而，絕大多數的人可認為，逛街時間寶貴，所以最重要的是能毫無麻煩、輕鬆地買到想要的。可惜，目前系統做不到這樣。那麼，「精實系統革命」在這方面能有什麼貢獻呢？

我們在第2章說明過某百貨商如何應用精實系統思考法來審視各價值溪流，並認為絕大多數的項目，如從原材料到顧客手中的時間，都可減少九成以上，從而既可大幅降低成本及所需的努力，又可免於「缺貨」之苦——只要能善用「暢流化」及「後拉式」技術即可。

如果百貨零售商能進而採取下述簡單的訂貨制，更可大大改善其生產及配銷之反應能力：今天下採購單，今夜就補貨，而明日即生產所補的項目。這樣，百貨商可大幅降低成本，同時不必定期大拍賣其過剩的存貨。

然而，還可更進一步。如果百貨商可以小批量方式進貨，並能消除整體價值溪流的庫房及等候線的話，為何不進一步取消自己的庫房呢？為何不利用資訊科技來接顧客的訂單，然後再根據既有的訂單，每週作調整，採用鮮乳供應方式（milk run）*，分別用巡迴車在多端點取貨、供貨，直接出貨給顧客呢？

我們如能省下購物者最寶貴的資源——時間，除了總成本可降下來外，更可進一步添加許多額外的服務，譬如為顧客規畫菜單或每週送料（甚至完全預煮好）給顧客。最後，百貨公司可根據穩定型顧客的購物習慣及數據來引進新產品。採用此新促銷法，成功率和效率會大為提升（傳統的做法花大錢而只能暫時搶回一點佔有率。）

這些如能徹底執行，將會是服務大躍進。然而，這需要整條價值溪流上所有人的心態都能重新調整。試問：你不用光顧商店即可知道你下給百貨商的訂單之情形，而對方也知道你的飲食習慣，即大家都走入精實化及透明系統，那會有多好！現在轉型的時機成熟了，以目前的資訊及管理技術水平，這些做得到。現在只欠東風，也就是，由誰先帶領此一新潮流。

## 營造業

你在蓋新辦公室或工廠或買新厝時，所要求的是什麼呢？此時如何界定價值？當今美國的營造系統極為複雜。固然有少數人會認為，從下訂單到交屋期間（六個月至一年）內，可更改細部設計是件好事，可是大多數的人，則想以最低的價錢，愈快取得訂屋愈好。如果只是改建（原處仍要使用），那麼現行制度更是一場夢魘——因為人人都想盡快完工。

在現行制度下，完工期限極長，交屋後還有許多事情待辦，從而經常造成顧客與營造商發生磨擦。尤其糟糕的是，在房子待用期內，八成時間及一半成本是花在等待各級包商把事情重新弄好，或是投顧客喜好而更改。

本書第1章談過營造業開始應用精實系統思考法，然而這只是起步而已。以現行技術而言，如果計畫能管理得當，材料能適時備妥，那麼從訂契約到交屋，一般應可在二週內完成（現在要六個月）。而且如果顧客、營造商及各級包商能學習把要求說清楚，許多錯誤及重做就可避免，從而可使總成本大幅降低。如果屋子的主要組件能由工廠製造，並採用精實化技術，成效會更好。

我們不妨再進一步發揮精實系統革新的想像力。買方可到營造商處的電腦系統去修改結構、選擇項目、徵信、安排保險事宜、簽約等；如能買工廠製的組件，屋子更可在一週內裝配好。尤有進者，如果所有的元件，例如窗子、門、金屬製品、家用器材等，都在交貨（即裝配工廠需要時）一、二天前才開始製造的話，成本就可大幅降低，而且會使營造業產生革命性的突破進展。

無疑地，上述諸概念可推廣至一般建設業。真正的問題是：由誰以及何時來合理化價值溪流。

## 短距個人移動

我們研究汽車業多年，所以很樂意把此夢想之旅獻給我們的老本行。首先要問的（永遠如此）是：如何界定價值？有些人重視車子的性能特色，甚或只為了擺門面，例如買新型保時捷車（只要價格適當）。然而，大多數人只把車子當成代步工具，要求物美價廉，不會出狀況、麻煩。不管是卡車、貨車、跑車等等，都不過是達成個人移動的目的之手段而已。

就目的而言，目前的「產品」肯定只能算次佳化而已。因為買車、賣車、登記、保險和維修，以及各種日常運作細節如清潔車子等等，相關單位很雜多，辦事費時。例如你要叫車來處理特別事項（例如搬運個人貨品等），更得找適當的車子（計程車、轎車或租車等），這些做起來挺煩人的。

汽車業一向致力於精實化（並取得一定程度的成功），不過，也只限於車子的設計及製造而已，很少顧及多數顧客所要求的「個人移動」，更談不上全盤檢討所謂的「整體產品」。這也是為什麼許多人發現，今日的汽車業很沒活力，顧客經常要求該行業更有效率、成本更低、交易和操作更方便。汽車業之所以做不到顧客的要求，主要的理由是：他們所「製造」的，只是「整體產品」價值溪流的一小部分，而其他許多地方，則又貴又不方便。精實系統思考如何能派上用場呢？

本書已指出，長途旅行業（航空等）要有領導者來協助各參與公司，使他們能「見樹又見林」。同樣的，也要有諸如「移動提供者」來協助短距個人移動業（車子等）成員——它可能是租車公司，或公共交通單位，或新興的汽車零售等所謂的「超級經銷商（mega dealer）」，甚至是重組後的汽車公司等來看清全局。其出發點是要密切地與顧客合作，提供零麻煩、低成本而又確實符合需求的車子及服務。這些如何做到呢？

買賣雙方要先決定，在當今及未來，需要哪一類的車子及服務（包括計程車、高級轎車、賽車、跑車等等）。「移動提供者」要能「保送顧客上路」，即舉凡保險、登記、例行服務和維修等服務，都可承擔下來（車內附的電話，可以定期通知「提供者」有關車子的狀況。）它更要維持一定的服務水平，必要時要更新車子，並定期提交服務帳單。雙方的關係為長期互信，所以用不著想「另請高明」。再進一步，如果「移動提供者」能公開其成本資料（此為汽車業之一大進步）的話，使用者就不必多花心思，再尋找「便宜」的交易。雙方如能做君子之交，許多不方便會隨之消解。

這樣挺花錢的，可不是嗎？其實不然！反而會更便宜！首先，「提供者」可依顧客的確切需要，轉向汽車廠穩定地下單，如此就不致發生現在「先製造出一大堆新車，再強力推銷」的種種浪費情事（例如經銷商可省下展示地等）。由於訂單穩定，生產者就可以穩定地規畫產能。（切記，車子實際用在行動、旅行上，每年只上升幾百分點，可是當今車子的需求變化率，卻達二至四成，這使得美、日、歐的車廠必須保持比平均高出甚多的產能。）由於需求穩定，供給面就可以更精密、精簡地經營，生產前置時間也可大幅縮短，從而存貨、空間及勞力等皆可大幅減少。

最後一項優點為「該系統可以成為一封閉環路」。如果「移動提供者」能控制車子，並能最經濟地更換，又能與製造商分享新車開發之需求分析，那麼車子的整體生命週期成本就會更低，而且車子會更耐用（因為「提供者」保養有道，又可提供新車設計之諮詢）。即，「提供者」要負責管理全生命週期成本的最佳化。

這種合作方式很容易引進嗎？顯然不容易，而且傳統汽車製造商不會領頭朝這方向走。不過，有沒有其他備選的方案呢？再十年左右，汽車公司在製造及設計上大體已可精實化了，顧客在價格上會大幅受益，不過，很快地它就會無法再改善下去。精實系統革命提供了可使成熟產品再富活力的基礎，它不只是追求零缺點(麻煩)的產品，更追求完全無麻煩的服務。

## 美夢的威力

上述諸美夢的轉型時機都還沒到。的確，世上還沒有我們所定義的「精實企業體」，即使在先進國家。注意，我們的定義是「從概念到上市、從下單到出貨、從原材料到顧客手中，並經過所有的產品或服務循環，都能穩定地創造價值」。然而，這種轉型做得到，而目前的技術也具備了，只待有人本著「追求完善」的精神落實，使美夢成真而已。

## 精實系統的優勢

精實系統思考法是把一系列從工廠得到的簡單(而又不合直覺)觀念，推廣到廣範圍的經濟活動中。它們只需要很少的技術——雖然，在價值溪流中，要插入「適度規模工具」(right-sized tool)*，不過，這些執行起來很容易，大公司只需花幾年時間就可以轉型，而整體價值溪流的轉型，也只需稍長的時間即可。

精實系統思考法既可大幅提升生產力——從二倍到四倍不等——又可大幅減少錯誤、存貨、工作安全事故、空間需求、新產品上市時間、生產的前置時間、產品太多樣化的成本、一般成本等。這些簡單的觀念，能使工作者有立即回饋，並可協助工作者全神貫注，進而可減緩景氣週期（這造成極大的資源浪費）。

精實系統思考法不用大筆投資，如能善加應用的話，也不會減少工作機會。最後，它們可協助先進國家從停滯中跳出來，而把資源用在研究上，從而可促進下一波的技術突破。

我們希望讀者以及足夠多的投資家、管理人、員工等，都能夠像本書所介紹的一些變革管理者般投入精實化轉型，即在世界各地，努力地應用「精實系統革新」來創造價值並消滅各種浪費。

第四部

# 後記與前瞻（2003年）

第14章

# 精實系統思潮的穩定進展

在2000年7月，Wiremold公司（譯按：參考第7章，簡稱W公司）的阿特・伯爾恩（Art Byrne）和他的經營管理團隊，得出了一個嚴肅的結論。他們決定該公司應該接受由法國勒格蘭公司（Legrand S. A.）所提議的7億7千萬美元的併購，從而結束該公司由墨菲（Murphy）家族三代持續擁有的所有權。

從某一方面來看，這決定算是件家族悲傷事件，肇因是有五個家族股東（他們年紀都達八九十歲）需要支付繼承稅金——而該公司資產的價值自1991年阿特的團隊接管以來，增值甚多，因而稅負極重。不過，從另一個方面來看，該筆企業銷售之業績，也顯示了精實系統思考法應用上的勝利，因為該工廠在1991年幾近破產，企業價值估計僅為3千萬美元，而經過十年的精實轉型過程，變成一家源源創造財富的生財引擎。更棒的是，新創造的財富（以1991年為基準，成長了15倍），廣泛地為W公司全體雇員所共同分享，因他們集體擁有公司的最大股份。

我們的觀點是，W公司過去整個十年的穩定進展與亮麗成績，可以為九〇年代大多數公司所複製。他們所需要做的，就是跟W公司一樣，持續穩定地消除浪費：尤其要更加注意傾聽「顧客之聲」，以對顧客、股東、員工、和供應商，創造出一個「贏—贏—贏—贏」四方皆贏的局面。正如我們後文中所要提的，W公司截至目前的成功，已被許多公司以不同的程度加以複製，其中包括了我們在初版中（譯按：參考本書第7-10章）所收錄的那些精實轉型案例。

九〇年代的許多其他公司，相比之下，情況很不同，他們的軌道類似飛彈的彈道。他們在還沒落實之前，就根據當時所謂的新式商業模式、和樂觀的盈餘預估，而將其銷售額和股價市值的評估陡然拉高；之後，他們才歷經虛浮的短期榮景，業績達最高點，然後急轉直下、折回原出發點的數額，另外有的則早已一落千丈，破產了。

現在管理者和投資者正在審慎檢討上一輪泡沫經濟破滅後的殘骸，並尋找未來創造財富的持久之道，這時候，以全新眼光來看待那些實施精實轉型的公司，看他們為什麼能夠穩定地進展，這無疑具有教育和啟發作用。最明顯可以開始「見學」的，就是豐田汽車公司，他們在多年以前，就是精實系統的開發先驅。

## 豐田的穩定進展

在2002年夏，豐田汽車公司（Toyota Motors）開始敢於創舉：它大方地談論它的宏圖，即，它決心成為全球汽車業市場佔有率的領導者。有一份顯著的、標題為〈豐田公司2010年的全球願景〉的文件，它所描繪出的未來是：約屆2010年時，豐田公司的全球市場佔有率，將由2002年的11%，穩定地繼續成長，直達15%。相比之下，通用汽車公司（General Motors）——它為目前市場佔有率的領導者，在2002年的全球市場佔有率大約為14%，但是近數十年來，卻一直下滑，如圖14.1所示。豐田公司並不會這樣直言不諱——那肯定不是公司的風格；但是，全球汽車工業每個人都理解〈豐田公司2010年的全球願景〉之聲明，它計畫在這幾年內成為全球第一。

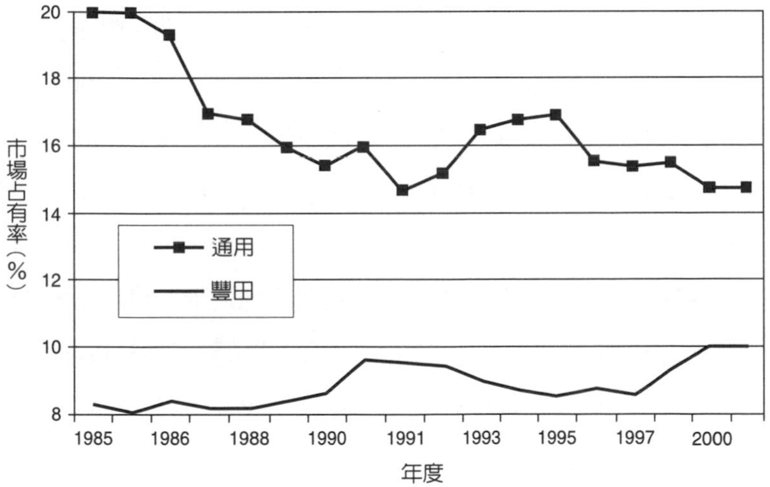


圖14.1　全球市場佔有率：豐田汽車與通用汽車之消長

數據包括轎車及各種商業用車。通用汽車公司包括Saab, Opel和Holden品牌。豐田汽車公司包括Daihatsu和Hino品牌。©Copyright 2003, Ward's Communications.

（豐田公司的願景是相當可信的：根據它在九〇年代中期發起的〈全球10%〉聲明，就計畫在2000年左右，達到全球車輛市場佔有率10%。果然，到了2000年，豐田公司的全球佔有率是10.01%。）

在檢視美國市場時，我們注意到了豐田公司穩定攫取的佔有率，和美國傳統三大（Big Three）汽車公司的佔有率下降，亦步亦趨，趨勢為一消一長。以目前的趨勢而言，豐田公司在達到其全球佔有率目標時，它在美國市場上將超越克萊斯勒（Chrysler）和福特汽車（Ford）。見圖14.2。

對我們而言，重要的是要注意豐田公司的實質成績：它能夠穩定地取得佔有率，可不是用薄利的代價所「買來」的。豐田公司的財務報告顯示：整個九〇年代期間，利潤持續成長，到2002年，獲利更是創新紀錄，的確，它的銷售報酬率（Return on Sales）為9.3%，在全球汽車業中算是最高的，除了一家我們稍後要討論的公司之外。

同樣重要的是要了解：該公司能夠穩定地進步，可是並未在車輛市場上扮演戲劇性的創新者角色。豐田公司除了像是Prius牌的「環保汽車」（hybrid car，汽電共用車）、RX300跨功能越野車（"cross-over" SUV）、和前不久發表的Scion產品線等，是為了吸引年輕客層之外，該公司一直是這些有著最高成長的新市場區隔——輕便貨車（pickups）、迷你貨車（mini-vans）和SUV等——的跟隨者，緊緊直追創新領先者。

這個策略能夠奏效，而且能繼續奏效，乃是因為豐田公司是該

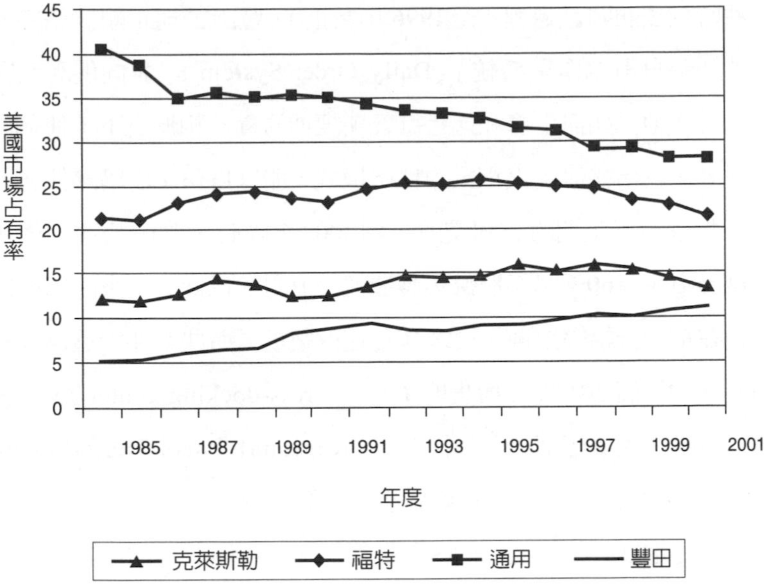


圖14.2　美國的汽車（機動車輛）市場的佔有率——按公司別

注：克萊斯勒公司並不包括德國賓士；福特公司不包括Jaguar, Land Rover或Volvo等新併入工廠；通用公司不包括Saab。資料來源：Ward's AutoInfoBank。

產業史上最特別的公司，能夠聰明地管理其核心作業。換句話說，它的產品開發過程能夠及時推出並交付出新產品，它們少有缺陷，而又能比競爭對手更精緻、更便宜。其製造過程和供應商的管理作業過程，正如第10章所描述，又能在每一個市場區隔中，以較高的售價、較高的品質和較低的成本來交車給顧客。

此外，豐田公司能鐵面無私地，甚至於無情地管理並改進其營業中的每一個過程。甚至就一些看似微不足道，像是第4章所描述的備件之分發過程，它都能不斷地要求持續往前推進並改善。我們早些時候去訪問該過程（至1996年為止），豐田公司正剛開始導入它的「每日訂單作業系統」(Daily Order System)，並向供應商展示，要求他們如何生產和運送每天所要補的貨。相形之下，他們的競爭者，仍沿襲傳統汽車業的實務模式，即以月份來訂購零件，並以大批量、不定期的方式交運。到2002年底時，豐田公司的備件供應商中，有60%是採取每天製造並交運的，以此方式來回應豐田公司在前一天給經銷商，要求其交運的數量。那些零件，透過在肯塔基州的一個「中央交換貨塢中心」(cross-docking center)，運送到11個「區域零件配送中心」(Regional Parts Distribution Centers)。豐田公司在它的產品經銷商的作業也不斷改進，已取得了穩定的進展，如讓備件的庫存量減半，使車輛服務的作業區增加20%（該空間由以前的零件倉儲區釋出)。

豐田公司的諸流程作業之所以聰明，是因為：它在既有的市場區隔內、或它要新開發的區隔內，並不需要追求產品設計上的譁眾取寵，下賭注贏顧客。它的情況，與通用汽車公司從二〇年代早期直到六〇年代的黃金時期，出奇地類似── 史隆先生（Alfred Sloan 董事長）下令：無需在產品技術上下賭注了，只要公司能夠成功而迅速地追上大膽的競爭者們的創新即可。其他先驅者一有新產品，豐田公司能夠迅速複製，並取得決定性的勝利，它之所以能不斷取勝，是因為它能創造出種種聰明的過程，而這些是競爭對手遲遲無法複製的。

我們之所以要強調這項觀察，是因為這對任何一家擁抱精實思考法的公司，無疑是真正的好消息：你們要獲得成功，並不需在產品設計上玩弄靈感、或想用戲劇性產品的突破來領先。你們在流程管理上夠精明，就能夠成功，而這對於任何公司都行得通，只要能長期堅持精實理想即可。

## 保時捷的成功之道：流程精實兼產品精緻

我們在第9章提過保時捷（Porsche）在九〇年代中期再竄起。但是請注意，保時捷新產品的推出（包含Boxster系列與新911系列）是在本書出版之後，其產品必須很精緻，推出的過程必須很完美，才能在一個競爭激烈的市場中佔有一席之地。保時捷做為一家最小的獨立（非主流）汽車製造商，不能出現任何重大的產品錯誤，否則它負擔不起高昂的代價，因此，它需要有精實的作業過程和精緻的產品，才能在它選定的市場區隔中，維持一定的高檔價位，以做為企業存活所需的資源。

幸好，新的保時捷車系的確夠精緻，這並非偶然，因為它先前已徹底整頓它傳統的、強調功能別的產品開發過程，如第9章所示。此外，保時捷在它的製造作業上，繼續取得穩定進展，其改善朝下述兩個方向進行：

第一，它提供給顧客在選購時，在要求、指定他們的車輛時，配套選擇的範圍越來越大、越來越廣；同時，它穩定地減少裝配每一輛車的小時數。

第二，透過公司內外兼修方式來改進品質，其範圍涵蓋了內部裝配、與外購零件（利用派遣公司的精實推動小組去和供應商密切合作），如此，保時捷能關閉它主要市場（如美國）的「交貨前檢查中心」（Pre-Delivery Inspection Centers）；過去，在那裏，工程師經常用一把細齒狀梳子來檢查每一輛車，以維持保時捷在消費者品質排名中的領先地位。現在，這些再也不需要了，因為裝配線出車的品質真的好極了。

結果，保時捷不僅是世界上最小的獨立汽車公司，而且還是目前為止，獲利能力最高的。即使採用家族控制的德國公司的保守的會計作帳方式（其中收益的大部分，循例要保留為預備金），保時捷在2002年的財報數字是，報酬為銷售額的17%，幾乎是汽車商獲利第二名的豐田公司的兩倍。

我們在第9章做過這樣的推測：結合德國優良的工程能力與豐田公司的作業管理方式，可望產生一個比現在兩者更好的工業混合

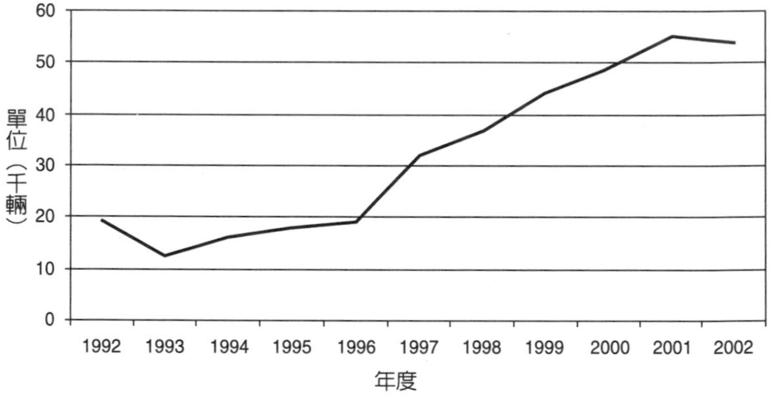


圖14.3　保時捷的全球銷售量

資料來源：保時捷公司的年度報表。

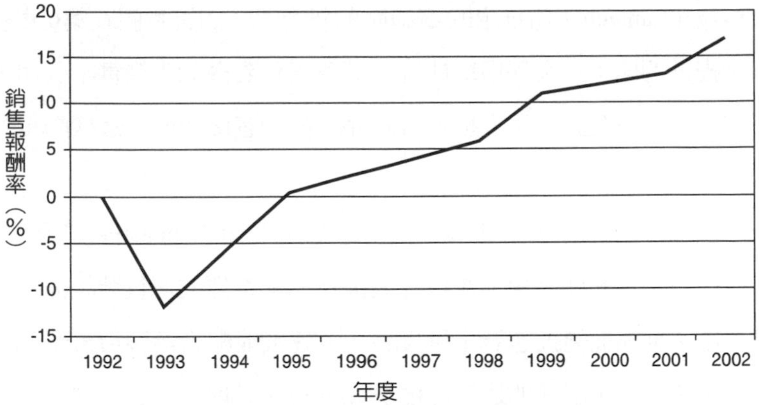


**圖14.4　保時捷的銷售報酬率**

資料來源：保時捷公司的年度報表。

注：「銷售報酬率」指：稅前淨利除以銷售額。

體——它能適合少量多樣化的生產型態。我們的推測，在《精實革命》問世幾年後，似乎就在保時捷誕生了。

用另一種方式來說，像保時捷這樣出色固然很了不起——你們也都可能比豐田公司更成功——如果，你們都能專心照顧核心業務的話。

## 資本商品廠商的精實思考：Lantech公司

2002年11月4日，我們站在芝加哥密西根湖邊的超大型McCormick Place展覽中心的大廳中。我們之所以去那裏參加每年舉辦的包裝工業展（Packaging Industry Expo），是想去看看蘭卡斯特科技（Lantech）所推出的廣範圍的新產品，回答我們在第6章結尾所提的問題：一家採用單件流方式生產包裹機的「精實」公司，這些產品是被設計給用大批量方式生產的顧客使用的，這樣的公司未來會如何？

我們參觀了創立者沛・蘭卡斯特先生（Pat Lancaster）所做的新設備特別示範展。蘭卡斯特先生開發過全系列的新包裝設備，它們可用來伸縮並纏繞包裝小量貨品，其速度能配合該製造工廠的生產群組中心或裝配線的速度。這是和一般作業實務相對立的——對手是由專責的出貨部門，採用高速度、包裝大量貨物的方式。

例如，Lantech在芝加哥展覽時，推出了新的「棧板包裝機」（palletizer），它的運轉速度是舊式棧板包裝機的三分之一，機械佔地面積約為原先的四分之一，實際使用上，並未採用像先前所使用的複雜電子儀器，來偵測棧板在哪裏、何時開始、何時停止。真正使它產生突破，而進入真正「單件流製造」方式的原因是——它設在製程的末端，直接生產後即包裝，而非在另一個部門裏（那項新發明的成本，還不到任何先前棧板包裝機的五分之一）。因此，從一開始，甚至不必比較搬運處理的經濟性，平均每個包裝棧板的成本都較低。

自展覽結束以來的這段期間，Lantech的銷售額回升到1999年的高峰。它的成績亮麗，而真正值得一提的了不起的成就，乃是包裝工業整體是持續受到經濟衰退的衝擊，整個行業的銷售額，比1999年的全盛期下降35%以上。

因此，Lantech公司採取了保時捷採取的路徑，即，結合了很不錯的一套內部流程，加上一套新的、而且很精實的產品技術，為已經獲利頗豐的卓越事業，創造出明亮的將來。

## 普惠科技：在時機不佳、產業前景悽慘中追求精實系統

我們在第9章中提過，噴氣引擎工業的經營管理，對生產者而言，一直都是困難的；因為在既定交易金額下，它提供給消費者所需的實際商品量，通常會持續下跌。每架飛機所需的引擎數，從第一代噴射機（彗星〔Comet〕號和波音707）的4部，跌落到當代最暢銷機種的2部，而且每一部引擎執勤時所需的維修零件數量，也在穩定下滑。從九〇年代起，這兩個趨勢大大抵銷了服勤飛機數目的增加所引起的需求增加，結果是：整個產業的業績普遍不振。

然而，目前該產業進入一個更困難的時期，而且前途堪憂。在1991年初（遠在2001年911事件之前），這些主要航空公司的「轉運中心與分枝搭機點」（hub-and-spoke）的商業模式，已被採取低成本的「點對點直飛」（point-to-point）的航空公司所重挫。此外，深深不滿的高頻率商旅者（稱為road warriors）都開始重新考慮搭機的利弊：種種的麻煩和混亂、加上目前的高昂空中旅費，總效益上是否值得。而這些顧客，對於採取「轉運中心與分枝搭機點」的大型航空公司的獲利來說至關重要。因為，在九〇年代，經常搭乘的商業出差旅行者，並不能享受預先訂購折扣或週六停留才有的特殊費率，他們雖然只佔旅客帳面里程數的8%，卻是佔航空公司收入的50%。截至2001年度第一季，這些旅客看似要繼續「罷

工」，而且一去不回。

原先的商業模式如核爆一般地熔解了，加上新的安全檢查要求，已導致全世界的航空公司在2002年共損失120億美元，還有一些公司提出破產保護申請。結果是，用於大型噴射機的新訂單（扣除抽單後的淨值），從2000年的1,100架左右，跌落到2002年的不足600架；而值勤的引擎時數，也比同一時期大約下跌5%（它們是備品零件的主要長期需求動力），這是噴射世紀有始以來的第一次持續的業績滑落。

此產業收入的另一半，來自軍方顧客；如果反恐怖主義的戰事升溫，我們可能期望情勢不會像上述一般黯淡。然而，由於冷戰時代的結束，而在新的安全要求環境下對於軍事需求的舉棋不定，普惠公司的利益嚴重喪失了。

舉一個最顯著的例子：普惠公司提供了獨家的引擎選項，給最新式的F-22和F-35戰機，而它們至少在未來的二十五年，可以為美國新前線的戰鬥機和轟炸／攻擊機服役。這樣看來，普惠公司的地位出色，穩如泰山，可以藉此維持長期的銷售和利潤。然而，對這些新飛機的實際需求，持續受到舉國要求國防上採取不同優先序的新觀點挑戰。結果是，原來美國空軍預計採購的750架雙引擎的F-22（取代數目大約相同的F-15），已經持續被縮編到2003年中只交機276架。同時，把F-16訂單轉換成為單引擎的F-35，由原先目標3,000架降為2,500架，而生產期仍然維持在四年之後才開始。

這樣子，普惠公司新引擎所針對的軍方市場，其核心一直在萎縮，而將國防資本投資分散到越來越小批量的訂單。目前，由於服役中的大量軍機引擎所需備件的連續訂單可觀，使得收益保持在目前堪稱健康的水平，然而，它們卻無法抵銷商業引擎生意一落千丈的災難。

到目前為止，我們只描述了市場的挑戰。要完成產業全景之描述，必須指出：該產業有三大競爭對手（普惠公司、奇異公司〔GE〕、和勞斯萊斯公司〔Rolls〕），三者皆無意退出；而且，從普惠公司的立場（不由精實思考者的角度）來看，這兩家對手在1996年時，在精實化方面是落伍者，可是它們已經精力充沛地複製了普惠公司在諸項作業上的領先，如此更進一步地強化了彼此的競爭。

綜上所述，我們很容易看出，惠普公司為什麼從九〇年代中期以來收入未能增長，如圖14.5所示。

值得注意的是，普惠公司如何繼續地應用精實思考而影響其真正最終的財務績效。

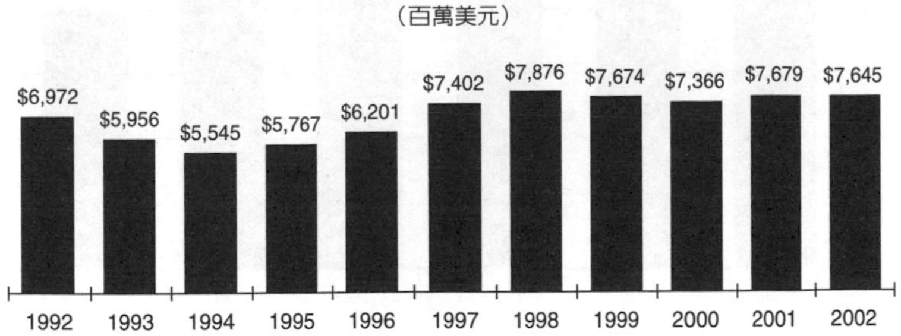


圖14.5　普惠公司的銷售額，1992~2002

資料來源：Pratt & Whitney 公司。

對剛起步者而言，普惠公司已經不斷地使它的實際佔用面積縮小了，如圖14.6顯示。在康州北哈聞（North Haven）廠的號稱「投資十億美元的先進設備房間」（見第8章）被關閉了，生產線遷移到在東哈特福（East Hartford）廠的更小空間裏。佛州的軍事引擎之製造，也同樣被遷移到東哈特福。儘管有這些重新安排，在東哈特福的普惠公司廠房複合體，其佔用面績已不斷在減少了。

此外，對於新設備的資本支出已刪減了，改購買小的、「適度規模」的工具*，其產能和特性僅需符合手邊的製造工作之所需，而普惠公司也用與這相同的思考過程，來挑戰每一項新投資。為了找尋在各方面都能事半功倍的方法，普惠公司已促使它的使用資產

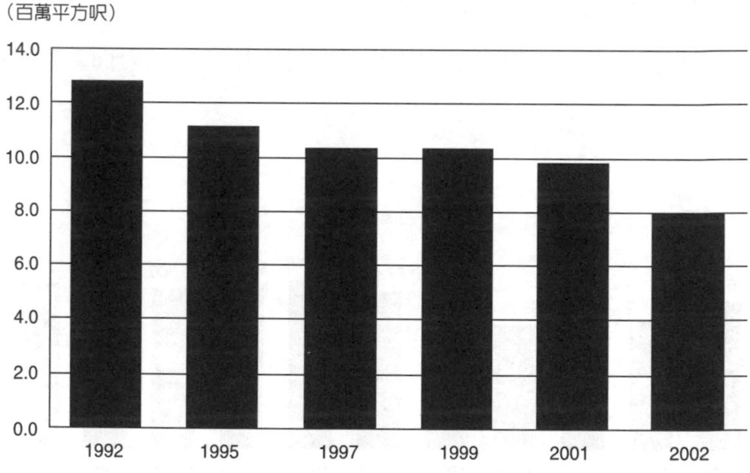


圖14.6　普惠公司北美製造廠所佔面積

資料來源：Pratt & Whitney 公司。

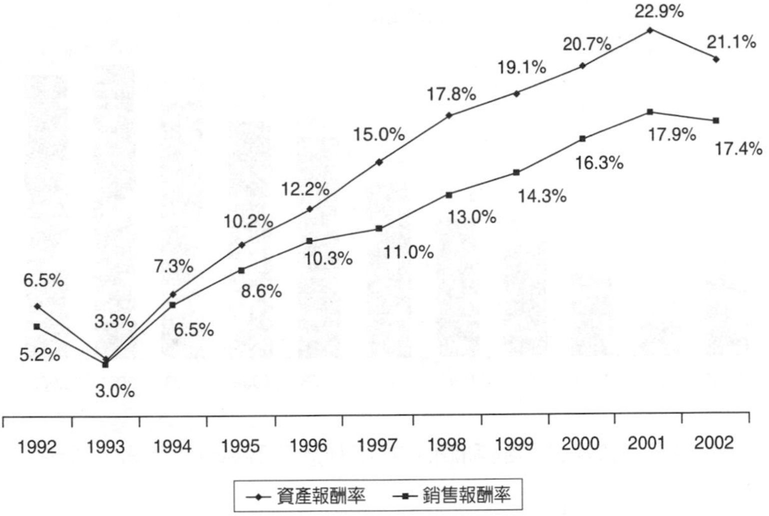


圖14.7 普惠公司的銷售報酬率與資產報酬率

資料來源：Pratt & Whitney 公司。

報酬率與銷售報酬率穩定地上升，儘管備件事業部收入停滯和面臨嚴重的價格競爭壓力（見圖14.7）。

和上次1991年的航空業危機比起來，這次的績效是值得讚賞的。那時，普惠公司的重資本事業部深陷虧損中，甚至把母公司聯合科技（United Technologies）也拖累下來。普惠公司經十年來應用精實思考法的磨練，加上在1991年危機的刺激下，它已能夠承擔這回在需求量的損失與2001-2002年的價格競爭壓力，同時又確實提升了它的銷售報酬率、資產報酬率，並增加它的營運利潤，如圖14.8所示。以航空用語來比喻，這像是飛行歷經強烈的風剪（wind shear，晴空的亂流）考驗，而飛行高度並沒有直直落。

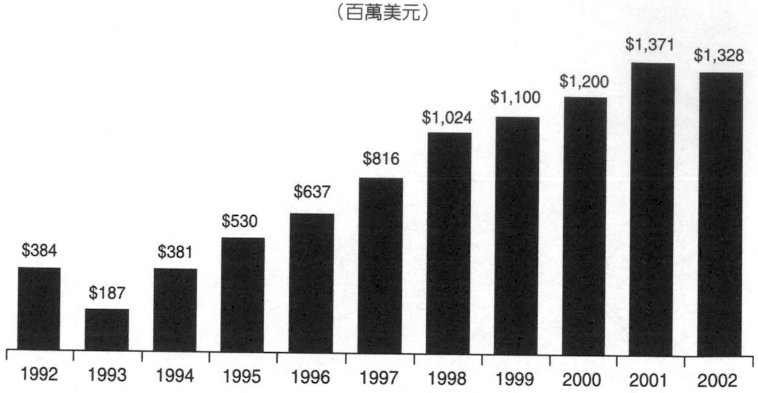


**圖14.8　普惠公司的利潤（未扣利息和稅額），1992~2002**

資料來源：Pratt & Whitney 公司。

即使在如此的市場長期現實下（顧客們生意受挫、所有新產品專案都需要相當大最低規模之要求、大量的競爭者導致需求數量延滯），已創立150年的普惠公司可能必須面對另一次戲劇性轉型，轉到不同型態的行業。這種轉型，在過去已經有兩次：在1925年由機器工具業，跳入飛機引擎業；在1940年代晚期放棄了活塞引擎，進入噴射引擎。

最有前途的策略，看來是轉型到規模達100億美元的飛機檢查維修業。在那行業，也可以像以前的製造一樣應用精實思考法，而獲得相同的成效。普惠公司已經朝這條路準備好了，在不久前已從全球各地分別取得維修訂單，並擴大它小型的公司內自行維修業務。這些起步事業，已經讓它提升檢查維修業的全球市場佔有率，從1992年的1%，增加到2002年的10%。

無論採取什麼途徑來提升業績，普惠公司的種種精實實務，都提供了公司轉型到新事業所需的營運利潤和現金。

## 超越孤立的進展之做法

上述這些故事，都是一些踏實的、成功的公司，儘管市場條件困難重重，它們還是做得很好。它們不是在最近繁榮期人們常會聽到的令人炫目的傳奇，而是成功地採取「繼續再繼續」的精實思考法的早期實踐者（當然不包含豐田公司，它起步更早）。然而，如果其他公司能沿著此一精實化路徑跟隨他們，那麼，上述的範例對整體社會才會有意義。我們能夠提供什麼證據說：我們剛剛所描述的公司，並非少數經過挑選的；精實化乃是一條大家都可以擁抱的道路呢？

最好的、也是最簡單的精實推廣之衡量法是：整體經濟界為了銷售一定水準的東西給最終顧客，所需維持的種種存貨之水準。我們認為，當一個精實事業或精實企業體一旦建立了，它涵蓋一大串延伸的價值溪流，這時，最不可能的是：其原材料到顧客的流動速度不提升、存貨不會大大地減少。這是因為：精實化的本質，就是要消除那些既浪費時間、又浪費資源的步驟；並創造出一種情況是，精實化的價值創造的諸步驟，是由顧客採取後拉方式，而以連續暢流方式來供應。

我們在總結所選的範例公司的經驗時，同時也蒐集相關的成千個美國經濟成員中的其他公司之數據，我們採用美國政府從1958

年以來統一而一致的格式，我們發現：很長一段時間，這些公司並沒有什麼改變。存貨週轉率的水準（將銷售給最終顧客的值，除以製造過程下的總存貨〔包含原材料、在製品、成品〕），從1958年到1990年代中期，近四十年的水準一直持平，並沒有改善。也就是隨著景氣循環，雖有上下的轉折，但沒有改善的趨勢。

在同一段期間，批發與零售的存貨週轉率之走勢還更差。它從1958年直到1995年，隨著越來越多樣化的產品組合，與要支援各庫存品的需求增加，存貨週轉率也穩定地下降。這個趨勢已將種種資訊技術、後勤、和零售的形式上的許多革新都算進去，不過仍然每下愈況。

然後，情況開始有變化了。這趨勢在車輛製造上最清楚，如圖14.9所示。這並不令人驚訝，因為豐田公司在這行業中越來越舉足

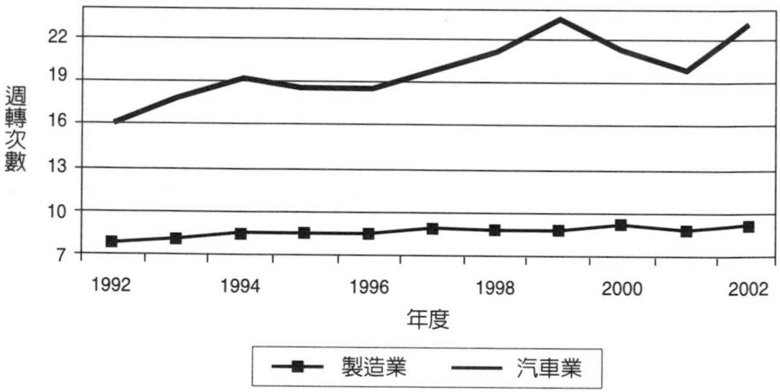


圖14.9　美國的存貨週轉率：汽車業和其他製造業

資料來源：美國人口調查署。

輕重。但是，在許多其他製造活動中，也有穩定的改善趨勢，而且，改善的速率似乎在2001年的衰退（像所有衰退一樣，它產生了存貨週轉率的暫時性下滑）後再次驟升。

也許更有趣的是，批發和零售的存貨週轉率也提升了。其中，一項簡單的原則（如第4章所解釋）大行其道：採取經常、小量地向製造商要求補貨；而不要靠預估大量的需求而買進並儲存。

當我們將製造業、批發業和零售業的週轉率合併時，我們可看出整個經濟在穩定增長，如圖14.10所示。

這時宣告勝利，時機還太早。但是，在1996年本書初版後，它的趨勢是很有前景的。我們盼望一個更精實的未來，它的成績會勝過十年前所能想像的。

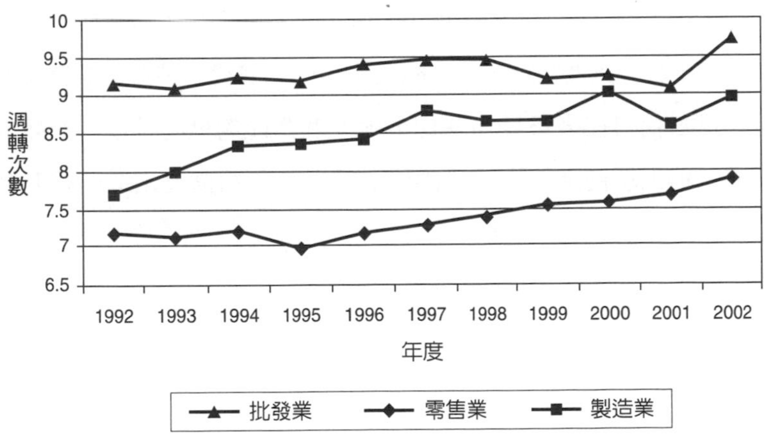


圖14.10 美國的存貨週轉率：製造業、批發業和零售業

資料來源：美國人口調查署。

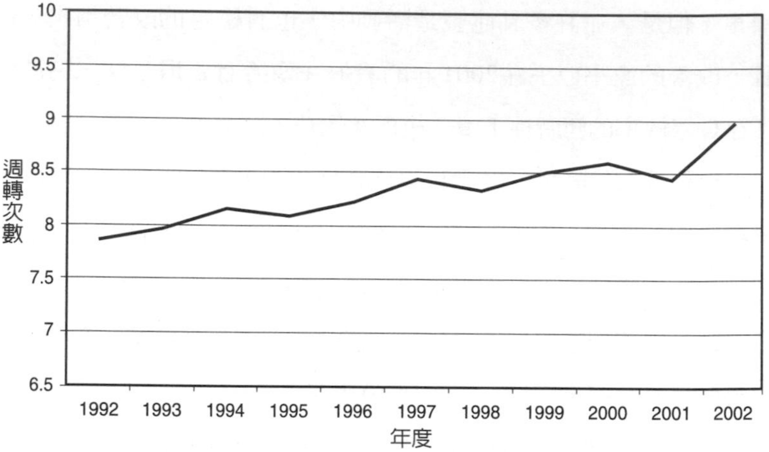


圖14.11 美國的存貨週轉率：總體經濟合計

資料來源：美國人口調查署。

好話說過之後，我們要重申一個更基本的要點：改善的步伐仍然太慢！我們該做些什麼，才能大步走向零浪費、純價值的完美境界，正如我們在第13章所想像的呢？我們能夠做些什麼，來建立制度，給正緩慢進行中（我們相信它為真）的價值創造一些刺激呢？

事實上，自從這本書問世後，我們從許多公司的進步中，學習到此問題的許多相關知識。我們將會用下一章來分享我們關於精實化大躍進的新知識。

## 第15章

# 將精實革命制度化

在企業界實務上，革命性做法和成果都不會自行發生。要想有革命性突破，必須先有「改革大計」或「行動計畫書」(Action Plan，也可稱為行動指南書)，好讓企業中實際面對改革實務的經理人員，得以依據它來施展改革的抱負。在1996年本書初版的時候，我們就知道這項要求，所以我們在第11章中提出一套可以循序漸進的「行動計畫」，並精簡地摘述本書的模範廠商的計畫方案，以及它們如何改革。過去六年來，我們親自觀察更多公司的革新過程，眼界更為開闊了，所以現在可以提供「更高一層次」的知識與讀者分享。

## 一套功能更強的「行動計畫書」

我們深信本書初版所介紹的「行動計畫」仍然相當有效，所以我們對於前述的改革步驟和順序，依然堅信並支持，並不打算打退堂鼓。不過，我們對於許多步驟和細節上的了解，業已更為深入，也懂得做哪些建議會對讀者更有助益。因此，本章的架構將依照第 11 章中提出的「行動計畫之步驟」來查核，並在適當的時候加以補充、發揮。

## 找一位精實變革管理人

這第一步，依然很重要。不過我們這幾年的心得是：隨著精實轉型思考法的擴張，過去認為典型的變革管理人，他們所扮演的角色也要「與時俱進」。十年前，我們開始展開精實轉型的研究，在那時候，精實轉型對於業界而言很新鮮，在這節骨眼非得有一位真正信服它、並且強而有力的最高主管來領導不可（如本書提到的 Art Byrne 先生、Pat Lancaster 先生、Karl Krapek 先生或Wendelin Weideking 先生等執行長〔CEO〕)，因為如此才能克服公司內外普遍存在的抗拒精實變革的阻力。晚近，我們觀察過許多公司的精實轉型過程（它們規模不一)，發現其轉型的領導者多為中階幹部，他們務實而能默默地耕耘、領導，用不著大聲呼籲精實轉型，或採取戲劇化的「表演」，而績效不輸前輩。

儘管如此，我們仍然需要一位領袖，這是根本的要求。他要能本著「個人負責此變革，責無旁貸」的態度來領導。我們相信，任何組織想要有重大而全面的變革，必須有人來引導，而他所採取的領導風格或方式，究竟是「或柔，或剛，或恩威並濟等等」，都沒關係。

換句話說，我們這些年所學到的，是一種「轉型式領導」——這種領導形態，在政治史上經常可見。革命者常常能「馬上」取得天下，不過在承平時期，他們治理天下的能力，卻相當地差勁。我們發現，許多最成功的變革管理人，他們之所以能夠長期有效地改革，原因是他們有班底（支持者），能將精實化生產方式徹底落實，即，在變革管理人的注意力轉移到其他領域的時候，組織中要有人來接力，在該組織中持續努力，不斷改善。這些精實化活力的持續加持者，或推動組織轉型的副手，他們的職稱可能都不相同，例如「總經理特別助理」或「精實推進室主任」或「製造（廠務）執行協理」等等。不過，萬變不離其宗，關鍵在於該組織總要有這樣的人才，他們能夠將精實革命轉化成一套嚴密的新系統，並確保所有組織成員能了解和遵行。

要是沒人能讓新系統就定位的話，那麼，通常的情況會怎麼樣呢？隨著直接負責精實變革的領導人將職務的重心推移至他處，先前的優秀績效就會打折扣，從而淪為表現平庸。我們好幾次痛心地體會到，在原先那位動力十足的變革領導人轉任或離開之後，精實化的活力就大為降低。基於這種認識，我們建議：所有推行精實轉型的公司，如果想讓精實化成功的話，其領導團隊就要慎重其事地精選搭配人，即，要有人能打天下（精實化革命領導者），也要有人能治天下（精實系統構建者）。

## 取得精實化的知識

在「精實化第二步驟」這一觀念上，我們也有所精進。從1992年我們開始研究日本的精實系統，在那時候，相關的英文資料相當有限，關於企業如何從事精實轉型的最高層次方面的知識，通常藏在某些日本顧問師（稱為sensei，漢字為「先生」；他們多半出身於豐田汽車公司集團或其協力廠商）的腦海之中，而他們的教導方式，都是先從一項簡易的問題開始。譬如說，他們選擇的改善對象為某一台多步加工設備，即，其中各步驟之間，既需要物料上的移轉，可是又有存貨堆積其間。一旦將它做為改善的對象，在經過一番研究之後，就可以很快地將該孤立的步驟，改成在某一生產群組單元中的暢流作業。接下來，再處理另一孤立方面——它也許是在5S這一基本改善領域，或屬於後拉式系統等等——並將它解決。這種方式，會給相關者一番深刻的感覺：快速的改善，是可行的，而且，只要這些顧問師能夠一路繼續指導，包括精實系統之思想和方法上的協助，這就沒錯了。

對於這些日本顧問師而言，類似這樣的練習之所以有價值，倒不是在某特定製程的績效改善，而更重要的在於，它們能夠藉此提升相關主管「對於問題的自覺能力」，以及能激發熱心來學習關於精實轉型的知識(即，如何運用從日本顧問師身上慢慢學到的知識)並加以應用、推廣。

日本顧問師們的要求相當嚴格。不過，這些嚴師的背後，倒是有一套真本事。現場所有的這些改善，儘管枝枝節節，他們都能了然於胸，最後可以加以整合，綜合成一完整的精實生產系統；換句話說，他們有一套詳細的作戰總計畫。不過，這些都屬於顧問的「天機」，在開始改善的時候，並不外洩，他們採取的方式是要求變革的主管們要有耐心去學習，於潛移默化之中逐漸懂得如何「察言觀色」，懂得如何「觀照現場」，到了這時候，他們才能恍然大悟。

這套教學方式難免有其缺點，即，它們使當事人感覺「只緣身在此山（活動）中」，而不知道（精實系統的）真面目和全貌。因為，當時許多美國顧問師與豐田汽車都沒直接的聯繫，而實際上在生產線從事應用的主管，也多半靠自修的方式，邊摸索邊學，嘗試種種探索性途徑。因此，在當時，很少有哪些人或公司，能夠針對某一產品的總體價值溪流，加以精實化，使其改善臻至「暢流化的境界」。他們多半只能針對許多的價值溪流，分別做出種類繁多的、孤立的步驟上的「流程改善」。我們造一新詞，將這種零星的改善方式稱為「神風自殺飛機特攻隊式改善法」（kamikaze kaizen，譯按：神風〔kamikaze〕這日本字為日本人在「戰國時代」為了感恩其「保護神」，讓兩次的蒙古遠征日本大軍在臨日本的邊境登陸作戰中，都遭颱風襲擊而慘敗；日本人因此自認有「神風」護國。二次世界大戰時，日本將其空軍的自殺機取名「神風特攻隊」。本書作者們對於坊間流行的六標準差運動，也相當鄙視，稱為「神風自殺飛機特攻隊式六標準差」〔kamikaze Six-Sigma〕)。採用「神風自殺飛機特攻隊式」的改善方法，它的結果多半淪為：在許多小戰役上告捷，可是最後的整體戰爭卻敗下陣來，換句話說，它們推進的名稱多半取名為「××運動」（例如對於消除浪費的大作戰），在活動開始的時候，風聲鶴唳，偶爾會有零星小成就而讓大家士氣如虹，然而，大家的熱心有餘仍不足恃，改善成果無法讓顧客源源受益，而公司的財務成績也沒能落實。

我們認為，對於那些無法雇用日本人來當總顧問的公司，真正的解決方式在於：他們要能夠「自覺地就每一產品族的系統全局」

這一觀點出發。它的意思是說，要先從大局（包括顧客最迫切需要的）著手，在從事個別步驟的流程改善之前，先要有全盤的「推進計畫」（overall plan of march）—— 這一訣竅，已逐漸為許多公司所掌握。大家在下文中就會知道，這項工作乃為生產線主管的職責，而不在精實化顧問師身上——他們雖然在管理技術上很飽學，不過卻缺乏「暢流改善」的專門知識和訣竅，而且，他們對於業主的特定行業上的「生意經」，也沒什麼「洞識力」。我們馬上就要向大家介紹的「價值溪流圖解分析法」（value stream mapping）*，是一種相當有價值的工具，可以協助現場主管來掌握全局，讓他們知道：價值產生的來龍去脈。

對於那些能聘請日本人擔任總顧問的公司，我們也要給些類似的建議：在轉型的早期，就要將總顧問的知識書寫下來，這項投資一定不可省，並且，在投入大量的、枝節的流程改善案之前，要先探討全局性的問題。這樣，讓顧問與公司內的人分成兩組工作，彼此來對話，這樣的做法也許並不容易，不過，我們堅信，必須要有高階主管來從事更高層次、更全面性的觀照，而同時讓聘請的「日本式總顧問」投入各項流程改善，這樣雙管齊下，效果一定遠比單方面推進來得大。

## 利用危機（或造一個危機來演習）以找出轉型的槓桿

我們的處方中這一「第三步驟」，現在仍然相當不可或缺，這也是為什麼「不景氣」對於各公司和社會，都有其價值，都提供「機會可讓人利用」。這是因為我們每回碰到「不景氣」，它都可以讓我們把握「善用精實系統思考法」的機會。我們知道，面臨「不景氣」能讓人們更富自覺能力，讓人知道他們必須努力從事改善活動。這點，可以由本書銷售量的變化來作佐證。然而，有些人無法從「危機」中掌握「機會」。譬如說，我們在第11章所舉的那位無助的主管，他將其耐久性產品的售價，做了大幅度的削減，從而創造一番「危機」，影響力深遠。可惜，他很快就被革職了，因為他無法大幅削減成本（相對地），而這需要重新徹底構建其整體的設計和生產流程。要讓「危機」能發揮效用，必須有優秀的領導人才，並具備相關的知識，如此，才能在許多艱難的問題上——如資產過剩、設定的地點不對、人員過多等等——做出明快而有效的決策。

然而，我們也看到，許多經理人員誤用了當今的「景氣停滯」機會，即，他們不努力去設法改善目前的作業或營運，而只將設計和生產作業轉移陣地，即，轉到某一偏遠的地方去（通常與顧客相隔萬里），不過仍然沿襲過去的大量生產方式，換湯不換藥。這些所謂「製造業新天地」都有一關鍵特性，即，該地的各種生產要素（特別是工資）的成本低廉，而這些因素的吸引力，通常是很難抗拒的。

良好經營的難題在於：你的競爭對手很快地就可以師法你，並採取該策略來還擊你，所以你所佔的優勢，都會相當「短命」。再者，因為公司採取此種「製造外移」做法，並不能增進其「精實化的實務知識」，反而容易因為匯率上的和地緣政治局勢等方面的局部起伏，而成為它們的奴隸。所以這種轉移製造陣地的方式，它的競爭力相當脆弱，你可能很快就必須再另謀下一製造陣地。我們下文會介紹大家如何從全局來思考，將其價值溪流最佳化，那時我們又會回到這一主題進一步來討論。

## 畫出貴公司的價值溪流

我們在這方面所學到的最多，受益最大，因為，我們在撰寫第一版的時候並不知道一般的管理者迫切需要某些工具，使他們能觀照其價值溪流。我們的圖2.1和2.2，雖然正確而又能激勵讀者，不過，對於實際管理者而言，它們太簡化了，無法根據它做為行動指南。最慘的是，我們當時疏忽了，並沒有在這些圖中將來自顧客方的資訊流回饋，讓它與生產方在製程中對於它的回應的諸項產品製造轉型措施（transforming actions），彼此相互關連起來。將上述的資訊流和產品加工流的關係加以整合，是無比重要的事情，因為唯有如此，才能將供需雙方做互動的整合統一，這對於價值創造而言，是根本的，而這一全局的洞識力，乃是傳統的流程圖（它們只顯示其物流）所欠缺的。

我們現在所使用的價值溪流圖解分析法，都是靠Mike Rother和John Shook兩先生的幫忙才得以完成。他們教給我們的，是豐田汽車公司用來表示「資訊流和物流整合」的標準方法。價值溪流圖解分析法的應用範圍廣大，可以一體適用於許多地方，從辦公室中簡單的行政管理過程，到全公司供應系統的價值溪流（從各項原料的開採一路到交貨給顧客）都行。

（譯按：接下來介紹「價值溪流圖解分析法」〔VSM〕*，我們也可沿用佛學的術語，將「現在狀態〔Current State〕」翻譯成「現在相」；將「未來狀態〔Future State〕」翻譯成「未來相」。）

我們每回作價值溪流圖解分析，目的就是要將其目前作業的所有步驟畫（寫）下來，用它們來界定它的「現在狀態（相）」。針對每一步驟，我們要求主管追問一組相當單純的問題：該步驟能為顧客創造價值嗎？該步驟的能力夠嗎？（即，它每次都能產出良好的結果嗎？）它的產出令人滿意嗎？（即，它每次不只能產出高品質的結果，也要是顧客需要的。）它的彈性大嗎？（即，它每次生產調整〔changeover〕* 的時間很短，所以可以採用「多品種少量」生產方式，甚至於每批次只做「一個」。）它的產能適當嗎？（它要足夠大到使流程中的產品不用排隊、等待。）或是，它的產能超大如「龐然大物」，因為它是根據過去過分樂觀的預測值所建立的嗎？

凡是該步驟不能為顧客創造價值的，就取消它。凡是該步驟能力不夠的，或彈性不足的，或產能太大或太小的，都要加以改善。不過，這樣只針對每一步驟追問、分析，仍然不能掌握全局，因為步驟之間的關係，是同樣重要的：從顧客處流回的資訊平穩嗎？沒有延遲嗎？產品流經的所有步驟，它們是否夠順暢，以致於從製程開頭到結尾的總生產時間，比起各步驟的作業時間加總起來，只稍微大一些而已？產品流是不是顧客所要求或希望的，而不是由生產者勉強要求顧客接受的？最後，滿足需求的各階段，是否已「平準化」？如此，才不至於在需求方面的變異稍有起伏時，就造成許多地方做出過度的反應。（譯按：模擬此種「決策誤差級級放大」作用的遊戲和說明，可參考戴明博士的「漏斗試驗」或所謂「啤酒遊戲」等等。）

如果能夠組成團隊，一起把上述所有步驟和相關的提問都整理出來，例如圖15.1所示的某工廠內的價值溪流分析，那麼，大家都能觀照所要討論主題的價值溪流的全局，而且對於目前的績效，都會有一番「共識」。

圖15.1的上半部，從右至左，顯示出資訊從顧客流向生產製程的各處。我們可以看到，各訂單是從顧客處流向某一台電腦，由它負責用「物料需求規畫（MRP）*」程式，來排定各訂單在下週的生產時程，由該電腦每週計算、運轉一次，即，將當週所累積（等待處理）的訂單，做加工、計算。同時請注意，廠務主管在發現原料有短缺或顧客需求有變更的時候，他會花許多工夫去跟催各項資

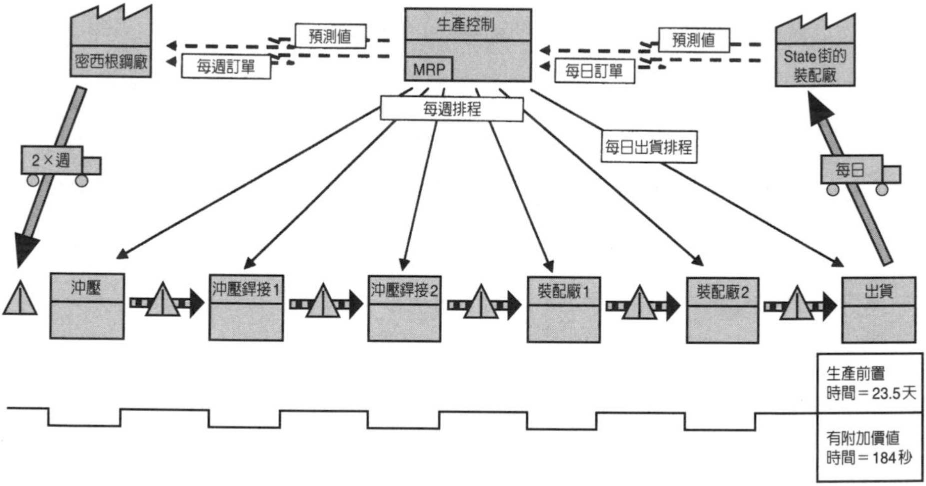


圖15.1　某工廠內的價值溪流分析的「現在狀態」圖示

訊，而這工作的負荷量並不輕鬆。

圖15.1的下半部，從左至右，顯示出產品流從原料加工生產，到製造完成並交貨給顧客。該圖摘述五道必經的製程以及它們的績效，顯示出它們之間目前所累積的存貨（譯按：以三角形中間有『I』來表示）。它並顯示出「有附加價值的時間（極少），與總生產時間（極大）之間的對比」（譯按：在該圖右下方處）。它並能協助主管們清楚地看出：開始時必須將產品的總生產時間大幅壓縮、消除掉浪費的步驟，導正品質上的、彈性上的、產能上的各項問題——例如它們適當與否等。

我們可以將上述的資訊，摘要成圖15.2的「現在狀態的績效盒子圖」。

該改善團隊的成員可透過「價值溪流圖解分析法」和「績效盒

| | 現在狀態 |
|---|---|
| 總前置時間 | 23.5天 |
| 有價值創造的時間 | 184秒 |
| 換模／換線時間 | 10分鐘在裝配 |
| | 1小時在沖壓 |
| 機械運轉時間 | 80%在銲接／裝配 |
| | 85%在沖壓 |
| 報廢／重修 | 5% |
| 存貨 | 17,130件 |
| 每隔幾週製造一零組件 | 2週 |

**圖15.2　現在狀態的績效盒子圖**

子圖」的「視覺上」的協助，來構建出其價值溪流的未來狀態或相貌之預想，如圖15.3 。要達成這種未來遠景，必須做我們在「現在狀態」圖中所湧現的各項「改善突破措施」(kaizen bursts）── 在這些地方都必須做暢流和流程改善。

這個個案所要求的改善目標（總體要求減少一位作業人員；譯按：專門術語請參考本書末的「辭彙」)，是針對該特定步驟（四台銲接機和裝配作業）在製造能力上（指「第一次就做好的品質」；譯按：通常用「良率」為指標）、人員—設備系統的嫁動（利用）率上（uptime ，譯按：它是總體扣除停機時間的可用時間）、彈性上（changeover time ，譯按：通常用換機型或換模具等所需的時間

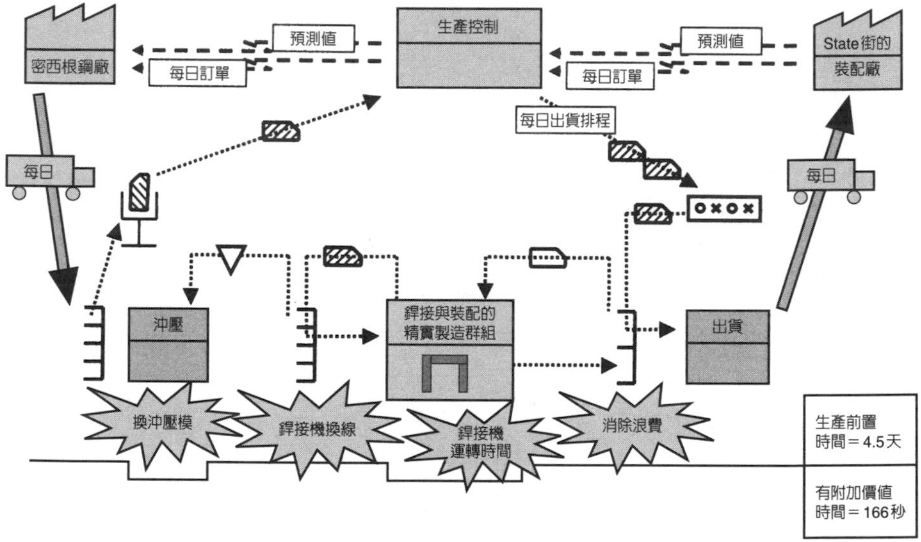


圖15.3 價值溪流分析的「未來狀態」圖示

為指標)、消除阻礙製程間暢流的存貨上，以及把四步驟重組成一精實製造群組（cell）。除了上述改善，沖壓機的準備時間（換機型或換模具等）應該可大幅減少，使其可以小批量生產，而使存貨更少。

最後一步是：將提供各製程生產指令的「物料需求規畫」（MRP, Material Requirements Planning）系統停用。

這「未來狀態」在績效上的含義，與「現在狀態」相比較，如圖15.4所示。

像這樣把流程畫出來，我們就可以清楚地看到：如果對於某些流程的暢流化，當作專案來改善，並將其成果標準化，那麼將可能在績效上有重大的改進，而且，改善的可能性還不僅如此。我們在下文談價值溪流的完善化時會顯示，我們永遠都可以再界定出新一

| | 現在狀態 | 未來狀態 |
|---|---|---|
| 總前置時間 | 23.5天 | 4.5天 |
| 有價值創造的時間 | 184秒 | 166秒 |
| 換模／換線時間 | 10分鐘在裝配 | 0分鐘在裝配 |
| | 1小時在沖壓 | 10分鐘在沖壓 |
| 機械運轉時間 | 80%在銲接／裝配 | 100%在銲接／裝配 |
| | 85%在沖壓 | 99%在沖壓 |
| 報廢／重修 | 5% | 0.5% |
| 存貨 | 17,130件 | 3,250件 |
| 每隔幾週製造一零組件 | 2週 | 8小時 |

**圖15.4　由現在狀態轉變到未來狀態的價值溪流之績效盒子圖**

輪的未來狀態，並做進一步的改善。如果這又達成了，我們又可以將這看成新的現在狀態，再開始新一輪的改善，如此循環下去。

這樣，我們必須考量下述，也是我們對於「價值溪流圖解分析法」的主要關心點——我們發現，「價值溪流圖解分析法」在全世界都廣受歡迎，許多主管身邊都有相關的美輪美奐的圖畫——「現在狀態圖」和如果他們做了哪些改善，就可能在績效上突破，達到憧憬的「未來狀態」所標示的境界。可惜，這些可能的改善，都只是夸夸之言而已，或者換句話說，實際成績都大打折扣。

我們碰到這種情形，總會做這樣的要求：要求看看他們如何達成「未來狀態」的計畫——它們的類似形式應該像圖 15.5 所示。

接下來，我們要求與那些負責管理並改善價值溪流的人（他們要將「未來狀態」落實成「現在狀態」）詳談，在這時候，通常會碰到大問題，也就是通常沒有貨真價實的計畫，或連可執行的計畫也沒有，因為根本沒人負責落實，也就是說，欠缺「價值溪流管理人」來將流程做到止於至善——這是下一節要談的。

## 利用產品族和價值溪流來重組貴公司

我們在初版時既忽視價值溪流圖解分析法，也忘記掌握到「價值溪流管理人」在精實轉型中的重要性。「價值溪流管理人」要領導大家做價值溪流圖解分析、負責將某一產品價值溪流中的「浪費」消除、同時導入暢流化和後拉式系統。我們對於「價值溪流管理人」這一關鍵角色，並未詳加描述（倒是在介紹Lantech 、Wiremold 和普惠等公司時，稱其為「產品團隊領導」〔Product Team Leaders〕，

| 價值溪流管理人<br>日期 | | | | | | | | | | | | 產品族 |
|---|---|---|---|---|---|---|---|---|---|---|---|---|
| 產品族經營目標 | 價值溪流目標 | 可衡量標的 | 每月排程 1 | 2 | 3 | 4 | 5 | 6 | 7 | 8 | 9 | 負責人 |
| 在轉向托架這一產品上改善獲利率 | 定拍人員 | | | | | | | | | | | |
| | ＊從銲接到沖壓的連續流 | 製程中存貨0 | → | → | | | | | | | | 甲 |
| | ＊改善至168秒 | ＜168秒 | → | → | | | | | | | | 乙 |
| | ＊減少銲接換線時間 | 換線＜30秒 | → | | | | | | | | | 丙 |
| | ＊銲接機#2的運轉率 | 100% | → | | | | | | | | | 丁 |
| | ＊製成品後拉 | 完成品兩天量 | | | → | → | | | | | | 戊 |
| | ＊物料搬運員的路徑 | 後拉排程 | | | | → | | | | | | 己 |
| | 沖壓 | | | | | | | | | | | |
| | ＊沖壓後拉式 | 1日存貨＋後拉排程<br>批量大小：300/160件 | | | | | → | → | | | | 庚 |
| | ＊沖壓換模 | 換模時間<10分鐘 | | | | | → | | | | | 辛 |
| | 協力商 | | | | | | | | | | | |
| | ＊線圈採後拉式；每日交貨 | 每日交貨；沖壓機線圈存貨＜1.5天 | | | | | | | → | → | | 丑 |

**圖15.5　改善計畫的實施**

而在豐田汽車公司稱其為「總工程師」〔Chief Engineer at Toyota〕)，換句話說，我們1996年時將注意力集中在各公司組織的改變，如何使這樣的領導人能有必要的職能技術和權威來指揮。

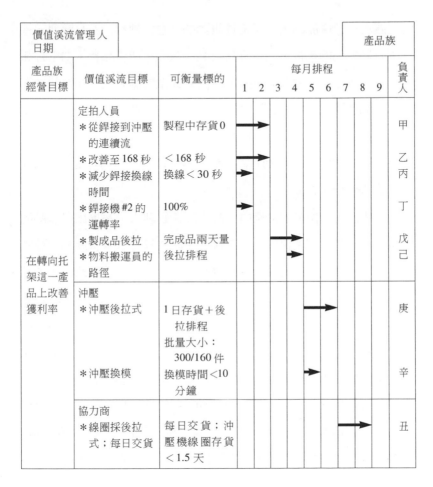

隨後，我們發現在許多公司的實情是這樣的：為了要讓那些通

常只關心自己職能的人，能夠將他們的注意力轉移到精實轉型，或許應該將他們的報告方式，改為向某一產品（或產品族）的主管報告，起碼，在某一世代的產品週期內如此做的話會對公司有利。不過，我們也注意到那些在精實轉型較為成熟、功力強的公司（例如豐田汽車公司，現在Lantech也躋身其中），他們只賦予這些主管要完全負責「價值溪流」和產品，而不必將許多人調到其旗下，而他們的成績也相當優異。

這些公司的做法通常是由「價值溪流管理人」發展出其產品的遠景，決定其價值溪流的「現在狀態」和對於「未來狀態」的願景的落實。然後，這些管理人將其他職能的人都看成達成此狀態的基本輸入（如工程、生產、採購、銷售、精實化方面知識等）的供應者。如果這些職能的人無績效，那麼該「價值溪流管理人」通常會直接去找執行長或製造營運長，或是該「價值溪流管理人」的長官，將這些問題攤開來討論，找出問題的原因並加以解決。

最後一點，我們發現這些「價值溪流管理人」和產品線管理人，他們在精實轉型的世界中，都像具備所謂的「碎形（fractal）數學」這學門中的特性，即，「你之中有我，而我之中也有你（系統）之部分」。換句話說，負責某產品線全責的主管，他可能在下一不同層次處需要與負責相關的「價值溪流管理人」共事。譬如說，用豐田汽車的術語來說，總工程師——他負責一整體汽車平台（產品族）所發展出的車型之產品——要協調整合的，包括在設計階段需要與開發主管，在裝配廠需要與某位「價值溪流管理人」，以及在各組件工廠將其裝配成各主要半成品的「價值溪流管理人」

等人共事。上述這些主管，他們的工作在本質上是相同的，只是範圍不同而已。位階高的，範圍較廣；低的較窄。

我們發現此種組織途徑，並不是精實化較為成熟的豐田汽車公司等的專利，它也可以適用於其他精實化經驗豐富的公司，這一心得，是我們在參觀包裝技術展，Pat Lancaster先生主持的公司發展出「適度規模」的纏繞機械的時候（參考第14章）。我們問Pat Lancaster先生，他公司專心致力於新產品開發的各團隊，究竟是如何運作的？他以惡作劇的方式回答：

「我們的實際經驗是，直接向我報告的特助（DRI, Directly Responsible Individual，即「價值溪流管理人」）需扮演關鍵性角色。一旦各職能單位了解到精實轉型的精義，我們發現公司就不需要改組（再將他們分發到各新產品族的產品團隊去）。我們採取的方式是，由DRI向各職能單位解釋，他們做為『供應者』的新角色和任務，以及如何確保成功。他們都能成功而完滿達成任務。」

## 設立精實化的推進機能

我們在本書初版時提出一項建議：設立一種精實系統的推進機能，用它來容納那些老幹部——那些原先的訓練是以工業工程、品質管制、維護保養部門為主的人，讓他們能夠與那些具備新精實轉型知識（如製程暢流化和拉式生產等）的專業技能者共事。有許多讀者認為這樣問題會很多，因為他們很懷疑上述的各路專家如全面品管（TQC）、全面生產力保養（TPM）、和「精實」（TPS，豐田生產系統）等可以和諧共事。

我們聽多了類似的無稽之談，即認為上述的全面品管（TQC或TQM）、全面生產力保養（TPM）、和「精實」（TPS，豐田生產系統）等等領域的顧問（sensei），他們會各行其是而無法整合。因此我們更進一步認為，這些各派高手必須齊聚一堂共事才行得通（這些野生動物要關在同一籠子裏）。其中的道理很簡單，因為這些專家所追求的目標都相同，也就是「完善的流程」，所以，一旦他們所使用的專業語言能溝通無礙，專業上的敵對心態一旦化解之後，就可以共謀精實轉型的大計。

每一專家對於價值溪流都是想讓它們的每一步驟都有其附加價值，每一步驟的製造能力都高（這正是品質專家們的出發點），每一步驟的設備都要可用或堪用（此為維修專家們的原點），每一步驟的產能都是適當的（產能不太多、也不太少），以及所有步驟都要有彈性，並具備暢流化和採取拉式系統，加上需求要平準化（此為豐田生產專家們的想法和出發點）。而且，每位「價值溪流管理人」對於協力廠商的要求，都要他們能配合，努力實踐精實轉型，達成追求全系統的完美、完善境界。

組織或企業要達成上述的理想，它的挑戰在於是否能讓這些專家們相互對話，能讓「價值溪流管理人」所取得的諮詢或專家見解，是一致、高品質的。唯有如此，他們的改善速率才能最佳、最快。

精實推進室的組織應當採取小而美的形式，除非在下列的情形，即，有一特定的組織調整期，在那時候會有許多其他直線職能的員工暫調到該單位，來從事專案的改善。推進室所需要的是高品質的專家，他們能夠將各部門關於「價值溪流如何完善化」的知識融會貫通，並且能夠在必要的時候把這套傳授給「價值溪流管理人」和同事或部屬。甚至，推進室要能夠越來越精簡。

畢竟，公司對於精實轉型知識的需求最殷切的時候，是在轉型的初期，因為那時絕大多數的「價值溪流管理人」都不具備關鍵的落實訣竅，而且公司的諸「價值溪流」本身，都充斥種種的浪費，流程有所阻塞而無法暢通。隨著活動的推動，「價值溪流管理人」可以針對該產品的特定問題，花費更多的心思和更加努力。問題的源頭，多半來自市場的變化和顧客需求方面的改變，而之所以能夠如此精進下去，是因為系統現狀的水準達到一定程度以上，這時候要將該「現在狀態」確認出來，並進一步達成「未來狀態」，它所需要的時間會越來越少。

## 改善之後要再接再厲

大多數主管都會同意：改善是永無止境的。話雖如此，我們經常會碰到的實際情形卻是：許多公司在開始精實轉型的時候，都轟轟烈烈一陣子，然後就停滯下來，儘管大家口頭上仍然會說，要繼續努力，要「止於至善」。相形之下，我們很高興最近有機會重訪F-NOK公司，他們一向就是本著「追求完善」的理念在經營企業。譬如說，我們在表5.1提到他們的避震設施生產線經三年的持續改善之進步情況。

這回重訪，我們去參訪的產品線是油路密封器（oil seal），它過去十年來穩定而持續改善的紀錄都有案可稽，而且並不打算半途而廢。如圖15.6所示，F-NOK公司的這一產品線，在1992年就開始精實轉型，初期的成績很不錯，算是大幅躍進——從流程像孤立村落般各據現場一方的方式，改成精實製造群組的方式（許多公司做到這時候，就停止了）。他們再接再厲，從1993年到1994年，進一步將注意力和努力花在該群組內的諸項作業的改善，首先是找出「最佳的實務方式」（譯按：指作業精益求精），再進一步找出「模範」群組當「標竿」。在1995年，他們整廠引進拉式生產系統，即，將各項生產指令送到各群組，去要求依看板指令生產，並且以一定步調經常地取出產品。在1998年，他們推出新世代的產品，跟著就實施所謂「生產準備過程制」（Production Preparation Process [3-P]）的活動。他們在2000年導入六標準差活動，運用所有的六標準差的改善工具來改善其製程能力，使得不良率（報廢）降至千分之一——相形之下，在該產業還沒有其他公司有本事降至

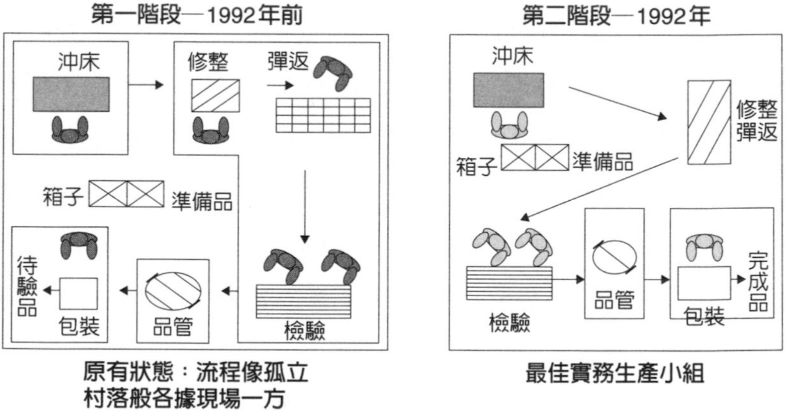


圖15.6A F-NOK公司

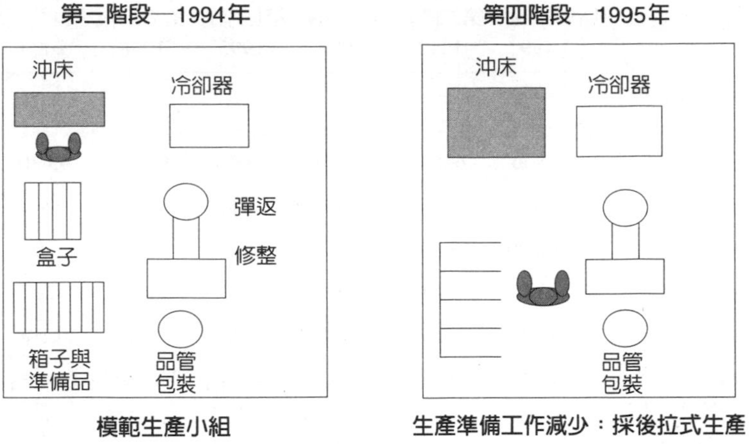


圖15.6B　F-NOK公司

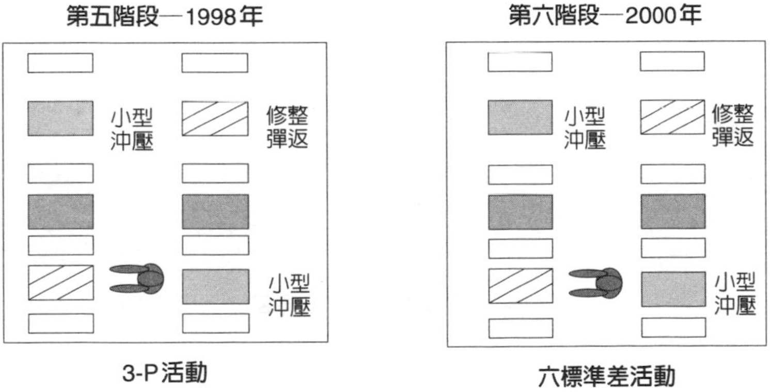


圖15.6C　F-NOK公司

百分之一以下。我們猜測他們接下來可能會引進TPM，希望機械的使用率能達到100%。

不管接下來的措施會是怎樣，它的重點和要點都很清楚。的

| | 第一階段 <1992 | 第二階段 1992 | 第三階段 1994 | 第四階段 1995 | 第五階段 1998 | 第六階段 2000 |
|---|---|---|---|---|---|---|
| 績效上的影響： | | | | | | |
| 每班的件數 | 5,800 | 6,060 | 6,840 | 7,000 | 9,570 | 9,630 |
| 每日人工小時 | 46 | 34 | 24 | 24 | 24 | 24 |
| 在製品存貨 | 36,000 | 18,000 | 240 | 240 | 70 | 70 |
| 搬運距離（呎） | 2,214 | 670 | 20 | 20 | 20 | 20 |
| 報廢 | 6.8% | 4.1% | 1.3% | 1.3% | 0.8% | 0.1% |
| 前置時間（從入廠碼頭到出廠碼頭總計） | 30天 | 20天 | 5天 | 24小時 | 16小時 | 16小時 |
| 每人工小時生產件數 | 383 | 534 | 855 | 875 | 1,196 | 1,203 |
| 財務上的影響： | | | | | | |
| 收入 | + | + | + | | +++ | |
| 人工成本 | – | – | --- | - | – | - |
| 間接成本 | - | – | – | --- | – | - |
| 資金 | --- | --- | --- | – | – | - |

圖15.6D　F-NOK公司

確，它印證我們的信念，即，我們可以針對同樣一價值溪流，做永無止境的改善。重要的是，「價值溪流管理人」和他們的主管對於這種持續改善，都要強調並確實要求，而且，「精實轉型推進室」要能持續而適時地提供大家所必備的知識。

| 油路密封器研究改善案 | |
|---|---|
| 改善摘要 | |
| 8年內，分6階段 | |
| 生產力 | ＋214% |
| 在製品存貨 | －99.8% |
| 報廢 | －98.5% |
| 搬運距離 | －99.1% |
| 前置時間 | －97.7% |

**FNGP全公司**

1992年至今

- 北美洲做的改善專案超過8,000件
- 節省超過1億美金
- 不良率從百萬分之2000降至小於50
- 品質成本降低60%
- 在製品存貨減少80%
- 人工生產力每年增進25%
- 每千平方呎廠房收入增加350%
- 從入廠碼頭到出廠碼頭前置時間減至16小時以下

圖15.6E　F-NOK公司摘要表

## 運用方針展開法的利弊

過去幾年來，我們在各自的研究機構之運作中，都有廣泛地運用方針展開的經驗。在這方面，我們全力以赴，其過程相當艱辛。之所以會這樣，是因為方針展開法會強迫高階主管做出痛苦的抉擇、取捨，也就是他們必須就「什麼是真正重要的，以及什麼是可達成的」做取捨。在這同時，方針展開法會將各單位的諸項計畫，它們與其他單位的矛盾等等，都暴露無遺，因為它們彼此之間會相互衝突。

我們但願方針展開法可以變得更簡易——可是事實不然。所有組織只要是成長的，或是面臨資源上的限制，它的新衝突就會不斷消長。因此，看來在方針管理的實施過程中，它所造成的張力和壓力，都會維持在一定程度以上。更重要的是，我們發現：在方針管理的整個過程，必須由高階主管來領導，這樣才行得通。

弔詭的是，我們發現，從方針管理的過程中所產出的實際計畫，它們的有效期限，通常只有一季而已，儘管我們在開始實施的時候，希望它們能做為我們下一年度的導引。我們一方面做這樣的反思，一方面想起精實思考法的一項中心原理：**任何的價值創造系統，都要能富彈性，而又能應變回應顧客的新要求，因為所有的「預測」這玩意，一定是錯的。**我們也體驗到：方針管理之過程中所產出的實際計畫，只不過是組織上的一種預測，而未來的事件，可以很快就讓它的假設不再成真。

起初，我們對此發現感到很困擾，不過我們很快就發現，這點早就為豐田汽車公司所知，大家的見解相同。現今，一般而言，豐田汽車公司的高階主管都會注意到：「規畫過程相當寶貴，不過當時所產生的具體計畫，倒可能沒什麼價值。」他們達成的結論是：從事方針管理的過程中，它會迫使組織中的每個人了解種種需求，和其他每個人的限制所在，並能讓大家對於「哪些是未來可採取的途徑中最有希望的」的覺察力大幅提高，雖然就某特定的行動方案而言，它們在執行過程中需要經常加以修正。

## 讓你的協力廠商和顧客心悅誠服，投入新的精實轉型

在1996年本書初版的時候，我們盼望整條延伸的價值溪流的參與者——即，從原材料供應商到最終消費者的諸公司——都能投入精實轉型，而不要空談毫無意義的「夥伴關係」（在景氣好的時

候，這口號特別流行）和「壓縮獲利空間」（這是每次遭遇不景氣時的標準做法）。可是，事與願違，在九〇年代後半，大部分的公司面臨所謂的「新經濟」鍍金好景氣下，都把注意力放在資訊科技上，特別是以網站為基礎的電子商務中所謂的「逆向拍賣」（reverse auctions，譯按：或譯為「反向標購」，它的基本做法是讓消費者自己出一個想要的價錢〔Name Your Own Price〕，再看看有沒有供應商能接受這個價格），而我們認為，單由這方向所開創的業績，成果相當有限。

對於「反向標購方式」的前景，我們一向持懷疑態度，因為，除非價值創造鏈的顧客和供應商，能夠共同學會將其昂貴的浪費根除掉，否則就它本身的能力而言，在長期的價格降低上是有限制的，情況果真如此，那時即使採用「反向標購法」也沒多大用處，於事無補。更確切地說，最大的節省來源，是供應方在長期所能夠給予的節省，而它又能有利可圖、繼續經營。而這最大的節省，額度通常很小，只達幾個百分點，因為，供應方的真正成本中的一大部分，是其價值溪流中未去除的浪費。

最近，隨著顧客和供應商發現，新資訊科技工具存在種種限制，加上不景氣，它們從而轉向傳統的做法，就是壓低價格。這不是好方法，所以我們推出一種新的繪圖解析法，它可以協助顧客和供應商來共同學習，讓它們更清楚地看到整體價值是如何流通的。我們所提出的，是一種延伸的價值溪流管理，是將Mike Rother和John Shook的《學習觀照價值溪流》（*Learning to See*）一書所倡導的偏向設施層次的價值溪流管理（詳本章前述），做合理的、相輔相成的推廣應用。亦可參考我們的著作《全方位觀照價值溪流》(*Seeing the Whole*)。

此工具的目標，並不是要做成本方面的研究(雖然它稍微修改，即可做這方面的工作)，而是要我們能對一完整溪流的績效，提高每一位參與者的觀照能力，讓大家能對於某既定價值溪流、它的浪費的種種原因、以及最佳的改善方式等等，有共同的自覺，讓大家最能共同改善，結果大家都受益。

大家(相關的共同的價值溪流參與者)一起到現場走走，就可

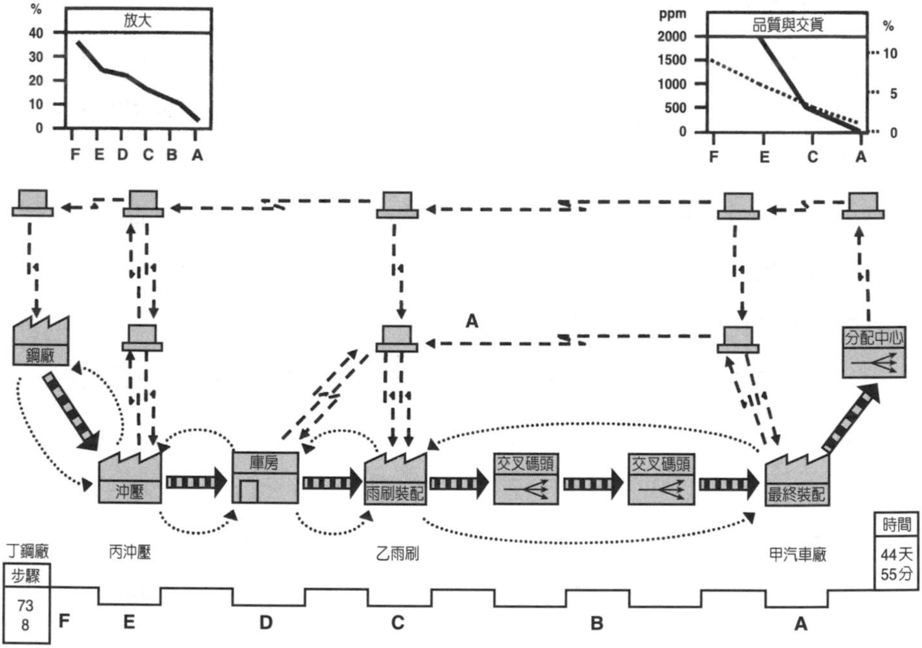


圖15.7 「現在狀態」的延伸價值溪流圖

以很快決定「現在狀態」，並確認出浪費的大小和來源，然後，再將它們轉變為對自己有利的。譬如說，最近我們為了準備出版應用手冊《全方位觀照價值溪流》，又一次到各處現場走走（這是我們過去經常做的），我們就發現，在某汽車擋風玻璃和雨刷的製造作業中，總共有73步驟，而其中只有8步驟是有附加價值的。從它所花費的時間來看，完成產品所花費的44天之中，只有54分鐘有附加價值。至於從消費者的角度看，從下訂單到將這相關資訊傳送給上游，這些交涉可說是毫無附加價值（見圖15.7和15.8）。

同時，我們也發現，在價值溪流的顧客端，它的需求只改變了3%，不過，由於人們會過度反應，所以對於最上游的原材料供應商，需求上的變動卻會擴大成40%。我們進一步研究，發現在產品不良率方面，往上游可能增為7倍；而向顧客出貨的供應不良機

| | 現在狀態 |
|---|---|
| 總前置時間 | 44.3天 |
| 有價值的時間佔總時間之比 | 0.08% |
| 有價值的步驟佔總步驟之比 | 11% |
| 存貨週轉次數 | 5 |
| 品質篩選* | 400 |
| 交貨篩選* | 8 |
| 需求放大* | 7 |
| 搬運距離 | 5,300哩 |

* 上游成績除以下游成績的比值

**圖15.8　「現在狀態」的績效盒子圖**

會，則可能增為8 倍。結果，為了防範斷線等問題，不光是在系統許多地方都堆積了存貨，而且，加工需重新修正的工作量，以及對於每一站的交接之跟催工作等等，都大幅增加。

不過，所有這些浪費的步驟和時間，我們也很清楚它們都是必要的，因為原來的價值溪流的組態和所有共同的生產基本想法，造成它們勢所難免。也許，最重要的，如果所有的人僅就其所見的價值溪流的部分來看，都無法看出全貌，也無從認清這些浪費都是可消除的。

根據我們到現場去走動的經驗，我們可以很容易在心靈之眼中想到，該廠商可以開創一系列的「未來狀態」來改善其績效。譬如說，只要同意在各工廠之內，落實我們上述的「未來狀態」之類的改善，引進暢流化和拉式生產，就可以將總週期時間減少一半，並

| | 現在狀態 | 未來狀態I |
|---|---|---|
| 總前置時間 | 44.3 天 | 23.9 天 |
| 有價值的時間佔總時間之比 | 0.08% | 0.16% |
| 有價值的步驟佔總步驟之比 | 11% | 15% |
| 存貨週轉次數 | 5 | 9 |
| 品質篩選* | 400 | 200 |
| 交貨篩選* | 8 | 8 |
| 需求放大* | 7 | 7 |
| 搬運距離 | 5,300 哩 | 5,300 哩 |

* 上游成績除以下游成績的比值

**圖15.9 從「現在狀態」到「未來狀態Ⅰ」的績效盒子圖**

且能消除25%的浪費步驟（見圖15.9）。

第二個「未來狀態」（見圖15.10和15.11）的導入，可以採用「凡是碰到該產品的公司和工廠之間」，都要採用將需求量平準化和拉式方式運作，並經常更新「顧客」的需求量。這樣，就可以再將總週期時間減少三分之一，並且能消除一些倉庫和彼此之間裝卸和運貨的「碼頭」。

最後，如果能採取每一可行的步驟，將製造目前這一代產品的公司和其工廠之間的無實效步驟和搬運連線給消除的話，這樣，還可以再將總前置時間從44天降至2.8天。也就是說，降到顧客願意

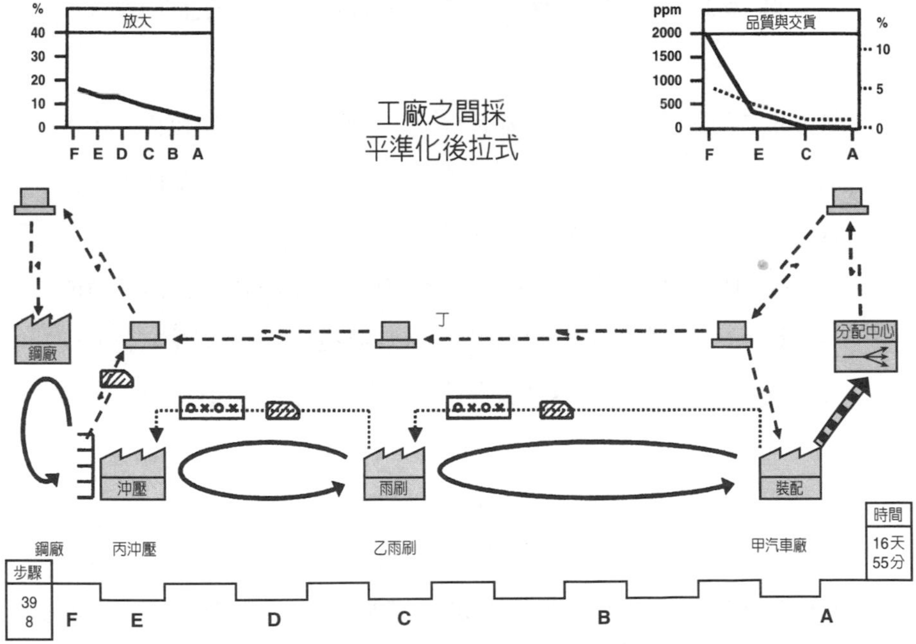


圖15.10　「未來狀態Ⅱ」的延伸價值溪流圖

| | 現在狀態 | 未來狀態I | 未來狀態II |
|---|---|---|---|
| 總前置時間 | 44.3 天 | 23.9 天 | 15.8 天 |
| 有價值的時間佔總時間之比 | 0.08% | 0.16% | 0.6% |
| 有價值的步驟佔總步驟之比 | 11% | 15% | 21% |
| 存貨週轉次數 | 5 | 9 | 14 |
| 品質篩選* | 400 | 200 | 50 |
| 交貨篩選* | 8 | 8 | 3 |
| 需求放大* | 7 | 7 | 5 |
| 搬運距離 | 5,300 哩 | 5,300 哩 | 4,300 哩 |

* 上游成績除以下游成績的比值

**圖 15.11　「現在狀態」與「未來狀態Ⅱ」的績效盒子圖**

等待的時間之內。如果這些都做得到，整體價值溪流可以從「依預測值來生產」方式，改成「依實際訂單來生產」方式，如此，許多公司節省的獲利都會相當大（見圖 15.12 和15.13）。

我們甚至可以想像出採用更新一代的產品設計和製程技術的「理想狀態」，如此，我們可以讓該雨刷的製造，只集中在單一的模造廠中完工。這樣，可以讓該廠直接與完成品裝配廠直接對口，產銷一致，不用經常為生產數量和產品型號的搭配大傷腦筋。

很少有價值溪流的改善能達到這樣的境界，不過在這一作圖和改善的過程中，可以提高所有參與者的自覺能力，讓大家對於現在的確實情況更有共識，同時能協助大家邁向「未來狀態」甚至「理想狀態」，如果大家對於「改善成果的利益均霑」之規則都能夠同

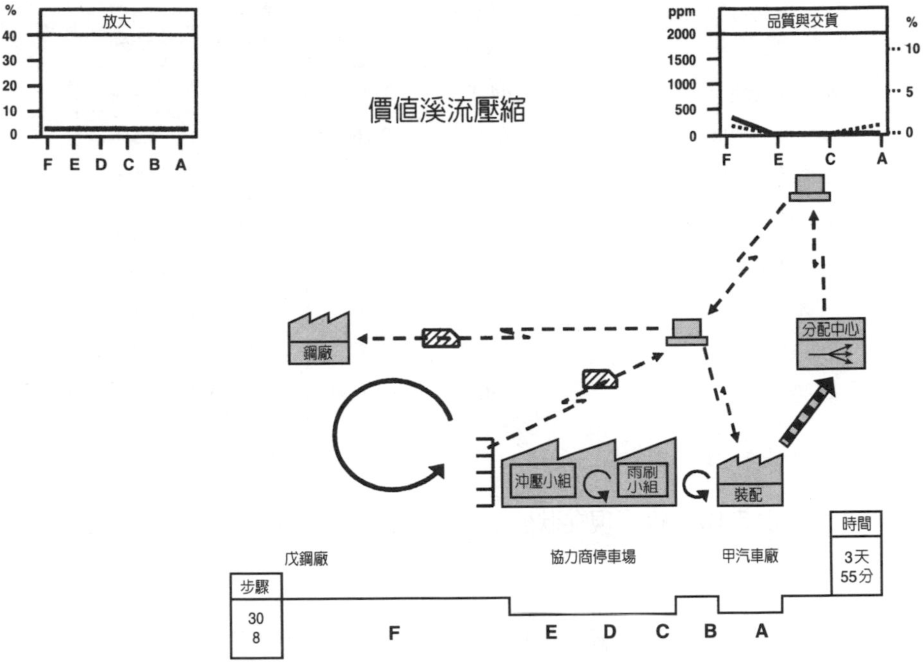


圖15.12　「理想狀態」的延伸價值溪流圖

意的話（話說回來，如果大家不一起努力改善，可能彼此連一點好處都分不到）。這樣，在從事價值溪流繪圖和解析的過程中，可以就每一溪流產生真正有意義的「夥伴關係」，從而大步邁向我們在第12章所描繪的「精實企業體」。

## 發展全球精實化策略

本書自初版以來已經過許多年，不過我們很驚訝地發現，即使在製造業，還是有許多人緊抱著大量生產方式的思路不放，尤其是

| | 現在狀態 | 未來狀態I | 未來狀態II | 理想狀態 |
|---|---|---|---|---|
| 總前置時間 | 44.3 天 | 23.9 天 | 15.8 天 | 2.8 天 |
| 有價值的時間佔總時間之比 | 0.08% | 0.16% | 0.6% | 1.5% |
| 有價值的步驟佔總步驟之比 | 11% | 15% | 21% | 27% |
| 存貨週轉次數 | 5 | 9 | 14 | 79 |
| 品質篩選* | 400 | 200 | 50 | 2.5 |
| 交貨篩選* | 8 | 8 | 3 | 1 |
| 需求放大* | 7 | 7 | 5 | 1 |
| 搬運距離 | 5,300 哩 | 5,300 哩 | 4,300 哩 | 525 哩 |

* 上游成績除以下游成績的比值

**圖15.13　從「現在狀態」到「理想狀態」的績效盒子圖**

在考量生產地點的時候。所以他們把每一製造步驟盡可能放到全球人工最密集、成本最低的地方去，而將該產品的價值溪流弄得四分五裂，這樣，個別來看似乎是最佳化的決策，就整體而言，卻未必如此。

舉例來說，我們最近與一家稱得上家喻戶曉的製鞋業者討論——該公司已將市場在美國的鞋子的最終組裝，都轉移到東南亞去了。據稱這樣每雙鞋的製造成本，就會比先前在墨西哥製造更為便宜，不過這樣一來，將產品送到顧客手中的時間，就要拉長許多。由於在此新制度之下，該產品的前置時間拉長為20週，所以公司實際上無法在該鞋款最暢銷的季節中，再下新訂單補貨，因為暢銷或熱賣的時間相當短。所以必須一開始就根據預測下訂單，向該公司的契約製造商下大訂單，所以許多鞋賣不掉，約有四成的鞋子要轉送到散貨中心或過期販賣處去賤價拋售。上述所計算的損失，還不包括：顧客到鞋品零售商或專賣處或上網查詢，卻發現所要的鞋款缺貨（因預測失誤而無法補貨）而敗興而去。

類似的例子是，我們最近參訪某大型零組件製造商，他們多年前決定將資本密集的零組件製造留下來，即，仍在美國和加拿大生產，而將勞力密集的完成品組裝轉移到墨西哥北部。不過，其競爭對手也如法泡製，也就是將組裝作業移出美國，而且，墨西哥的薪資水準也開始漲高，所以該公司現在正考量將完成品組裝作業轉移到中國或越南，而元件仍然由美國運出去。我們問他們一個相當簡單的問題：「與其將元件由美國運去中國，再將完成品從中國運回美國，這樣搬移所累計的前置時間，可達數週之久，為什麼不將零組件製造作業移轉到墨西哥，讓它跟完成品組裝合併一處，這樣，針對北美顧客的訂單需求，可以在數天之內就處理完成，結果豈不更好？」

這種大量生產的思考方式，也出現在大工程單位的地點選擇上。我們最近拜訪某著名跨國電子公司位在墨西哥的工程中心，發現他們有一大組的工程人員所做的產品項目，是為了能在波蘭製造與歐洲銷售用的。我們立即問他們一個相當簡單的問題：「難道波蘭當地沒有懂得電氣的工程人員嗎？我們對於貴公司將成熟的產品拿到這兒，善用墨西哥的低廉工程人才資源，這是可以理解的，不過，為什麼不考慮將工程人員和生產人員擺在一處，這樣做會有許多方便和好處，你們知道嗎？」

看來，上述經驗算是很有代表性的，我們加以一番反思之後，就發展出一種很簡單的方法，可以協助我們思考：假如現在該產品是在高成本地區製造的話，那麼，它何去何從？要搬往哪裏去比較好？我們姑且稱之為「精實化的數學算法」，它還採用下述演算法：

- 一開始，先算出產品在靠近現有顧客、工資較高的國家製造的單元成本。
- 再將該直接單元成本，以及它在全球因素成本最低（可能以人工成本為主導）處所製造的單元成本（較低的），讓兩者可以相互比較。
- 還要加上它的代價。即，遷移到便宜處而再將產品運往顧客處，此時會比較耗時的代價。

至此，你已做好許多採購部門所做的成本差距分析。我們將這樣的算法，稱為「量產式數學法」。而要得出「精實化的數學算法」的結果（它更合乎實際），則除了讓原成本加上耗時的代價之外，還要加上以下幾項：

- 在較高工資產地生產的話，它所需分擔的間接部門成本。
- 由較低工資產地生產所需分擔的多出來的搬運成本。
- 為了確保不缺貨，所多增加的安全庫存的成本。
- 昂貴的關於貨運方面的跟催成本。（在這兒你要謹慎，因為通常在製造此項目的生產地有所轉移時，大家都假設它不用跟催，所以此項成本為零，然而，我們偶爾實際做一下抽樣，就知道實際上是需要跟催的。）

- 如果該新設施或產品需要很長時間的學習，才能達成要求的良率的話，那麼就會讓該產品在保固期所提供的免費維修成本大幅增加。這點要加上去。
- 為了使該產品能達到可接受的品質水準，它的製程合乎要求，它需要派遣工程人員去協助或常駐輔導，這些所需的成本要加上。
- 高階主管為了設新生產據點，或到該處與當地的主管或供應商建立新的生意關係，這些活動所發生的成本。（注意：這要包括所有「因時制宜」和「特殊環境」的種種成本。）
- 如果顧客要求規格等方面做變更，可是這時候由於獲取正確規格的前置時間太長，從而造成缺貨或銷售方面的損失也要列入。
- 由於必須做長期的預測，因此所造成的滯銷貨，或零組件等存貨準備太多而無法再利用等，它們必須報廢掉，這類的成本要列入。
- 或許你在低工資產地的契約廠商，他們也可能有朝一日坐大，成為你的競爭對手，這種潛在威脅的成本，不可不計入。

上述的表列，洋洋灑灑——而且更要注意的是，這些多出來的成本，對於負責決策的高階主管和採購主管而言，幾乎是看不見的，所以他們只根據材料成本和人工等直接成本上的比較，而決定將生產基地搬到「成本」較便宜的地方去。儘管如此，運用「精實化的數學算法」時，還不僅如此而已，它還需要再加上下述三項成本考量：

- 外匯幣值風險——只要供應國或買受國的幣值有一定的變動，這項風險就可能突發，而讓原先的盤算完全改觀。
- 國家風險——只要是供應國的政情一發生不穩定現象，或買受國的貿易額入超和失業率突升，從而這些激盪成為該國的政治問題，這項風險就可能突然出現。
- 把極為複雜的供應鏈的產品放到遠方的他國去製造的時候，它會牽涉到種種在不同的政商運作上、實務上的管理問題，這時候，由於資訊流的種種連接問題，以及它們所涉及的成本，也應該加入考量。

上述項目的代價很難估計，而且，有時它的數額相當可觀。經理或主管唯一能確認的是，如果產品能夠就近供應，而不是將產銷完全倚賴全球範圍的大調動的話，它的成本和風險就會降低很多，這方面的代價，甚至可降為零。

通常，如果你確實依上述做一番「精實化的數學算法」，那麼，它又會對於「生產地點的選擇」有什麼啟示呢？就我們的經驗而言，大多數的產品可以歸入下述三類之一：

- 第一類的產品屬於「如果能快速回應顧客需求，即可將產品價格拉高，並提升銷售」（也許我們提過的高檔鞋品製造廠就屬於此類），這時要竭力讓生產過程的每一步，越靠近顧客端越好。在許多情況下，將製造步驟緊鄰，並完全應用精實化技巧——我們稱呼這種製程為「價值溪流壓縮（value stream compression）」——就可以兩全其美，也就是在高工資地方生產，可是它的成本可相對地低，同時能提高銷售收入。

- 第二類的產品屬於「顧客對於產品價格較為敏感，不過，快速回應顧客需求仍然相當重要」，這時候，要將所有步驟（即該產品的開發—生產連線上價值溪流的壓縮要包括開發單位），一起放在該銷售地區中勞力成本較低的地方。對於美國和加拿大而言，該處為墨西哥；而對於西歐諸國而言，生產地宜放在東歐諸國。運輸方式，最好採用既快速又便宜的卡車，而少用船運，因為後者雖然便宜，不過很慢，因此經常要採用快速而昂貴的空運方式來救急，來彌補預測不準的缺失。這樣，可以在數天之內補貨供應新需求，而不用等數週之後再補，或是為預防萬一，在一開始時就準備許多貨。切記：從事精實化轉型的人要求，最好不要搬運，而如果不得已要搬運的話，應多多利用卡車，而不要用船運和空運。
- 最後，如果產品像大宗商品一般，它的產品價值，接近於論重量成交，而且長期而言，它的需求很穩定，因此，實際上的需求可預測，這時，應該把所有製造步驟都放在勞力成本最低廉的地方—— 即使在銷售區域之外也無妨。（請再注意，上上策還是壓縮其價值溪流，使得該最低成本生產地點能盡量涵蓋最多的步驟，包括工程方面的職能，並要求該設計與生產地與銷售市場之間的交通聯繫方式，採取「單一窗口」方式。）

然而，即使這些都達成了，大家仍然要切記：在這種將價值溪流分散的情形下，本身就會牽涉到種種風險，包括匯率風險（因為此類風險的變化是瞬息萬變）、政治風險（進貨國的貿易保護和出貨國的政治局勢混亂），以及聯繫方面的成本（它的範圍包括空運的跟催和為了解決交貨品質問題，而將工程人員從地球另一端送去解決）等等。我們相信，一旦上述這些因素都加以考慮之後，這第三類的數量，會比當今許多主管所想像的少得多。

## 「由上而下」式領導轉變為「主動由下而上」

我們這幾年來經驗漸漸豐富，更能自覺到精實化企業的真正特色之一，乃是他們會從實施方針展開法，而使經營體質逐漸改變並成熟，達到以方針做為經營管理的基礎之境界。這是怎麼發生的呢？一旦所有的價值溪流都有相對應的管理人，而且所有的人員都能夠跨越部門的限制，看清、了解其價值溪流的話。如此，對於每一價值溪流的改善想法和提議，就會源源不絕地提交到高階主管，讓他們以統觀的穩健判斷方式，來裁定個別方案的取捨，而決定在現在限制下，多少方案能夠同時實施。

我們在與豐田汽車公司的高階主管，就當前的汽車業局勢討論時，他們對於上述的完美境界，都能津津樂道。他說，該公司的競爭優勢，多在於製程精良，所以即使他們的主管能力很平常，最後的成績卻大有可觀。相形之下，對手由於製程平庸（甚至粗陋），所以即使主管的能力超強，最後的成績卻可能乏善可陳。

面臨這種局面，一般最高階主管的直覺反應是，找更多的優秀人才來整治，而這種對策，正是許多美國公司在上一波泡沫經濟之後的作為。如此整頓的結果是：良將多於可用之兵。其實，正確的應變之道，乃是將流程做到完美（也就是將每一特定價值創造活動的價值溪流不斷改善到幾近完美——我們很快就發現，這些參與其事的多為平常的員工，不過他們的成績可以亮麗而持久）。少數的聰明人上的想法，我們還是需要的，而他們或許在精實轉型推進室裏。不過，對於流程改善過程中的大多數困難問題，大部分可以依照方針管理法的要求，提出給高階主管，要求協助或給資源來解決。

## 機會就在你手上

本書多次提過，不景氣可以動搖我們平常自以為是的想法（甚至讓我們警覺到，即使精實轉型方面上路了，不過，對於改善速度和成績，可能會過分陶醉而自滿），從而讓主管必須痛下決心，有所抉擇。目前的局勢就是如此，不過，在市場經濟處於「榮—衰—榮」的循環中，我們有轉危為安的良機。它的道理在於，當景氣開始從谷底好轉，工作機會不再一失再失了，此時許多不必要的（或錯誤的）投資都可以避免。不過，這種良機稍縱即逝，如果不留心、用心的話，舊的非精實化思想，又會蠢蠢欲動，而讓我們懈怠下來，誤導我們對於當前好景過於樂觀，這樣，幾乎無法落實真正而可靠的改善。

本書所提到的個案公司，都屬於在1991年面臨不景氣時，能勇於面對「精實照妖鏡」（這個妖怪就是muda），或是在1990年代發現，採用此方式來讓公司轉型效果甚佳者。我們在最後兩章的故事，說明他們不管景氣的繁榮或衰退，績效都很不錯。現在正值這波（2001~2003年）的不景氣快結束了，我們希望有許多公司能掌握這一良機，推行精實轉型，如此可成為下一波的績效領先廠商。

我們已具備所有必要的轉型知識。的確如此，我們現在對於精實轉型的知識，遠比1990年代初期多得太多了。因此，在這個精實轉型的黃金時刻，我們只許成功，任何藉口，都不是理由。

# 註解（「譯按」為中譯者所加，原註只譯關於原理之部分）

## 初版前言　從精實生產到精實企業體

❶ 譯按：該書有中文譯本《臨界生產方式》，中華企管中心，李裕昆譯。大陸版由北京商務出版。

❷ 中文書籍請參考台灣的中國生產力中心、中衛發展中心等單位出版品。

❸ 可參考Peter Drucker所著《公司的概念》（*The Concept of the Corporation*, 1946）。譯按：關於杜拉克博士在通用汽車公司的研究，可參考其回憶錄《旁觀者》，P.433-490：〈史隆的專業風采〉一章，台灣麥格羅希爾／聯經共同出版。

❹ 唯一例外為作者Dan Jones參與英國Unipart企業集團（兼職）的企業學院主持人。該學院為該集團向其銷售、配銷、生產活動等人員教育、培訓「精實系統思考法」。

## 導言　精實系統思考法vs. 浪費

❶ 譯按：本書作者們把大野耐一先生當作「教主」。本書多為他的徒弟們到美、德、日等國企業發揚大野學說（豐田／精實系統思想）的讚詞。譯者因此參照作者原意，以中譯本說明本條註解。

大野在《豐田生產方式》（中華企管版）中說豐田生產方式的原理，便是找出浪費的地方，即徹底地消除浪費。他說有下述七大浪費*：製造過多的浪費、待工待料的浪費、搬運的浪費、加工本身的浪費、存貨的浪費、動作的浪費、製造不良品的浪費。

本書作者們加了「不符使用者需求的設計浪費」。作者們認為這是推廣大野的基本想法。

譯者在鍾漢清著《品質成本管理》中有更廣義、精彩的推廣，有興趣的讀者不妨參閱。

❷ 讀者不妨做一次練習：花點時間列出貴國之產業體系，在界定價值過程中的扭曲現象。簡單而具體地問：你現在工作中最重要的是什麼？對公司最重要的又是什麼？然後比較最終顧客認為最重要的是什麼。

譯按：台灣要發展科技島，卻把科技侷限在IC 、電腦等產業，從而國科會曾想做CPU ，股市炒作電子股，花了大筆莫名其妙的錢搞「衛星產業」等等不一而足。大家忘了這塊土地未來還要由子子孫孫經營下去。補貼「高」科技，或許是資源運用的一大扭曲。

❸ 譯按：作者所說的「三任務」，其實是任何事業中極為重要的「研發、生產、銷售」的推廣。作者在原註中解釋他們為何採用「價值溪流」，而不是業界比較熟悉的波特教授（M. Porter）的「價值鏈」（value chains）——見其所著《競爭優勢》（天下文化出版，第2章）。

作者們的重點是「就某一特定產品」而言，從原材料到成品，強調的是對「最終顧客」的最佳化。反之，一般「價值鏈」的看法為：就公司「一系列產品」的綜合性「研發、生產、銷售」活動，來追求公司利潤的最佳化，並只從公司的立場，來看整體物流的活動中，做哪些會對公司最有利——例如從上、下游擠出更多的「油水」(利潤)。

譯按：作者們也認為價值溪流適用於產品及服務，並舉下例說明，列表如下：

| | | |
|---|---|---|
| 解決問題 | 個人電腦製造<br>依目標成本設計<br>硬體及作業系統 | 航空公司服務<br>決定飛哪些地方、用什麼設施／載具、班次多頻繁及提供哪些服務 |
| 物理轉化 | 製硬體，寫作業系統軟體 | 在特定航線上，用哪些飛機飛行，以及日常維護保養作業 |
| 資訊管理 | 接訂單並跟催它完成到交貨 | 訂位系統及營運排程 |

## 第1章　價值

❶ 威爾森的公司開始邁向精實化，並不表示其落實工作就很容易。營建業的技師們對所謂的「標準工作」，抗拒力極強。唯有威爾森強而有力的領導，才能帶他們試行新制度。

❷ 此數據與作者Jones 在1995 年下半年所做的十八次航程（經大型轉運站）所得者類似。從出發點到抵達目的地的實際統計值如下：

| | |
|---|---|
| 飛經歐洲大型轉運中心（四趟） | 55% |
| 從伯明罕直飛歐洲城市（十趟） | 65% |
| 經大型轉運中心跨州飛行（二趟） | 69% |
| 直飛跨洲（二趟） | 78% |

❸ 原作指出大野耐一在1940年代的「目標成本思想方法」的出發點，與今日大部分企業的情境不太相同。當時日本市場消費能力有限，而且戰後汽車業等處境極困頓，所以大野所擬出的式子為「售價－利潤＝成本」，即外部環境所決定的售價，減去可接受的利潤，就成為生產者可控制的「目標成本」——達成它才有利可圖。

作者說，現在的競爭是全球性的，價格壓力極大，每個地方都一樣競爭激烈，所以成本要能降得比對手更低才有競爭優勢。

譯按：「目標成本法」與「競爭局勢」及「內部整體性對應措施」之間有極密切而複雜的關係，為近日研究管理成本的重要話題。

譬如說，台積電公司要保持代工（OEM）的霸主地位，就會與世界各地（含台灣）的代工廠產生激烈的對擡。這些互動是很複雜的。如果貴產業還牽涉到全球的銷售、分工等，那又是另一番局勢。不過請注意，成本是努力的結果，同時也是事業成功的必要而非充分條件，換句話說，本書所談的許多工具，多是手段。生意成交還要許多重要層面的配合。

## 第2章　價值溪流

❶ 大野先生憑耳聞想像出超市情形，因為他首次旅美是在1956年。譯按：JIT一般指在製造過程中，把所需的材料，每到必需的時候，才把恰恰好的必需量送到需用的生產處。本章的例子，多採自作者瓊士主持的卡迪夫商學院「精實企業體研究中心」的Nick Rich先生作品，令人有點耳目一新。

❷ Tesco公司1995年的營業額約150億美金，為世界級的百貨連鎖超商，在英國是前三大超商。該公司與我們合作多年，目的在於好好思考各價值溪流。讀者由後文可以知道，該公司對此項研究的參與極為積極。該公司在銷售點電腦化系統的引進極先進，對於倉儲及補貨系統也多努力研究改善。由於該公司在這些方面的努力，成功地除去各種浪費，從而可進一步採取更深入的改善措施。

❸ 各式一「箱」(Carton）包裝，指四／八／十二或廿四罐裝。注意，你去冷飲店買杯冰可樂消暑，與你從超市買一整箱回家冰凍後再消費不同，即兩情況下的「產品—可樂」是不同的。同理，到俱樂部、大飯店等買杯可樂，其價值（產品）也不相同，雖然它們的價值溪流有很大的重疊。這種不同產品的重疊、混流現象，乃是實際生產及做生意（訂單處理）的一大挑戰。

❹ 此處的分析屬高層次而未考慮細節。要挖掘出每一類浪費的細節，需要應用許多工具集，諸如工業工程、系統動力學、營運管理、品質管理、時間壓縮（譯按：把各種週期時間縮短）和後勤學等等。其中最重要的有「畫流程圖」(即把每一步驟確認、並分類，再附上相關的時間、距離、努力等)、「反應力矩陣」(分

析前置時間*及存貨水平）、「品質過濾器」（決定在價值溪流上哪裏發生不良、服務瑕疵或報廢等），以及「需求放大圖」（評估價值溪流上中下游的訂單變異性）。請參考Peter Hine和Nick Rich的文章〈價值溪流分析七大手法〉（The Seven Value Stream Mapping Tools），刊於*International Journal of Operations and Production Management*, 1996 。

譯按：作者們在構建、推銷他們的系統工具，值得參考，但是不要以為這又是什麼武林密笈。其實，工具愈簡單愈好，請參考華人戴明學院一系列的出版品，例如《日本管理工程》等等。

❺ 名牌可樂如「可口可樂」及「百事可樂」等，通常其業務之主力，在賣其祕方「可樂精」給各合作夥伴去製作可樂，而把主要力氣花在品牌的行銷及新產品的開發上。

❻ 也有為特定的顧客用鋼料做罐頭。為了行文方便，本章以鋁罐為主。

❼ 的確，在一罐可樂的成本中，鋁罐佔總成本的一半以上。

❽ 譬如說，送到販賣機的可樂上有條碼，而一般盒／箱裝者則無，因為怕在結帳時，掃瞄到每罐的條碼而誤判為單一罐裝。

❾ 不用清洗機器系統而「換線」的一種可能做法，是先從生產「色淡者」，再漸漸轉為「色濃者」，例如先製作透明的蘇打水，最後再製作可樂。這樣固然有些彈性，不過製造商仍然會以為，每次生產大量而同一規格者較有效率。

❿ 製造商也忙著把鋁罐重量及用鋁量減低，十年來減了四成，所以能與替代包裝材（鋼及塑膠）一較長短。

⓫ 為了取得最佳進貨成本，Tesco公司得為每一RDC訂整卡車的

貨。此外，Tesco公司得為某些旺日（如週末或炎夏週末的冷飲等）預備存貨。因此各RDC的飲料存貨，介於零到七至十天，而平均值為三天，如表2.1所示。

⓬ Tesco公司的許多項目是當夜發訂單，並要求三天後送貨到各RDC。不過某些要求新鮮的產品，必須隔夜送，而某些「常勝（上櫃壽命長）」者之補貨，漸從四十八小時補貨改為二十四小時。公司的最終目標是要求在二十四小時內能交貨。

⓭ 就週轉極慢或有季節性的產品，Tesco公司設立一全國中央庫房來服務各RDC。如此，RDC可每夜送貨給各分店，而協力商送貨至中央庫房的頻率會少得多。

⓮ 在過去幾年，多少受到本研究之影響，充填廠及製罐廠開始重新思考其方法，從而投入「快速換線」的改善，使得充填及塗裝系統可以更靈活地生產。

## 第3章　暢流

❶ 譯按：有關品質機能展開（QFD）* 的中文譯作，市面上有多種，不過最簡要、精彩的解說，請參考朱蘭（J. M. Juran）博士著的《管理三部曲》，台灣麥格羅希爾／華人戴明學院合作出版（1997）。

❷ 此字漸成為德語、英語、日語的通用字，「takt」本身指時間的精密間隔，最早在三〇年代德國實施大量生產時所採用：德國製飛機公司依「拍子（或節拍）時間」所決定的穩定間隔，把機身移動到下一工作站。三菱公司把它引進到日本，後來為豐田汽車所用。近十年來，由於美、英的「精實系統」風行，它成為一通

用字。或譯為「產距時間」。

❸ 本書採用「透明度（transparency）*」來表示每人都應該對流經各部門、職能、公司的價值，其所有活動都要能夠看到。一般製造業也採用「目視管理（visual control）*」來稱它，兩者通用。

❹ 本書未提另一重要字眼，即週期時間（cycle time）*，它為成功經營精實系統所不可或缺的。「週期時間」為「完成某既定任務（工作），並移至下一生產步驟所需的時間」。譬如說，生產某大量自行車的拍子時間為六十秒，表示與最後裝配線的所有相關工作都必須在六十秒之內完成。而實施精實系統時，大部分工作的實際週期時間會遠低於六十秒，而少數會超過六十秒。因此，推行小組及技術專家有一關鍵性工作，即如何調整工作，使每一工作歷時恰為六十秒。要做到這境界，通常採用「標準工作（standard work）*」，即把工作的每一層面都詳細研究、最佳化並標準化。通常採用「最少人化方式（least person approach）」，即在拍子時間內，使用最少人力來運作，而讓多出的人力調往他處。如果銷售增大，拍子時間要縮短才行，那麼改善小組人員要研究如何降低週期時間來符合拍子時間的要求。如果週期時間已不能改善了，只好增加產能或加長工作時間來解決。譯按：讀者或許也該思考系統瓶頸時間的限制作用。

在譯作行文間常把「貫穿系統的時間」譯成「週期時間」。

❺ MRP 還有其他問題，它把「批量大小、貫穿系統的時間（throughput time）*、產能」等參數，都視為理所當然而藏在其程式中，其實，這些正是主管要負責來改善的。由於MRP的內在邏輯關連太複雜了，以致無法用「直覺」及「目視」方式來告知

生產出了問題，而必須等待危機爆發時才知道。

❻ 另一相關概念為豐田汽車所謂的「自動化（jidoka）*」，即「以人為主」的自動化——一有差錯，就會自動停止生產而不致產出大量不良品。因此作業人員不必費神監視機器，而可光做預防保養、整理或後勤準備作業。此技術之工具已很成熟。

❼ 譯按：5S* 是縮寫，「整理、整頓、清掃、清潔、教養」，是日本人要求先「創造出對人、物都舒適的工作環境，並能正確地遵守規定的準則」等。日本人喜歡「連問五次『為什麼？』」*、「七大手法」等，作者們認為，重要的是採取有系統的方法並注意細節，持續改善。

❽ 此等技術通稱為「快速換模或瞬間換模（SMED*，即單分鐘換模具）」。

## 第4章　後拉

❶ 本書原文皆用日文「先生（sensei）」* 表示「老師或導師」之意。

❷ OMCD 由美國業務處支援，從1990年5月起不時派導師前往BW廠指導。

❸ 讀者不妨注意，市面上有許多鼓吹「大量客製化」、「多樣化」等著作，強調這是競爭優勢，可是它們都未提及這麼多樣的產品，在壞掉時要如何維修、更換。事實上，思考應倒過來才對，即，適時而經濟有效的零組件更換能力，為決定客製化（訂製）程度的關鍵因素。

❹ 美國平均車齡在七〇年代是5.6年，而在1994年為8.4年，並穩定地延長中。

❺ 豐田汽車的訂單處理系統有一系列的「防愚（過濾）」機制。凡是異常的訂單（與經銷商及PDC正常訂單形態有異者），要特別簽准才放行，以免除文書上錯誤或「搶訂貨以防缺貨或漲價」等假需求。

❻ 1961年系統動力學派的祖師Jay Forrester及John Burbridge已從模擬中建立理論及實證，顯示訂單變化沿價值溪流放大（振盪）之現象，他們也提出在上游縮短反應時間的種種對策和建議，這些與大野耐一在豐田集團所做的不謀而合。譯按：讀者可讀Forrester的《工業動態學》(*Industrial Dynamics*)，並可參考下一註解《第五項修練》等書。

❼ 參考《第五項修練》(天下文化）及《第五項修練演練篇》(天下文化）及《加速度組織》(華人戴明學院／麥格羅希爾)。

## 第5章　完善

❶ 德國FNGP與日本名古屋的NOK公司在1989年同意合併其北美的所有營運，包括FNGP的十三處廠房、一家NOK工廠，以及銷售、工程和採購活動。

❷ 作者謝謝第6章主角藍卡斯特先生在這方面的經驗談。

## 第7章　更艱難的個案：Wiremold公司

有管理會計學背景的讀者，會了解要完全從大量生產式會計制度轉化到精實方式，即使在概念上極為簡單，也要長時間細心執行才行得通。W公司仍一直追蹤記錄人工及機械時間花費多少，直到在製品存量（WIP）幾乎消除後才停止。（譯按：精實化以拍子時間為主，所以精確地記錄各工作站的人工、機械小時是沒什麼意義的。）同樣的，W公司只有在大力把「零組件旅館（貨棧）」化減為只剩下進料處及出貨處後，才停止用MRP來追蹤系統中的每一零組件。因此，W公司是新、舊會計制並行使用一年後，才完全採用新制（在此之前，它用財務試算程式與舊制並行處理），並用它來計算在製品存貨及製成品存貨之價值。

## 第9章　精實系統vs.德國優技：保時捷汽車

譯按：有興趣的讀者，不妨參考中文版《讀者文摘》1987年2月號〈傑出汽車保時捷〉一文，了解一些該公司背景。另可參考《汽車史話》（天津：百花文藝出版社，2003年），頁74-78，〈保時捷父子與「甲殼蟲」和跑車〉。該公司近年營運不錯，可參考諸如《紐約時報》網站中Autos（Automobiles）網頁、《德國第一》（商周出版）。

## 第14章　精實系統思潮的穩定進展

原書的參考資料：豐田汽車公司和其他的公報。基本上，豐田汽車公司已躍居世界性的公司，所以它必須做新車系的開發，新制度和產品等要求，必須講究例如美國等特定、超大型市場的要求而更「美國化」。它在2003年末的單月營業額，已是世界第二大（僅落後通用汽車公司）。同時，近年來汽車業整合加速發展，許多中小汽車商品牌都已被收購。作者們沒有針對中國大陸的新興市場和澎湃洶湧的國際汽車公司競爭。

就總體存貨量的估計和樂觀趨勢，作者們解釋，他們的數據都是根據政府的公告，而與另一著名的專家Richard Schonberger 在《精實生產化救美國產業危機》(*Let's Fix It: Overcoming the Crisis in Manufacturing*)的悲觀說法是不同的，因為後者所根據的許多公司，這許多年來在發展上都是停滯的。而本書作者走訪豐田汽車公司之後，了解它為了佈局國際化的供應鏈，將公司的存貨水平提高，而非Schonberger 所說的，豐田汽車停止成長。

汽車業為二十世紀最重要的產業，它的整體經營和管理方面的策略書，可參考Alfred P. Sloan, Jr. 所著的《我在通用的歲月》(*My Years with General Motors*, New York: Doubleday Currency, 1990, 台北的協志工業叢書有譯本，絕版)。譬如說，它在英文本65-66 頁就說明該公司的產品、技術、創新等重要策略：「此公司政策在1921 年擬定，現在仍有效，即本公司的設計之等級，要能與市場中最優秀者並駕齊驅，所以**不需要**冒險採用一些未經測試、考驗的想法等等。」(重點為原書所加強)

# 精實系統關鍵辭彙

activity-based costing 作業（基準）成本法

根據該產品使用的資源數量，將成本分攤給產品的一套管理會計系統。所謂資源，是指為了設計、訂購、或生產某產品所需要應用的廠房空間或面積、原材料、機器工時，以及人力或腦力（human effort）。比較標準成本法（standard costing）項目。

andon board 顯示板（日文發音似「安棟」）

生產區的一種目視管理裝置，典型為生產線之上懸掛的發光指示裝置，它可以顯示現在生產系統的狀態，並向其成員警示剛出現的問題。

autonomation 以人為主的「自動化」

將已自動化的機器加上一點人的智能，讓機器能偵測出某一產品缺點，立即停止生產並要求人員協助。這在日本稱為jidoka（漢字為「自働化」）—— 它是在二十世紀初由豐田紡織廠的豐田佐吉（Sakichi Toyoda）所發明的自動織布機上初次使用，只要縱線斷掉或橫線用完，它就會自動停止。有了這種機制之後，一位作業員就可以看管多部機器而不用擔心產出大量的不良品。

**batch-and-queue 分批—等待（分批製加上等待）**

大量生產的方式，即，某一零組件一製造就是一大批量，製成之後再送到下一加工站前排隊等待進一步的加工。比較相反詞**單件流**（single piece flow）項目。

**brownfield 老產品或老廠（精實化）**

既有的設計或生產設施，它採用大量生產方法和其相關的社會組織系統。比較相反詞**新產品或新廠（精實化）**（greenfield）項目。（譯按：此兩詞條表示針對它們有各別的精實化戰略和戰術。）

**cells 精實製造群組**

將做不同作業的不同類別的加工機器排成緊密順序的佈置方式，通常採用U字型，如此可以採用**單件流**方式和一人顧多機的彈性生產系統。比較相反詞**製程村落**（process villages）項目。

**chaku-chaku 上載—上載**

這是**精實製造群組**內員工負責看管多部機器的**單件流**方式，即，將一台機器裝上待加工物，走到下兩台機器之間，將前一機器的完成品接下，再上載到次一台機器加工，如此，再走到下兩台看管的機器之間，重複前述的「將前一機器的完成品接下，再上載到次一台機器加工」……。這種方式在日語稱為chaku-chaku，意思為（一步接一步）上載（再）上載（load-load）。

**changeover 生產更換—調整**

例如在金屬加工機換一新型加工刀具，或上漆機換成另外顏色的漆，或射出成型機換新類的塑膠粒料或新的成型模具，或為機器上另一套電腦程式等等，都屬於所謂「生產更換—調整」。它表示該生產設備要從事新的作業，業界用語為「換型體」、「換模」、「換線」等等。

**cycle time 週期時間**

在某作業完成某單一循環所需的時間。如果整個製程之內的諸作業的週期時間能夠調成**拍子時間**，那麼該產品可以採用**單件流**生產法。

**5S**

五個日語詞彙都由S開頭，它們是對於工廠容易實施**目視管理**和精實化的基本要求。整理（Seiri）表示將工具、零組件、工作說明書等等，區分成「需要」與「不需要」的兩類，然後將後者清除。整頓（Seiton）表示將上述的這些東西排列整齊、乾淨，將零組件標示清楚並將工具準備得容易使用。清掃（Seiso）表示發起全員的清掃競賽。清潔（Seiketsu）表示經常或每天都做上述的3個S，使工作場所的狀況達完備、完美。教養（Shitsuke）表示不斷地練習上述的4個S，養成習慣，在工作場所修身養性。

**five whys 連問五次「為什麼？」**

大野耐一每次碰到問題時，都要連續問五次「為什麼？」來確認問題的根源，如此才能發展出有效的對策並加以實施。

flow 暢流

將工作沿著其價值溪流逐漸完成，如此，某產品從開始設計到設計、生產完成，從訂單到交貨，從原材料到交到顧客手中，這些過程中都沒有停頓或停工、報廢和過程回流等浪費。

Greenfield 新產品或新廠（精實化）

產品設計或生產設施等都是新的，所以可以一開始的時候就引進種種最佳實務和精實化方法。比較相反詞**老產品或老廠（精實化）**（brownfield）項目。

heijunka 平準化

將諸張訂單排成一種串列重複方式，並將每天之間的變異平滑化（縮小，即每天差不多），並能滿足長期的需求。這種「平準的排程」的創作，就是平準化。譬如說，顧客某週的訂單是產品A 200 單位，產品B 200 單位，產品C 400 單位；即，批量分別為200 單位、200 單位、400 單位。平準的排程「方式會將生產順序以A 、C 、B 、C 、A 、C 、B 、C 、A 、C ……同樣的，如果顧客的每週訂單總數為1,000 單位，它抵達的第一天批量為200 單位，第二天批量為400 單位，第三天批量為O（此為原文── 譯者修正為200 單位），第四天批量為100 單位，第五天批量為100 單位，如此，「平準的排程」為每天生產100 單位，順序為A 、C 、A 、B ……不管採用的是精實生產或大量生產方式，都需要某種程度「平準的排程」，除非該廠和它的供應廠商的產能無限大並且換機型的時間為零。不過，實施精實化的製造廠通常會將過去浪費的資源釋放出來，從而造成產能過剩，他們還會持續地降低換型體等調整時間，所以，如能稍微借助**平準化銷售法**，那麼，短期的「平準的排程」與「實際的需求」之間的差距，就可以穩定地減少。

**hoshin kanri 方針管理**

它是一種給公司高階團隊做策略性決策的工具，主旨在將公司的資源放在關鍵性的專案上，來達成公司的目標。它運用一些類似**品質機能展開（QFD）**的矩陣圖表，選擇出三至五個對公司而言屬關鍵性的目標，而將其他明白地放棄。再將選定的目標轉譯成公司內特定的專案，並將它們進一步在公司內展開來並部署種種資源來落實它們。方針管理將種種資源統籌並且運用方向一致，針對我們既定的目標設立清楚而可衡量的標的，並定期考察其績效。它的英文一般採用policy deployment（**方針展開**）。

**jidoka 以人為主的「自動化」**

日文音jidoka——同autonomation項目的說明。

**Just-in-Time 及時化、準時化**

此制度要求生產和交貨的品名、數量、時間等，都要恰恰滿足顧客的要求。如果上一作業能夠在接下來的作業的「分秒必爭」之期限內就位，這種及時（Just-in-Time）就成為準時（Just-on-Time）方式，如此可能採取**單件流**。Just-in-Time的關鍵性要件為**暢流**

（flow）、拉式生產（pull）、標準工作（standard work，包括標準的製程中存貨）以及拍子時間（takt time）。

**kaikaku 突破式改善**

kaikaku為日文，漢字為「改革」，它表示對某活動做根本的改善，以去除其浪費（muda），譬如說，將某一加工作業週期的運作方式，從原先的在許多製程村落（process villages，即孤立的製程）間行走的方式，加以重組成集中在小空間之內的單件流運作方式。其他的同義名稱有，突破式改善（breakthrough kaizen）、暢流化改善（flow kaizen）和系統改善（system kaizen）。

**kaizen 改善**

將某一活動做持續性小改進，使其價值增加，浪費減少。又稱為點的改善（point kaizen）和流程改善（process kaizen）。

**kanban 看板**

kanban為日文，漢字為「看板」。我們採用它的意義，是用它來指附在零組件箱或盒的小卡片，其上有豐田生產系統用來指示其上游如何以拉式生產（pull）作業和交貨的說明。

**keiretsu 日本集團企業**

日本的一群組企業基於歷史的關連，在資產上彼此相互投資和持有，所以彼此在營運上為獨立體，不過該集團之內的企業，卻有長遠的利害關係。它的形式有水平式和垂直式兩種。前者如住友

（Sumitomo）集團和三井（Mitsui）集團，它們涉及種種不同的行業；後者以豐田汽車集團為代表，強調上下游整合成一最終產品的製造和裝配。

**lead time 前置時間**

顧客下完訂單到他拿到產品所必須等待的總時間。如果該生產系統的需求或排程低於或等於產能，此時前置時間與它**貫穿系統的時間**相同。如果該生產系統的需求超過產能，此時前置時間除了**貫穿系統的時間**之外，還要加上等待的時間。參考**貫穿系統的時間**（throughput time）。

**level selling 平準化銷售法**

一種顧客關係管理制，它的目標在消除需求端的大起大落（因銷售制本身的問題，譬如說，由於對營業人員訂的月或季銷售目標等等所造成的數量「調節」)，從而希望與顧客建立長期關係，因此未來的購買能納入生產系統的預期之中。

**Material Requirements Planning（MRP） 物料需求規畫**（譯按：或更廣義的企業資源規畫〔ERP〕)

利用電腦系統來決定生產作業所需的物料之需求數量和時機等的計畫擬定。MRP系統基本上是用一主生產排程計畫，以及產品的物料清單，它展開每一產品所需的各級料號的數量組成，以及目前這些物料的庫存量等，如此可讓生產單位排出生產和交貨的時程。它的第二代擴展成**製造資源規畫**（Manufacturing Resource

Planning, MRP II )，進一步包括產能計畫工具，並有程式可以將生產線的資料轉成財務上的分析和報告，它並有一模擬程式庫可以評估各個不同的生產計畫的利弊得失。

**meister 德國工廠的工頭或師傅**

德文。德國製造廠中生產群組的組長、師傅。（譯按：參考圖9.1的說明。）

**milk run 英國鮮乳供應方式**

這是英國鮮乳供應方式的利用，即利用專門車輛在一定地區內巡迴，在不同的多定點取貨或供貨。

**mittelstand 德國中型企業**

通常為家族企業，它們是戰後德國外銷經濟的中堅。

**monument （超大型）紀念碑式（設備等）**

任何的設計、排程、生產技術要求一定的作業規模，這種龐然大物讓前來的設計、排程、產品等都必須在該機器之前排隊等加工。參考相反詞**適度規模工具（right-sized tool）**。

**muda 浪費**

日語muda 。任何耗費資源卻無價值的活動。

**multi-machine working 多能工／多機工**

訓練員工來操作並維護各種不同的生產設備、機器。這種多能工／多機工是實施**精實製造群組**所必需的，因為要求操作多部不同的機器。

**open-book management 帳本公開管理法**

將所有與設計、排程、生產等任務相關的財務情報和資訊，都讓所有的員工、協力廠商、價值溪流上下游相關者知道的經營管理方式。

**operation 作業或操作（單機中的）**

由一台機器針對某一產品做一道或多道的活動。比較反義詞**過程或流程或製程**（process）。

**perfection 完善**

完全消除**浪費**，因此該**價值溪流**的所有活動都產生**價值**。

**poka-yoke 防愚法或「保佳有計」**

某一防錯裝置，或預防不良在處理訂單或製造中發生的程序。處理訂單的例子如下：根據過去的訂單形態發展出一種篩選程序，而將與該形態形成特異情形的訂單挑選出來，進一步加以檢查，通常會發現它們在輸入的時候就出錯了，或根據錯誤的資訊來採購。製造的例子如下：沿一條裝配線在零組件的箱或盒設一組光電池（管），如此可避免缺件的部品進一步流到下一站。此例的防愚法的設計構想是，如果光電池發出的光沒有被操作員的手所擋過，它代表沒被處理過，所以該產品不齊全，應即刻擋下來。在日文中，除了poka-yoke之外，有時也寫成baka-yoke。

**policy deployment 方針展開**

參考hoshin kanri項目。

**process 過程或流程或製程**

為了創造某一設計、完成訂單或產品而加以一系列個別的必要操作。

**processing time 加工時間或處理時間**

某產品實際在設計或生產中被加工的時間，以及某訂單實際被處理的時間。典型的情形是，加工或處理時間只為**貫穿系統的時間**和**前置時間**的一小部分。

**process villages 製程村落**

將做不同作業的不同類別的加工機器排成緊密順序的佈置方式，通常採用U字型，如此可以採用**單件流**方式和一人顧多機的彈性生產系統。比較相反詞**精實製造群組**（cells）項目。

**product family 產品族**

一系列產品特性等方面相關的產品，它們能夠在某一**精實製造群組**中交換生產。在汽車業通常採用「共同底座」（platforms 汽車平台）

這一名詞。

**production smoothing 生產平滑（順）化**

參考平準化（heijunka）。

**pull 拉式生產**

它是一種制度，將多層瀑布式的生產和交貨指令逐一由下游往上游送，上游只有在下游有確切的需要時再生產。它的相反詞為推式生產（push）。

**Quality Function Deployment（QFD） 品質機能展開**

它是一種可協助多技能專案小組或團隊的決策程序圖表法，用來發展他們所共同了解的「顧客之聲」，並對於該團隊承諾全力以赴的產品的最後規格達成共識，（以及各相關團隊的要求之轉譯匯報）。QFD 能將該團隊成員的不同學門的獨特看法加以整合，確保他們的努力有焦點，而且是針對產品的可衡量的性能之目標，做一致的、關鍵性的「權衡取捨」，之後，並將結果在下面諸展開層次加以詳細界定。善用QFD 能使專案到產品公開推出時，不用再回頭去重新整理等等極浪費的虛功。

**queue time 等待時間**

排隊等待到下一設計、訂單處理、或生產步驟或階段所經歷的時間。

**right-sized tool 適度規模工具**

一種設計、排程、生產的裝置，它可以直接適用於某產品族之內產品的暢流化，因此該生產不需要特別或不必要的搬運或等待。比較相反詞（超大型）紀念碑式（設備等）monument。

**sensei 導師**

日本漢字為「先生」，指精通某一學問的人，可為人師。它在本書的意義是指精於精實系統之思想和技法的高人。

**seven muda 七大浪費**

大野耐一先生開始找出實質產品生產工廠所共同的浪費形態。它們計有如下七類：超出需求多生產的；等待下一加工步驟；物料做不必要的搬運（譬如說，在諸設施或製程村落之間）；零組件因為工具或產品設計上的不良而導致超過標準的加工；諸項存貨量超過絕對最少的量；員工在工作中做不必要的移動（譬如說，去找零組件、工具、工程藍圖、請求協助等等）；以及產出為不良品。

**shusa 總工程師（日本主查制）**

豐田汽車公司產品開發部門的強力團隊的領導人。（它的日本漢字「主查」是指擔負管理任務的主管，如課長等。）

**Single Minute Exchange of Dies（SMED） 單分鐘換模具**

新鄉重夫先生所開發的一系列技術，來讓生產設備的更換模具能夠在十分鐘之內完成。如果更換模具等能夠在一分鐘之內完成的話，稱為「one-touch 更換完成」。顯然，長期的目標都是「零（免）更換模具」（zero setup），即，更換模具都不會干擾機器的運作或連續暢流，並能在極短時間內完成。

**single piece flow 單件流**

在設計、訂單處理、生產的各階段的各作業，一次都只處理一單位的產品，而沒有中斷、回流、或報廢，這種境界或情形，稱為單件流。比較相反詞**分批—等待（batch-and-queue）**項目。

**spaghetti chart 義大利麵圖**

指大量生產的組織中的產品，沿著其價值溪流的路線圖示。之所以稱它為義大利麵圖，是因為它像煮義大利麵一般，亂成一團，糾纏不清。

**standard costing 標準成本法**

一種管理會計系統。它分攤成本給產品的方式，是根據在某一既定時間內一生產部門擁有的可用機器時間和勞工之工時總數。標準成本法會鼓勵生產主管們為了讓機器和勞工產能使用率最大，單位成本最低，而做出不需要的產品或錯誤的產品組合。比較**作業（基準）成本法（activity-based costing）**項目。

**standard work 標準工作**

對於某工作的每一活動做準確的說明。即，確定其**週期時間**、**拍子時間**、完成某作業的特定順序，以及該定點必須有的最起碼的零組件存貨。

**takt time 拍子時間**

將可用的生產時間除以顧客的需求速率。譬如說，某顧客對某產品每日的需求為240單位，而其對口的工廠每日工作480分鐘，此時，拍子時間為2分鐘；如果顧客每月需要兩種新產品設計，則其拍子時間為2週。拍子時間設定生產如何配合顧客的需求率，因此它是每一精實生產系統的「心跳」或脈動。

**target cost 目標成本**

要產、銷兩全其美的情況下，即，顧客對於該定價的價值感方面能感到滿意，而在生產和設計的成本水準下又可賺取一定的利潤，此時所訂的產品銷售或生產轉嫁成本，稱為目標成本。

**throughput time 貫穿系統的時間**

設計產品的時候，從概念到新產品的推出；在處理訂單方面，從接到訂單到交貨（或將原材料交付給顧客）。上述所必須花的時間，稱為該系統的貫穿時間，它包括加工處理時間和等待時間。比較相反詞**加工時間（processing time）**和**前置時間（lead time）**。

**Total Productive Maintenance（TPM） 全面生產力保養**

原先為豐田集團的日本電裝（Nippondenso）公司所開發的一系列方法，用來確保生產場所的每一機器都能發揮它所要求的功能，而不致於中斷。

**transparency 透明度**

（狀況或問題）一目了然、透明清楚，參考**目視管理（visual control）**項目。

**turn-back analysis 回流分析**

檢查某一產品在一組生產作業的暢流情形，看看產品重回前面去修補或報廢情形頻率有多高。

**value 價值**

從顧客的需求和要求出發，在正確的時刻，以適當的價格提供給顧客滿意的產品和服務的能力。

**value stream 價值溪流**

設計、訂製、生產某產品時所必需的特定活動——從概念到新產品的推出，從接到訂單到交貨，以及／或將原材料交付給顧客。

**value stream mapping 價值溪流圖解分析法**

確認某產品或某產品族沿其價值溪流所必須完成的所有特定活動。

**visual control 目視管理**

將所有的工具、零組件、生產活動，和生產系統的績效指標等，都放在可以一目了然的地方，讓所有的利害關係人都容易掌握狀況。它的同義詞為**透明度（transparency）**。

# 參考書目

Arnold, Horace, and Fay Faurote. *Ford Methods and the Ford Shops*. North Stratford, N.H.: Ayer, 1998 (a reprint of the *Engineering Magazine* edition of 1915).

Case, John. *Open Book Management*. New York: Harper Business, 1995.

Clark, Kim, and Takahiro Fujimoto. *Product Development Performance*. Boston: Harvard Business School Press, 1991.

Clausing, Don. *Total Quality Development: A Step-by-Step Guide to World-Class Concurrent Engineering*. New York: American Society of Mechanical Engineers Press, 1994.

Cooper, Robin. *When Lean Enterprises Collide: Competing Through Confrontation*. Boston: Harvard Business School Press, 1995.

Csikszentmihalyi, Mihaly. *Flow: The Psychology of Optimal Experience*. New York: HarperPerennial, 1990. 中譯本《快樂，從心開始》天下文化出版。

____. *The Evolving Self: A Psychology for the Third Millennium*. New York: HarperPerennial, 1993.

Cusumano, Michael. *The Japanese Automobile Industry: Technology and Management at Nissan and Toyota*. Cambridge, Mass.: Harvard University Press, 1985.

Fujimoto, Takahiro. *The Evolution of a Manufacturing System at Toyota*. New York: Oxford University Press, 1999.

Gleick, James. *Chaos: Making a New Science*. New York: Viking, 1987. 中譯本《混沌》天下文化出版。

Jones, Dan, and Jim Womack. *Seeing the Whole: Mapping the Extended Value Stream*. Brookline, Mass.: Lean Enterprise Institute, 2002.

Hauser, Philip, and Don Clausing, "The House of Quality," *Harvard Business Review*, Vol. 66, No. 3, May-June 1988, pp. 63-73.

Hines, Peter. *Creating World-Class Suppliers*. London: Pitman, 1994.

Hounshell, David. *From the American System to Mass Production, 1800-1932*. Baltimore: Johns Hopkins University Press, 1984 (revised, expanded, and reissued, 1995).

Hurst, David. *Crisis and Renewal*. Boston: Harvard Business School Press, 1995.

Kurogane, Kenji, ed., *Cross-Functional Management: Principles and Practical Applications*. Tokyo: Asian Productivity Organization, 1993.

Lamming, Richard. *Beyond Partnership: Strategies for Innovation and Lean Supply*. New York: Prentice-Hall, 1993.

Mather, Hal. *Competitive Manufacturing*. New York: Prentice-Hall,

1991.

Monden, Yasuhiro（門田安弘）. *The Toyota Production System*. Atlanta: Institute of Industrial Engineers, 1983. 中譯本《豐田式生產體系》中國生產力中心出版。

____. *Cost Reduction Systems: Target Costing and Kaizen Costing*. Portland, Ore.: Productivity Press, 1995.

Nishiguchi, Toshihiro. *Strategic Industrial Sourcing: The Japanese Advantage*. Oxford: Oxford University Press, 1994.

Ohno, Taiichi（大野耐一）. *The Toyota Production System: Beyond Large-Scale Production*. Portland, Oregon: Productivity Press, 1988. 中譯本《豐田生產方式》中衛發展中心出版。

____. *Workplace Management*. Portland, Oregon: Productivity Press, 1988.

Rother, Mike, and Rick Harris. *Creating Continuous Flow*. Brookline, Mass.: Lean Enterprise Institute, 2001.

Rother, Mike, and John Shook. *Learning to See*. Brookline, Mass.: Lean Enterprise Institute, 1998.

Schonberger, Richard J. *Japanese Manufacturing Techniques*. New York: Free Press, 1982. 中譯本《日本式的生產管理技術》新世界出版。

____. *World Class Manufacturing: The Lessons of Simplicity Applied*. New York: Free Press, 1986.

____. *World Class Manufacturing: The Next Decade*. New York: Free Press, 1996. 中譯本《世界級制造業》北京：中央編譯出版社出

版。

____. *Let's Fix It: Overcoming the Crisis in Manufacturing*. New York: Free Press, 2001.

Sewell, Carl and Paul B. Brown. *Customers for Life*. New York: Pocket Books, 1991. 中譯本《樂在服務》授學出版。

Shingo, Shigeo（新鄉重夫）. *A Study of the Toyota Production System from an Industrial Engineering Viewpoint*. Portland, Oregon: Productivity Press, 1989.

Stack, Jack. *The Great Game of Business*. New York: Harper Business, 1993. 中譯本《春田再造奇蹟》智庫文化出版。

Suzaki, Kiyoshi. *The New Manufacturing Challenge*. New York: Free Press, 1987. 中譯本《製造業的挑戰》台灣復文興業出版。

____. *The New Shopfloor Management*. New York: Free Press, 1993.

Toyota Motor Corporation. *The Toyota Production System*. Operations Management Consulting Division and International Public Affairs Division. Toyota City: Toyota Motor Corporation, 1995.

____. *Toyota: A History of the First 50 Years*. Toyota City: Toyota Motor Corporation, 1988.

Womack, James P., and Daniel T. Jones. *How the World Has Changed Since* The Machine That Changed the World. Brookline, Mass.: Lean Enterprise Institute, 2000.

## 經濟新潮社 〈經營管理系列〉

| 書號 | 書名 | 作者 | 定價 |
|---|---|---|---|
| QB1008 | **殺手級品牌戰略**：高科技公司如何克敵致勝 | 保羅・泰伯勒等 | 280 |
| QB1010 | **高科技就業聖經**：不是理工科的你，也可以做到！ | 威廉・夏佛 | 300 |
| QB1011 | **為什麼我討厭搭飛機**：管理大師笑談管理 | 亨利・明茲柏格 | 240 |
| QB1015 | **六標準差設計**：打造完美的產品與流程 | 舒伯・喬賀瑞 | 280 |
| QB1016 | **我懂了！六標準差2**：產品和流程設計一次OK！ | 舒伯・喬賀瑞 | 200 |
| QB1018 | **創造客戶價值的10堂課** | 彼得・杜雀西 | 280 |
| QB1021 | **最後期限**：專案管理101個成功法則 | Tom DeMarco | 350 |
| QB1023 | **人月神話**：軟體專案管理之道（20週年紀念版） | Frederick P. Brooks, Jr. | 480 |
| QB1024X | **精實革命**：消除浪費、創造獲利的有效方法（十週年紀念版） | 詹姆斯・沃馬克、丹尼爾・瓊斯 | 550 |
| QB1026 | **與熊共舞**：軟體專案的風險管理 | Tom DeMarco & Timothy Lister | 380 |
| QB1027 | **顧問成功的祕密**：有效建議、促成改變的工作智慧 | Gerald M. Weinberg | 380 |
| QB1028 | **豐田智慧**：充分發揮人的力量 | 若松義人、近藤哲夫 | 280 |
| QB1032 | **品牌，原來如此！** | 黃文博 | 280 |
| QB1033 | **別為數字抓狂**：會計，一學就上手 | 傑佛瑞・哈柏 | 260 |
| QB1034 | **人本教練模式**：激發你的潛能與領導力 | 黃榮華、梁立邦 | 280 |
| QB1035 | **專案管理，現在就做**：4大步驟，7大成功要素，要你成為專案管理高手！ | 寶拉・馬丁、凱倫・泰特 | 350 |
| QB1036 | **A級人生**：打破成規、發揮潛能的12堂課 | 羅莎姆・史東・山德爾、班傑明・山德爾 | 280 |
| QB1037 | **公關行銷聖經** | Rich Jernstedt等十一位執行長 | 299 |
| QB1039 | **委外革命**：全世界都是你的生產力！ | 麥可・考貝特 | 350 |
| QB1041 | **要理財，先理債**：快速擺脫財務困境、重建信用紀錄最佳指南 | 霍華德・德佛金 | 280 |
| QB1042 | **溫伯格的軟體管理學**：系統化思考（第1卷） | 傑拉爾德・溫伯格 | 650 |

## 經濟新潮社 〈經營管理系列〉

| 書號 | 書名 | 作者 | 定價 |
|---|---|---|---|
| QB1044 | **邏輯思考的技術：** 寫作、簡報、解決問題的有效方法 | 照屋華子、岡田惠子 | 300 |
| QB1045 | **豐田成功學：**從工作中培育一流人才！ | 若松義人 | 300 |
| QB1046 | **你想要什麼？**（教練的智慧系列1） | 黃俊華著、曹國軒繪圖 | 220 |
| QB1047X | **精實服務：**生產、服務、消費端全面消除浪費，創造獲利 | 詹姆斯・沃馬克、丹尼爾・瓊斯 | 380 |
| QB1049 | **改變才有救！**（教練的智慧系列2） | 黃俊華著、曹國軒繪圖 | 220 |
| QB1050 | **教練，幫助你成功！**（教練的智慧系列3） | 黃俊華著、曹國軒繪圖 | 220 |
| QB1051 | **從需求到設計：**如何設計出客戶想要的產品 | 唐納・高斯、傑拉爾德・溫伯格 | 550 |
| QB1052C | **金字塔原理：** 思考、寫作、解決問題的邏輯方法 | 芭芭拉・明托 | 480 |
| QB1053X | **圖解豐田生產方式** | 豐田生產方式研究會 | 300 |
| QB1055X | **感動力** | 平野秀典 | 250 |
| QB1056 | **寫出銷售力：**業務、行銷、廣告文案撰寫人之必備銷售寫作指南 | 安迪・麥斯蘭 | 280 |
| QB1057 | **領導的藝術：**人人都受用的領導經營學 | 麥克斯・帝普雷 | 260 |
| QB1058 | **溫伯格的軟體管理學：**第一級評量（第2卷） | 傑拉爾德・溫伯格 | 800 |
| QB1059C | **金字塔原理Ⅱ：** 培養思考、寫作能力之自主訓練寶典 | 芭芭拉・明托 | 450 |
| QB1060X | **豐田創意學：** 看豐田如何年化百萬創意為千萬獲利 | 馬修・梅 | 360 |
| QB1061 | **定價思考術** | 拉斐・穆罕默德 | 320 |
| QB1062C | **發現問題的思考術** | 齋藤嘉則 | 450 |
| QB1063 | **溫伯格的軟體管理學：** 關照全局的管理作為（第3卷） | 傑拉爾德・溫伯格 | 650 |
| QB1065C | **創意的生成** | 楊傑美 | 240 |
| QB1066 | **履歷王：**教你立刻找到好工作 | 史考特・班寧 | 240 |

## 經濟新潮社 〈經營管理系列〉

| 書號 | 書名 | 作者 | 定價 |
|---|---|---|---|
| QB1067 | **從資料中挖金礦**：找到你的獲利處方籤 | 岡嶋裕史 | 280 |
| QB1068 | **高績效教練**：<br>有效帶人、激發潛能的教練原理與實務 | 約翰・惠特默爵士 | 380 |
| QB1069 | **領導者，該想什麼？**：<br>成為一個真正解決問題的領導者 | 傑拉爾德・溫伯格 | 380 |
| QB1070 | **真正的問題是什麼？你想通了嗎？**：<br>解決問題之前，你該思考的6件事 | 唐納德・高斯、<br>傑拉爾德・溫伯格 | 260 |
| QB1071X | **假說思考**：<br>培養邊做邊學的能力，讓你迅速解決問題 | 內田和成 | 360 |
| QB1072 | **業務員，你就是自己的老闆！**：<br>16個業務升級祕訣大公開 | 克里斯・萊托 | 300 |
| QB1073C | **策略思考的技術** | 齋藤嘉則 | 450 |
| QB1074 | **敢說又能說**：<br>產生激勵、獲得認同、發揮影響的3i說話術 | 克里斯多佛・威特 | 280 |
| QB1075X | **學會圖解的第一本書**：<br>整理思緒、解決問題的20堂課 | 久恆啟一 | 360 |
| QB1076X | **策略思考**：建立自我獨特的insight，讓你發現前所未見的策略模式 | 御立尚資 | 360 |
| QB1078 | **讓顧客主動推薦你**：<br>從陌生到狂推的社群行銷7步驟 | 約翰・詹區 | 350 |
| QB1080 | **從負責到當責**：<br>我還能做些什麼，把事情做對、做好？ | 羅傑・康納斯、<br>湯姆・史密斯 | 380 |
| QB1081 | **兔子，我要你更優秀！**：<br>如何溝通、對話、讓他變得自信又成功 | 伊藤守 | 280 |
| QB1082X | **論點思考**：<br>找到問題的源頭，才能解決正確的問題 | 內田和成 | 360 |
| QB1083 | **給設計以靈魂**：當現代設計遇見傳統工藝 | 喜多俊之 | 350 |
| QB1084 | **關懷的力量** | 米爾頓・梅洛夫 | 250 |
| QB1085 | **上下管理，讓你更成功！**：<br>懂部屬想什麼、老闆要什麼，勝出！ | 蘿貝塔・勤斯基・瑪圖森 | 350 |
| QB1086 | **服務可以很不一樣**：<br>讓顧客見到你就開心，服務正是一種修練 | 羅珊・德西羅 | 320 |

## 經濟新潮社 〈經營管理系列〉

| 書號 | 書名 | 作者 | 定價 |
|---|---|---|---|
| QB1087 | **為什麼你不再問「為什麼？」：**<br>問「WHY？」讓問題更清楚、答案更明白 | 細谷 功 | 300 |
| QB1088 | **成功人生的焦點法則：**<br>抓對重點，你就能贏回工作和人生！ | 布萊恩・崔西 | 300 |
| QB1089 | **做生意，要快狠準：**讓你秒殺成交的完美提案 | 馬克・喬那 | 280 |
| QB1090X | **獵殺巨人：**十大商戰策略經典分析 | 史蒂芬・丹尼 | 350 |
| QB1091 | **溫伯格的軟體管理學：**擁抱變革（第4卷） | 傑拉爾德・溫伯格 | 980 |
| QB1092 | **改造會議的技術** | 宇井克己 | 280 |
| QB1093 | **放膽做決策：**一個經理人1000天的策略物語 | 三枝匡 | 350 |
| QB1094 | **開放式領導：**分享、參與、互動——從辦公室到塗鴉牆，善用社群的新思維 | 李夏琳 | 380 |
| QB1095 | **華頓商學院的高效談判學：**<br>讓你成為最好的談判者！ | 理查・謝爾 | 400 |
| QB1096 | **麥肯錫教我的思考武器：**<br>從邏輯思考到真正解決問題 | 安宅和人 | 320 |
| QB1097 | **我懂了！專案管理**（全新增訂版） | 約瑟夫・希格尼 | 330 |
| QB1098 | **CURATION 策展的時代：**<br>「串聯」的資訊革命已經開始！ | 佐佐木俊尚 | 330 |
| QB1099 | **新・注意力經濟** | 艾德里安・奧特 | 350 |
| QB1100 | **Facilitation 引導學：**<br>創造場域、高效溝通、討論架構化、形成共識，21世紀最重要的專業能力！ | 堀公俊 | 350 |
| QB1101 | **體驗經濟時代**（10週年修訂版）：<br>人們正在追尋更多意義，更多感受 | 約瑟夫・派恩、詹姆斯・吉爾摩 | 420 |
| QB1102 | **最極致的服務最賺錢：**<br>麗池卡登、寶格麗、迪士尼都知道，服務要有人情味，讓顧客有回家的感覺 | 李奧納多・英格雷利、麥卡・所羅門 | 330 |
| QB1103 | **輕鬆成交，業務一定要會的提問技術** | 保羅・雀瑞 | 280 |
| QB1104 | **不執著的生活工作術：**<br>心理醫師教我的淡定人生魔法 | 香山理香 | 250 |
| QB1105 | **CQ文化智商：**全球化的人生、跨文化的職場——在地球村生活與工作的關鍵能力 | 大衛・湯瑪斯、克爾・印可森 | 360 |

## 經濟新潮社　〈經營管理系列〉

| 書號 | 書名 | 作者 | 定價 |
|---|---|---|---|
| QB1106 | **爽快啊，人生！：**<br>超熱血、拚第一、恨模仿、一定要幽默<br>——HONDA創辦人本田宗一郎的履歷書 | 本田宗一郎 | 320 |
| QB1107 | **當責，從停止抱怨開始：**克服被害者心態，才能交出成果、達成目標！ | 羅傑．康納斯、<br>湯瑪斯．史密斯、<br>克雷格．希克曼 | 380 |
| QB1108 | **增強你的意志力：**<br>教你實現目標、抗拒誘惑的成功心理學 | 羅伊．鮑梅斯特、<br>約翰．堤爾尼 | 350 |
| QB1109 | **Big Data大數據的獲利模式：**<br>圖解．案例．策略．實戰 | 城田真琴 | 360 |
| QB1110 | **華頓商學院教你活用數字做決策** | 理查．蘭柏特 | 320 |
| QB1111C | **V型復甦的經營：**<br>只用二年，徹底改造一家公司！ | 三枝匡 | 500 |
| QB1112 | **如何衡量萬事萬物：**大數據時代，做好量化決策、分析的有效方法 | 道格拉斯．哈伯德 | 480 |
| QB1113 | **小主管出頭天：**<br>30歲起一定要學會的無情決斷力 | 富山和彥 | 320 |
| QB1114 | **永不放棄：**我如何打造麥當勞王國 | 雷．克洛克、<br>羅伯特．安德森 | 350 |
| QB1115 | **工程、設計與人性：**<br>為什麼成功的設計，都是從失敗開始？ | 亨利．波卓斯基 | 400 |
| QB1116 | **業務大贏家：**讓業績1＋1＞2的團隊戰法 | 長尾一洋 | 300 |
| QB1117 | **改變世界的九大演算法：**<br>讓今日電腦無所不能的最強概念 | 約翰．麥考米克 | 360 |
| QB1118 | **現在，頂尖商學院教授都在想什麼：**<br>你不知道的管理學現況與真相 | 入山章榮 | 380 |
| QB1119 | **好主管一定要懂的2×3教練法則：**每天2次，每次溝通3分鐘，員工個個變人才 | 伊藤守 | 280 |
| QB1120 | **Peopleware：**<br>腦力密集產業的人才管理之道（增訂版） | 湯姆．狄馬克、<br>提摩西．李斯特 | 420 |

## 經濟新潮社　〈經濟趨勢系列〉

| 書　號 | 書　　名 | 作　　者 | 定價 |
|---|---|---|---|
| QC1041 | **一生做對一次投資**：散戶也能賺大錢 | 尼可拉斯・達華斯 | 300 |
| QC1042 | **達蜜經濟學**：.me.me.me…在網路上，我們用自己的故事，正在改變未來 | 泰勒・科文 | 340 |
| QC1043 | **大到不能倒**：金融海嘯內幕真相始末 | 安德魯・羅斯・索爾金 | 650 |
| QC1044 | **你的錢，為什麼變薄了？**：通貨膨脹的真相 | 莫瑞・羅斯巴德 | 300 |
| QC1046 | **常識經濟學**：人人都該知道的經濟常識（全新增訂版） | 詹姆斯・格瓦特尼、理查・史托普、德威特・李、陶尼・費拉瑞尼 | 350 |
| QC1047 | **公平與效率**：你必須有所取捨 | 亞瑟・歐肯 | 280 |
| QC1048 | **搶救亞當斯密**：一場財富與道德的思辯之旅 | 強納森・懷特 | 360 |
| QC1049 | **了解總體經濟的第一本書**：想要看懂全球經濟變化，你必須懂這些 | 大衛・莫斯 | 320 |
| QC1050 | **為什麼我少了一顆鈕釦？**：社會科學的寓言故事 | 山口一男 | 320 |
| QC1051 | **公平賽局**：經濟學家與女兒互談經濟學、價值，以及人生意義 | 史帝文・藍思博 | 320 |
| QC1052 | **生個孩子吧**：一個經濟學家的真誠建議 | 布萊恩・卡普蘭 | 290 |
| QC1053 | **看得見與看不見的**：人人都該知道的經濟真相 | 弗雷德里克・巴斯夏 | 250 |
| QC1054C | **第三次工業革命**：世界經濟即將被顛覆，新能源與商務、政治、教育的全面革命 | 傑瑞米・里夫金 | 420 |
| QC1055 | **預測工程師的遊戲**：如何應用賽局理論，預測未來，做出最佳決策 | 布魯斯・布恩諾・德・梅斯奎塔 | 390 |
| QC1056 | **如何停止焦慮愛上投資**：股票＋人生設計，追求真正的幸福 | 橘玲 | 280 |
| QC1057 | **父母老了，我也老了**：如何陪父母好好度過人生下半場 | 米利安・阿蘭森、瑪賽拉・巴克・維納 | 350 |
| QC1058 | **當企業購併國家（十週年紀念版）**：從全球資本主義，反思民主、分配與公平正義 | 諾瑞娜・赫茲 | 350 |
| QC1059 | **如何設計市場機制？**：從學生選校、相親配對、拍賣競標，了解最新的實用經濟學 | 坂井豐貴 | 320 |

國家圖書館出版品預行編目資料

精實革命：消除浪費、創造獲利的有效方法／
詹姆斯・沃馬克（James P. Womack）、丹尼
爾・瓊斯（Daniel T. Jones）著；鐘漢清譯.
-- 二版. -- 臺北市：經濟新潮社出版：家庭
傳媒城邦分公司發行, 2015.01
面；　公分. --（經營管理；24）
譯自：Lean thinking : banish waste and create
wealth in your corporation, 2nd ed.
ISBN 978-986-6031-64-9（平裝）

1. 組織管理

494.2　　103027706